《网络空间治理体系：网络空间共治》
（欧洲）

[美] 克里斯托弗·T·马斯登

[译] 中治研（北京）国际信息技术研究院

主审：谈剑峰

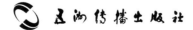

五洲传播出版社

图书在版编目（CIP）数据

网络空间治理体系：网络空间共治. 欧洲 ／（美）克里斯托弗·T·马斯登著；
中治研（北京）国际信息技术研究院译. 一北京 ： 五洲传播出版社，2020.11
ISBN 978-7-5085-4317-8

Ⅰ . ①网… Ⅱ . ①克… ②中… Ⅲ . ①计算机网络管理—研究 Ⅳ . ① TP393.07
中国版本图书馆 CIP 数据核字（2019）第 244818 号

网络空间治理体系：网络空间共治

著　　者：［美］克里斯托弗·T·马斯登
翻　　译：中治研（北京）国际信息技术研究院
出 版 人：荆孝敏
责任编辑：邱红艳
装帧设计：李艳华
出版发行：五洲传播出版社
地　　址：北京市海淀区北三环中路 31 号生产力大楼 B 座 6 层
邮　　编：100088
发行电话：010-82005927，010-82007837
网　　址：http://www.cicc.org.cn，http://www.thatsbooks.com
版　　次：2020 年 10 月第 1 版第 1 次印刷
开　　本：155 毫米 ×230 毫米 1/16
印　　刷：廊坊市蓝海德彩印有限公司
印　　张：22
字　　数：405 千
印　　数：1—1000
定　　价：108.00 元

丛书顾问委员会

（以姓氏拼音排序）

蔡吉人 柴洪峰 陈静 程路 董宝青 杜虹 方滨兴 顾建国 吕述望 倪光南

秦海 饶志宏 沈昌祥 宋冬林 王贵驷 吴世忠 徐愈 赵泽良 赵战生 周仲义

丛书编委会

编委会主任： 胡伟平 陈天晴

编委会委员：（以姓氏拼音排序）

邓小四 方兴东 方渝军 贺卫东 胡红升 黄道丽 雷利民 李斌

李长征 李伟 梁进 林皓 刘辛越 罗东平 潘柱廷 沈继业 苏建军

孙启明 孙卫东 谈剑峰 王东红 辛阳 徐震 严望佳 于海波 左晓栋

翻　　译： 徐翼娇 梁玉成 信兰华 王西琨

审　　校：（以姓氏拼音排序）

梁玉成 刘金晖

丛书总序

信息化是当今世界发展的大趋势，也是推动全球经济社会变革的重要力量。互联网是人类进入信息文明的重要标志。在过去 20 年里，全球各国在网络和信息化发展中投入了巨大的资源，拓建出人类历史上第一个人造"空间"——网络空间。这是人类文明发展新的里程碑，也是全球经济社会进入新常态的重要预期之一。随着网络空间不断开疆拓土，以及全球各国的经济社会、生产生活对网络的依存度越来越高，全人类在网络空间集聚了重要的生产要素、无形资产、社会财富和新的情感。网络空间已成为全人类不可或缺的、共同的梦想家园。

到 2019 年初，全球网民人数已经突破 40 亿大关，比 2014 年底增加了 13 亿，年均增速超过 8%。我国作为最大的发展中国家，网民数已达 8.5 亿，比 2014 年底增加 2 亿，超过全球网民总数的五分之一，是世界上网民人数最多的国家。我国网络空间建设 20 多年，对国际互联网的发展做出了重要贡献。2019 年，我国电子商务交易（网络空间交易）规模将突破 34 万亿元，比 2014 年翻一番。互联网、大数据和云计算为代表的新思维和数字经济正在成为我国经济转型的新的、重要引擎。

但是，棱镜门等事件告诉我国和全世界的人们，网络空间里也存在着重大的风险和挑战。如何使这个全人类共同的梦想家园真正造福全人类？这个问题是当今世界各国共同关心的问题，也是关系到国家安全、社会形态和经济发展的重大战略问题。从 2003 年到目前，已有 40 多个国家颁布了网络空间国家安全战略。2014 年，网络安全正式上升为我国国家安全战略，这可以解读为我国将网络空间开发和治理战略视为国家核心利益考量。2015 年末，我国领导人提出了世界各国和全人类"共同构建网络空间命运共同体"的理念，这体现了网络空间权益将成为全人类的共同利益。2017 年我国网络安全法颁布实施，标志着中国网络空间治理全面进入法制阶段。

在这一背景下，中治研（北京）国际信息技术研究院希望发挥自身在网络和信息技术治理理论研究方面的经验，联合我国的网络空间治理和信息安全专家、学者及管理者，组织出版《中国网络空间治理·价值丛书》。此丛书定位为政府、行业组织、企业、科研机构及第三方服务机构、媒体等机构从事网络空间相关工作人员的工具书和培训参考书。丛书将汇集经济体、国家、行业、企业等社会组织在网络空间的定位和战略，以及网络空间治理机制，包括目标、组织架构、建设规划、投资及价值、关键基础设施及运营、风险管理和安全防御等具体实践的方法。我们希望能通过这套丛书以及相关研究，助力我国网络空间治理体系和网络空间管理文化的建立，进而推动 21 世纪人类网络空间"共商共建共享，自由平等安全，让网络造福全人类"的共同发展目标。

我们十分感谢丛书指导委员会、丛书编委会顾问们的大力支持！感谢丛书编委会全体人员的艰苦努力！我们还要特别感谢丛书的各位主审，是他们在百忙中，为丛书的选择、翻译、审核做了大量认真细致的工作，使得丛书出版工作得以实施！

最后，非常欢迎各界同仁热情批评指导，同时也希望得到更多的网络空间治理专家、学者的帮助和参与，共同为我国网络空间的健康发展做贡献！

胡伟平　陈天晴

2015 年 12 月第一稿

2019 年 10 月第二稿

主审的话

共同的网络空间，共同的现在未来

克里斯托弗·T·马斯登博士（Christopher T. Marsden）撰写的《网络空间治理体系：网络空间共治（欧洲）》一书是他在欧洲委员会长期从事欧洲互联网监管实践的基础上形成的学术著作。面对互联网技术和应用所带来的各种复杂监管问题，本书跳出了传统的无监管模式和国家行政管理之间的二元对立，选择更加灵活且务实的分析框架，采用共同治理架构本书的逻辑，这一理论与美国学者倡导的多利益相关方的治理模式有相似性也有不同，体现出政府、企业对互联网治理所承担的共同责任，但也为不同互联网治理议题的治理模式提供了更加务实的解决路径，为欧洲网络空间的立法、监管等实践开启了更具建设性的对话框架。

本书对各国互联网治理实践也有非常好的借鉴价值。当前，网络空间治理内涵之丰富，决策之复杂，已经超越任何一门单一学科研究范围。治理实践需要跨学科、跨领域、跨国界的科学研究和协同创新。环顾全球，互联网发展朝气蓬勃、创新动力依旧强劲，但同时也面临着互联网基础资源分配、网络空间安全、数字鸿沟等诸多问题与挑战，主要国家和国际组织均在积极探索互联网全球治理的新蓝图。

本书的中译本对中国语境下的互联网治理也有积极的价值。作为世界第二大经济体和互联网主要大国，中国领导人提出构建人类命运共同体的主张，并在网络空间领域提出构建网络空间命运共同体的倡议，这将是人类命运共同体思想的最佳实践平台，本书关于欧洲互联网共同监管的理论方法与网络空间命运共同体思想有契合有互补。我们认为，本书的共同监管理论为全球网络空间共同治理提供了一个思路，如果用网络空间命运共同体思想进一步对共同监管理论进行拓展和升华，可以形成几个方面的共识：

共同的空间。2019年全球网民数量超过43亿，占世界人口的57%，随着移动互联网、物联网等技术的普及，未来将有更多的人和物实时接入互联网进行智能化的生产生活，网络空间也将成为名副其实的全人类共同空间。

共同的挑战。当前，全球网络安全形势极为严峻，网络渗透危害政治安全，网络攻击威胁经济安全，网络有害信息侵蚀文化安全，网络恐怖和违法犯罪破坏社会安全，网络空间的国际竞争方兴未艾，全球各国面临共同的网络空间安全威胁，各国人民更加需要形成网络空间命运共同体，来应对共同的挑战。

共同的利益。当前，网络空间正在承载着各国经济社会发展的财富和机遇。2016年麦肯锡研究报告显示，全球的相互连接和数据流动推动了全球各国的经济发展，因此，推动数字经济发展、促进共同繁荣符合各国的利益，共同的利益可以驱动各国共建网络空间命运共同体。

共同的责任。网络空间各国面临的风险和获得的利益是共同的，因此责任也需要共担。网络空间命运共同体理念要走向实践，需要各方承担必要的责任，尤其发达国家和网络大国需要率先承担更多的全球责任，不仅包括发展的责任还包括安全的责任，逃避责任和搭便车将最终损害本国网络空间的利益。对中国而言，要更加主动地为网络空间命运共同体提供符合各方利益的公共产品，加快弥合全球数字鸿沟，推动网络空间安全保障。

共同的规则。网络空间命运共同体不是网络乌托邦，需要有共同规则对网络空间各种行为进行规范，并且平衡各方的利益。其中，尊重主权原则开展网络空间国际规则体系的构建是前提。联合国信息安全政府专家组（GGE）专门强调作为国际法基本原则的"国家主权原则"适用于网络空间，超越主权国家制定网络空间治理规则将最终无法实现。对中国来说，如果要推动网络空间命运体的实现，对内应加强网络空间国内治理体系和治理能力的现代化，充分实现网络安全法制化；对外可在相互尊重主权的基础上，以议题、联盟等形式，开创新议题，参与老议题，逐步引导和推动网络空间国际治理朝着有利于大多数国家和人民利益方向改革。

共同的未来。当前，人类生产生活高度依赖网络空间。网络空间命运共同体思想提出共同构建和平、安全、开放、合作的网络空间，建立多边、民主、文明、透明的全球互联网治理体系，这不仅可以推动各国网络空间的繁荣发展，还将对各国的前途和命运产生积极的深远影响。因此，以网络空间命运共同体为核心的中国方案可以承载全球最广泛国家和人民的利益，也将开创人类更加美好的未来。

在此思想体系的基础上，我们在进一步探讨各国网络空间治理时，或许可以化解更多的困惑和难题。

非常感谢中治研（北京）国际信息技术研究院陈天晴先生邀请我主审《网络空间治理体系：网络空间共治（欧洲）》一书，这是一个很好的学习和深入思考的机会。感谢本书的翻译团队和参加本书编审的各位专家、委员的密切配合，也希望能够听到更多的宝贵意见和建议。

谈剑峰

全国政协委员、上海众人科技有限公司董事长

2019 年 1 月于上海

网络空间共治

　　克里斯托弗•T•马斯登（Christopher T. Marsden）认为，共治是欧洲互联网的本质特征。共治为国家提供了使网络共治回归到法律、治理以及人权的轨道上来的一个思路。因此，与静态无治理模式和国家管理之间的二元选择相比，共治开启了更具建设性的对话。这一观点是由欧洲委员会资助并实施多年的实际调查得出的。而欧洲以及英国的法律和政策方向（包括《数字经济法案（2010）》）又强化了这一观点。克里斯托弗•T•马斯登将依托技术专家的互联网治理作为一种先进的治理形式纳入治理主流。而要做到这一点，需要进行治理改革，以解决越来越多的合宪性问题。文献综述、案例研究和分析中都对布鲁塞尔、伦敦和华盛顿的网络治理中心制定相关政策持欢迎态度，这说明，国家、企业以及越来越多的普通民众正在达成一种新的治理协议。

　　克里斯托弗•T•马斯登是英国埃塞克斯大学法学院的教授。他的主要研究领域是信息技术的治理与管理。他在探讨信息社会以及通过商业、学术、智囊团和政府机构对信息社会进行治理方面有着20年的研究经验。

英文版致谢

2004 年和 2007—2008 年间，我为欧洲委员会发表了一些报告，而本书正是在对这些报告进行修订、编辑和重要更新的基础上形成的。特别是第二部分中的第一阶段至第三阶段，具体阐述了共治的项目。那些报告长达 500 页，有四十多万字，而本书仅十万余字。本书不仅仅是这些报告的精简版，请各位读者阅读所有案例研究，其中不乏简短而真实的问题。

对此书的致谢要追溯到 20 年前，那时我开始对治理产生兴趣，而这至今依然是我研究的动力。在这项工作中，尽管经验占主要地位（特别是 2001—2004 年间及 2007—2008 年间欧洲委员会的项目），但是我最应感谢的是 20 世纪 90 年代的研究和实践所留下来的遗产。在最近撰写的作品《网络中立性》中，我提到了许多其他方面的影响。这些影响所涉的范围非常广泛，难以一一描述，对此，我也想对它们表示感谢。1986—1997 年，我在伦敦政经学院学习了治理方面的知识。1986 年至 1989 年，我在伦敦政经学院攻读法学士学位；1993 年至 1994 年，我在那里攻读国际经济法硕士学位；1994 年至 1997 年，我一边教课、搞研究，一边攻读博士学位。在此期间，我在治理的实践和理论方面都打下了坚实的基础，这影响了我所主张的治理方式。本书主要是以实证案例分析为基础的，体现了盎格鲁－撒克逊的实用主义。这一理念在 1995 年至 1996 年时就已深深印刻在我心中，当时我在美国研究中心（CRUSA）麦克·霍奇斯（Mike

Hodges）博士经手的项目以及罗勃·布拉德温（Rob Baldwin）教授经手的美国默沙东公司（Merck Sharp Dohme）的"治理讨论"项目中担任助理研究员。[我与马克·撒切尔（Mark Thatcher）和科林·斯科特（Colin Scott）工作过一段时间，当时我专注于天然气、电力和水的私有化及背景文献工作]。1995 年至 1996 年间，我还与乔纳森斯·利伯瑙（Jonathans Liebenau）及巴顿（Barton）一起在伦敦政经学院命运多舛的信息社会观察站共事，在那里担任法律顾问，但没有工作头衔。然而，我对监管及其人权关系的经济理论的兴趣开始得早得多，当时我还是一名本科生，在 20 世纪 80 年代末金融服务业放松管制、国有公用事业私有化和独立的国家监管机构（INRAs）被建立的背景下学习。伦敦证交所（LSE—London Stock Exchange）是这些变革的熔炉，事实上，我正是在 1987-8 年认识到，全球金融会逐渐削弱种族隔离的影响力，这使我本科最后一年集中精力在跨学科和基本理论研究（在法律人类学、公民自由和法理学研究是第一人）。

1989—1991 年，我在媒体周刊有限公司（Media Week Ltd）参加了一个广告销售方面的交易经济学实践短训班。这一时期正值繁荣之末、萧条之初。1993 年，欧洲货币公司（Euromoney Ltd）与世界经济论坛的合资企业 WorldLink 重新见证了更为持久的繁荣。那时，受到金融改革和信息网络的驱动，全球经济正发生着显著变化。1993 年至 1994 年，我再次回到伦敦政经学院来研究这一显著转变。当时正值消费者互联网时代的初期，国际商用机器公司（IBM）比英国电信（British Telecommunications）传输更多的国际数据。中国正在崛起，计算机在商业领域无处不在，人们认为跨国企业正在失去栖息之所。1994 年，我撰写的学位论文主要讨论了鲁伯特·默多克（Rupert Murdoch）巧妙地改变公司及个人的国籍，以规避媒体所有权限制。不仅如此，他还通过公司重组进行避税，并且在开曼群岛（Cayman Islands）等地成立了专业自保公司。诚然，默多克是"信息马戏团总指挥"，其顾问称，"文明就是带宽"，这一比喻非常生动。那年在伦敦政经学院，我打算用三年时间来探索多媒体跨国公司和治理理论。尽管我深知这终将一无所获，但还是花了大量的时间来研究欧洲大陆的治理理论，特别是系统理论及该理论的不足之处。这是不同凡响的一年。蒂姆·墨菲（Tim Murphy）与阿兰·鲍缇之（Alain Pottage）教授开设了法律与社会理论课程，客座教授甘·缇波尼（Gunther Teubner）也参与其中，而我的学位论文也与广告和系统理论有关。我们也有幸参加了有尼可拉斯·鲁曼（Niklas Luhmann）参加的客座研讨会。研讨会历时三个小时，中途被一阵富有激情的反对声所打断，反对声来自一位外表阳光且不羁的法国教授。他的讲话代表了福柯（Foucault）的观点，反对鲁曼兵不血刃就能达到技术治国的观点。次年，来自伦敦大学的齐泽克（Žižek）为我们讲解了他对拉康（Lacan）的独特理解。拉康和依利加雷（Irigaray），当然还有福柯（Foucault），他们的观点都非常有趣，但最终我还是选择继续研究哈贝马斯（Habermas）及其公共领域理论等有关网络空间方面的内容。本书并未参考这些巨人的理论[1]。这些伟人却带着极度的困惑，在背后观察着畏缩不前的国家和日益崛起的跨国公司玩着治理博弈。正如齐泽克所说，我们都生活在《黑客帝国》（The Matrix）之中。在这个信息无处不在的社会里，我们被"大他者"的虚拟信息轰炸。只是世间的眼泪提醒着我们：全球化的跨国公司、电子商务以及无休止的数字媒体即将改变我们生活的环境。比起马克·扎克伯格（Mark Zuckerberg）[2]，齐泽克更喜欢讲述互联网创业公司发展的好莱坞寓言《社交网络》。

---

[1] 请参考 Froomkin（2003a），第 749 页。
[2] Žižek（2008）

在伦敦政经学院期间，我还遇到了来自牛津大学的茱莉亚·布莱克（Julia Black）。与其他英国学者相比，她在阐释自治所带来的法律影响方面做了大量工作。罗勃·布拉德温（Rob Baldwin）、科林·斯科特（Colin Scott）让我在治理的实用性评估方面打下了坚实的基础，这一点他们也没有想到。我还担任法学硕士和治理专业理科硕士的"导师"（这是一个模糊的术语，意指导师和聚会组织者）。治理专业硕士说服安东尼·吉登斯（Anthony Giddens）代表大学向大家亲切致辞。通过麦克·霍奇斯（Mike Hodges）的朋友和同事，我得以在里士满大学（Richmond College）教授"国际商务""欧洲政治与发展经济学"等课程，最后还上了基本经济学理论速成班。1995—1996年，伦敦政经学院不仅广泛地引入治理作为课题，使之成为教学和出版工作的内容，而且也使我了解到了英国立法程序的漏洞。当时我向自由民主党和工党前排议员建议，将《1996年的广播法》中媒体所有权方面问题作为我的研究领域。我还要感谢媒体治理方面的导师理查德·柯林斯（Richard Collins）以及大卫·勒维（David Levy）在这期间以及20世纪90年代后期对我的帮助。

媒体融合是20世纪90年代中期主要的治理现象。这是受英国的数字卫星广播的启发，同时也受新生的"信息革命"（仅仅指的是1998—1999年互联网泡沫期间出现的）的启发。人们一直认为，自治是适合作为标准的，虽然政府在互操作性和竞争方面进行了大量投入（从1995—1997年的"机顶盒技术数字视频广播标准"可见一斑），但作为反对党，工党却支持创建融合的治理机构，[3]希望这种机构能轻松地管理互联网内容。不过，这一想法直到2004年《2002年通讯办公室法案》出台后才得以实施。

---

[3] 该建议由柯林斯和穆罗尼（Murroni）（1995年）提出，产生了深远影响。新工党采纳了该建议，并将其作为新媒体政策。

我密切关注这些讨论。在英国电信管理局（Oftel）即将关闭的那段时间，我已深深卷入涉及治理的具体问题之中。2001—2002年，我担任美国世通公司英国分公司（MCI WorldCom UK Ltd）的治理主任，同时身兼帕特丽·夏霍奇森（Patricia Hodgson）的特别顾问。帕特丽·夏霍奇森（Patricia Hodgson）有望成为新治理机构的首席执行官，她于2010年任独立电视委员会主席。1998年初，我还与坎贝尔·考伊（Campbell Cowie）撰写了一篇有关标准和融合的文章，产生了很大的影响。欧洲委员会、经济合作与发展组织、国际电信联盟以及之后的国家治理机构都引用了这篇文章。感谢安德鲁·肯扬（Andrew Kenyon）与Network Insight，感谢墨尔本皇家理工大学（RMIT）悉尼分校，感谢马克·阿姆斯特朗（Mark Armstrong）。在墨尔本大学法学院作为客座研究员"走穴"期间，我度过了一个美好的冬天。在此期间，我拜访了治理法律的奠基人约翰·布莱斯维特（John Braithwaite）。他的研究和例证曾经启发了许多人，而且现在依然如此。1999年末，我在澳大利亚期间，正值自治向共治转变的当口。当时澳洲电信和新闻集团垄断部门与通讯领域宿敌之间互不妥协。1999—2000年，我在哈佛大学肯尼迪学院担任研究员。这期间的经历不仅使我相信公众选择只是事情的一部分，而且也让我对道格拉斯·诺思（Douglass North）和制度经济学产生了兴趣，看来这个国家不仅仅是"黑手党"啊！除非配有一位负责治理的关系指导顾问，否则各方就不会处于同一立场，那么自治就无法奏效。此外，若政府完全受制于行业宣传，自治的效果也不会太明显。在那个令人兴奋的冬天，互联网泡沫最严重的时候，当时美国互联网治理可以说就是这种情况。2000年互联网泡

[4] Marsden（编）（2000b）。

沫最终破灭的那个星期，也就是在圣帕特里克节当天，我完成了《治理全球信息社会》引言部分的写作[4]。这本书表达了一种更为清醒的批判性观点，而这种观点在 20 世纪 90 年代后期是亟须的。

2000 年，我放弃了全职的学术生涯，在各种行业中扮演着治理者的角色。我先是在华威大学全球化和区域化研究中心（CSGR）担任首席助理研究员，然后于 2001 至 2002 年到华威商学院调控管理中心（CMUR）工作，当时的领导是马丁·凯夫（Martin Cave）。1998 年，我曾在这里发表了一篇论文，当时的主任是凯瑟琳·韦德汉姆（Catherine Wadhams）和墨顿·赫维德（Morten Hviid）。在那儿，我发表了有关 WiFi 和标准战争的论文，这是过去几年里突破移动标准讨论的重要一步。那时，"标准战争"著作十分流行，不仅仅是来自保罗·大卫（Paul David）开创性的工作，以及凯茨（Katz）和法瑞尔（Farrell）在互联网效应以及 ICT 标准方面的研究，而且还有通过第三代移动电话标准的实例，特别是欧洲 GSM 与美国 CDMA 标准之间的战争。我所编辑的《治理全球信息社会》一书中，精选了由莱姆利（Lemley）、麦高文（McGowan）和古尔德（Gould）所撰写的关于此方面的论文。我还同汉斯·克雷（Hans Klein）和弥尔顿·缪勒（Milton Mueller）一起提出互联网治理的观点[5]。

我当时的工作在很大程度上受到苏珊·斯特兰奇（Susan Strange）对国家与企业之间关系研究的影响（当时苏珊刚故去不久），这促使我对共同监管进行研究。这还使我遇到了乔纳森·阿拉森（Jonathan Aronson），了解到他与彼得·考伊（Peter Cowhey）的工作以及苏珊·斯芭（Susan Spar）在盗版者、先知、先驱和利润方面的研究成果——因受国家与公司间关系的影响，他们在通信行业确立了去监管、无监管，

[5] Marsden (2000b)。

自监管以及再监管的历史模式。斯特凡·弗赫斯特（Stefaan Verhulst）与门罗·普莱斯（Monroe Price）在研究自治理论及其局限性方面做出的开创性工作产生了重大影响，特别是他们的 selfregulation.info 项目受到了"欧洲互联网安全行动计划（SIAP）"的奖励，以表彰他们在理论工作领域的深刻见解。

本书所依赖的研究开始于 2007 年，2008 年春撰写完毕。2009 年，我一整年都在与出版商谈判——我致力于撰写网络中立性方面的共治案例研究。2010 年，我对这些案例研究进行了大量编辑和更新。出版时，这些案例研究会略显陈旧。《国会法案》（Act of Parliament）的合法性问题导致本书很多部分重写，《数字经济法案（2010）》（Digital Economy Act 2010）预计于 2011 年春季进行司法审查。因此，我在此声明，除非后续说明，否则以 2010 年 11 月 1 日的法律为准。案例研究材料以 2008 年 1 月 1 日的法律为准。

以前写书的时候，这些因素让我的写作变得简单容易，而现在，这些因素的缺失使写作变成了一项艰巨的任务。在撰写本书的过程中，我还要忙于讲课、本科生招生、批准申请以及其它行政任务和学校事务；许多婚礼都在夏天举行 [我于 8 月在蒙特利尔与肯扎（Kenza）结为连理，9 月全家在拉巴特（Rabat）一起庆祝]；我父亲病得很重，在医院住了很长时间。现在这本书终于撰写完毕，我想感谢善解人意的剑桥大学出版社的发行人员，感谢我在埃塞克斯大学担任高级讲师的各位同事、我的妻子及家人，还要感谢剑桥大学的安宁静谧。

谨以此书献给我的父母，他们教会了我生命中重要的一课：人们会记住你完成的东西，但不会记住由你发起的东西。

目录

第一章

政府、企业与治理的合法性：
矛盾与调和

本书旨在回答复杂世界中一个简单的实证问题——互联网治理是依照宪法进行治理的范例吗？要回答这个问题，我将首先通过案例研究来分析互联网治理中的治理形式，然后对有效治理（特别是共治）所包含的具体内容及其对保护治理机构内部宪法权利所发挥的作用进行定义和检验。[1]最后，我将通过对比金融[2]或环境治理[3]来评估互联网共治在何种程度上成为此种治理的范例。[4]

2001—2004 年及 2006—2008 年，我为欧盟委员会（EC）进行了两项研究。本书就是基于这两项研究并按以下结构实现这些目标的。[5]第一章开宗明义阐释了治理的演变过程，并以绘图方式向普通读者简要介绍人们如何看待互联网自治、共治以及国家治理的方式，同时概述本书采纳的方法论和大量案例研究。[6]在第二章，我会更加详细地阐释什么是共治，并重点讨论它在欧洲法律与治理中的应用情况。在第三章，我首先会讨论首个案例研究（本书共四个），然后对第二章所提到的内容进行分析和更新，检验自组织形式——组织在没有更强大的企业论坛和政府干预的情况下，可使用自组织形式建立自己的治理方式。我将讨论新兴治理方式（包括通过社交网络进行自组织治理）的范例。在第四章，我将指出在互联网治理中技术自治的范例。这是一种纯粹的自治形式，通常在其他行业中不会有这种治理方式。[7]在第五章，我将讨论网络环境中内容共治的范例，描述一种我将其称为"媒体法律"的治理形式。在第六章，我会讨论网络内容的过滤和删除，私有化审查和共治。在第七章，我会对这些案例研究进行总结，并探讨这些范例对我们理解互联网治理所起到的作用。我将对大量的研究结果进行总结，分析 2007—2010 年间案例研究的明显发展走

---

[1] 请参阅 KLANG 和 MURRAY（2005）；TAMBINI 等人（2008）。

[2] 请参阅 BLACK（2009）。

[3] BOYLE 和 D'SOUZA（1992）；HULME 和 ONG（出版中）。

[4] 想要了解执行同样任务的、早期更偏向理论的尝试，请参阅 LESSIG（1999）、MARSDEN（编）（2000B）和 MURRAY（2006）。

[5] MARSDEN 等人（2008），基于 TAMBINI 等人的理论（2008）。

[6] HADDADI 等人（2009）。第 12 页陈述他们"观察到，正在从偏好依附、树形的异配网络向更为扁平、高度互联的同配网络转变"。

[7] 请参阅 PRICE 和 VERHULST（2000，2005）。

向，并与该阶段更广泛的治理分析成果进行横向对比。这一时期被描述为"危机时代"，不仅体现在环境和金融治理领域，[8]而且在发达的市场经济体中表现得更为明显。与 1982—2007 年间治理的早期"黄金时代"相比，发达的市场经济体进入了增长的"长期衰退"时期。第八章是最后一章，我会探讨共治作为更重要的治理技术的前景，包括分析政府的影响评估（IA），以及互联网空间共治的课程在各个政府间得到越来越广泛的采纳。"优化治理"特别强调，需要评估与评价和 IA 有关的预期改变和具体指导带来的影响。[9]需要注意的关键点有：事前对所有影响进行全面评估；考虑相关的替代解决方法；考虑一系列潜在影响（如成本、收益、分布影响、管理要求等），并且根据声音数据和分析方法来对这样的影响进行评估，在可能的情况下，还可以将其货币化。这些基本原则并没有充分体现在现有的技术中：确定的替代方案很少，所考虑的影响范围往往很局限，测量和货币化仍然很不成熟，特别对于自治机构和共治组织（以下均称 SRO）更是如此。[10]因此，需要进一步发挥自治和共治的影响，确立清晰一致的原则和能够实现的做法。

"符合宪法"一词在本书中有两个含义。首先，它指的是普遍遵守的行政司法原则，尤其是公正审判，法定诉讼程序，治理机构独立于被治理机构，有关各方共同参与以及透明度。第二，由于它影响具体的通信媒介，[11]因此，它特别指可能会受互联网治理影响的几种基本权利，尤其是隐私权和言论自由权。[12]这些权利在互联网活动的影响下可能会被放大，也可能受到侵犯。

后一种形式的宪法监督在网络时代至关重要，因为互联网治理不仅

---

[8] 请参阅 CAMPBELL（1999），第 712–772 页；SHORT 和 TOFFEL（2007），第 1–16 页；WEISER（2001），第 822–846 页；KAHAN（2002），第 281 页；ARCHON FUNG 等人（2004）《透明的政治经济学》：什么使公开政策有效？哈佛大学肯尼迪政府学院艾什民主治理与创新研究院 OP-03-04，第 1–49 页；MICHAEL（1995），第 171–178 页；CFA 研究所（2007）；英国通讯管理局（2007）；联邦贸易委员会（2007）；PITOFSKY（1998）。

[9] 示例包括 EC（2002）。

[10] JACOBS（2005，2006）。

[11] 请参阅 LESSIG（1999）。

[12] 要了解美国与欧洲言论自由概念的区别，参见 BOYLE（2001），第 487–521 页。

影响着参与社会和经济活动的经济和社会权利，而且也影响着基本的宪法权利。[13] 因此，这种治理涉及不同的权利形式，其方式与环境治理几乎相同。

最近的学术研究主要以三种不同的形式关注人权和互联网。首先，互联网让个人出版成为可能，维基解密（Wikileaks）和独立媒体（IndyMedia）等网站，给那些寻求提高政府透明度、批评政府的人士提供了发表言论的媒介。从这个意义上说，互联网成为了人权活动人士的工具，是"世界上最大的影印机"。其次，与第一点紧密相连，许多学者关注的是互联网用户的个人和集体权力，而有些服务商，包括国企和私企，向用户提供网络服务时却不尊重其宪法权利，特别是对用户言论的审查和对他人个人隐私权的侵犯。从这个意义上说，互联网服务提供商作为公共运营商、ISP 作为服务发布者和用户作为作者的身份是被质疑的。第三，上网本身就是一项人权，这一观点的产生部分源于 1948 年《世界人权宣言》第十九条所载的接受和传递信息的权利。[14]

另外一个原因是互联网已成为政府和公民之间不可或缺的交流工具，特别是在选举和收税等方面更是如此。最后，从权利角度来看，互联网也为国家和个体之间交流所需的邮政和电信服务提供了补充。

这三点经常相互交织。根据这三点，互联网产生、传达或传递了人权。它们成为一种重要的讨论话题，特别涉及国家和私人企业对互联网的审查。于是，互联网的使用权成为网络中立性讨论的重要组成部分，并成为欧洲各国修订电信服务普遍承诺的重要基础。2010 年中期，芬兰成为世界第一个将宽带网络奉为公民普世人权的国家，无论芬兰公民住在哪里都有权使用互联网。[15] 此外，美国国务院也成立了工作小组，以应对这种

---

[13] 基本宪法权利阐述了人类安全与人权之间的联系，尤其阐述了二者按照罗斯福的"四大自由"（言论自由，宗教信仰自由、免于匮乏的自由和免于恐惧的自由）的联系程度。参见博伊尔（Boyle）和西蒙森（Simonsen）（2014）。

[14] 也可参考 1996 年 12 月签订的《公民及政治权利国际公约》；1998 年 7 月 17 日的《国际刑事法院罗马规约》；1950 年的《欧洲人权与基本自由公约》；1995 年 2 月 1 日的《保护少数民族框架公约》；2001 年 11 月 23 日的《欧洲理事会网络犯罪公约》以及其 2003 年 1 月 28 日的《附加议定书》。

[15] Catacchio（2010）。

新情况。[16]

　　欧洲议会将确保用户能够联网作为一项人权纳入到了讨论的内容中来，并将其写入 2009 年的《电子通信计划》的修正法案。[17]负责基本权利的欧盟委员会委员还提到了互联网接入问题。

　　因此，虽然这种安排的基本程序合法性还不太牢固，但互联网共治的宪法地位就在基本权利的讨论中被牢固地确立了下来。有人认为将权利准则置于最终实现权利的机制之前是一种本末倒置的行为，但由于很多互联网临时治理中缺乏程序的合法性，这种情况就不可避免。案例研究会在制定政策和建立平台这样的根本问题上提供大量的证据，会在法定诉讼程序中的行政法律标准方面提供少量证据。要做这样的评论，应注意将治理活动与自我管理区别开来，特别是在谴责政府将这样的治理任务外包给条件较差的私营机构时更是如此，同时在对待创业问题上，要避免不恰当的法律手段和政府行为。要知道，创业的首要目的不是为了满足正式的治理标准。

---

[16] 请参阅 Ross（2009）。
[17] 第 2009/136/EC 号和第 2009/140/EC 号指令。

网络空间共治是大势所趋

共治这股潮流正从欧洲大陆蔓延到英国。丹宁（Denning）勋爵称，[18] 欧洲法律至上的原则意味着英国在很大程度上是一个规则的接受者而不是规则的制定者（除了在这个由 27 名成员组成的部长理事会中有一票表决权以外）。这一趋势经历了几次低潮和波动：一次是 20 世纪 80 年代末风靡整个欧洲尤其是东欧的撒切尔私有化管理，这是共治的低潮时期；一次是 1992 年前的欧洲单一市场出现了一股治理潮流，以及如诸家所言的潮起潮落，尤其是在 21 世纪第一个十年出现了一种"更好治理"的说法（当时认为应该取消治理）。而现在，市场崩溃、主权债务危机，其规模之大不亚于 1929 年，这说明整个治理出现了问题。[19]

森斯坦（Sunstein）解释说，这引出了新的治理技术：有关成本效益平衡的最有说服力的论据不仅是基于新古典经济学，还基于对人类认知力的理解、对民主因素的考量以及对现实世界这种平衡的评估。这种成本效益的调查"可以保护民主进程"免受一些利益群体的伤害。因为论据本身站不住脚，[20] 他们就会对治理施加压力。我在 2010 年所写的著作中谈到 IA 对自我管理的审计也是非常有用的。在这一审计过程中，业内人士认为它的效率很高。

本书旨在对过度放松管制一个领域进行探究，对此英国政府给予了

---

[18] H.P. BULMER LTD V. J. BOLLINGER S.A.[1974] 案，第 401 章，第 418 页。

[19] 请参阅 COGLIANESE 和 KAGAN（2007）。

[20] SUNSTEIN（2002A），第 9 页。

赞助和支持。这对于欧洲其他国家也是值得借鉴的。但由于缺点明显，以及欧洲管理的潮流，[21] 这种过度放松的管理方法正逐渐瓦解，并开始重新治理。在此之前，通信治理被视为是大众媒体或者公共事业的分支领域。这取决于是内容问题（特别是广播或印刷媒体的专业内容）还是传输问题（特别是电信、广播、卫星和有线电视网络）。

　　然而，1995 年前后，受数字化，特别是网络的影响，通信的内容和传输出现了融合，我们通过网络利用 Skype 拨打网络电话，付费阅读《时代》杂志，收听 BBC 广播以及观看视频。此外，通信基础设施对知识经济十分重要，因此，这一领域对经济社会发展的重要性越来越凸显。随着知识产权与金融交易以 0 和 1 二进制代码写成众多数据包，在互联网世界到处转发（人们经常使用一种模糊、便利、蕴含地理含义的"网络空间"一词来描述互联网），人们似乎只要醒着就把自己的时间都花在台式机、笔记本电脑和智能手机上。网络空间的安全、自由、开放变得至关重要。

　　关于网络空间的形成，经常有一种错误想法，认为网络空间无序，但却具有功能性。这种想法与 20 世纪 90 年代互联网的自治有关。[22] 当时规范性观点认为政府不应该执行这样的法规，而且实际情况也足以证明政府无法执行其旧有法规。网络匿名使用，用户遍及全球，人们不太了解这种技术。因此，国家的法规制定不仅损害了试图执法的民族国家合法性，而且面对该技术如何制定法规也显得苍白无力。[23] 这种执法空白助长了互联网自治，同时也为社会创业提供了发展空间。不过，这些企业甚至不承认自治，更不用说政府治理。然而，一大批涉及从版权声明到互联网服务提供商及网站使用条款的私法应运而生，填补了这一空白。这些法律清一色地偏向伴随 20 世纪 90 年代互联网商业化而出现的大企业的利益。

　　历史上，不计费的本地电话通讯服务引发的一次事故表明，美国人开始上网的时间要远远早于欧洲。欧洲人当时是按分钟计费使用窄带网络服

---

[21] 全球化背景下的欧盟及民族国家的角色法律分析近期案例，包括：Baldwin and Black（2007）；Craig（2009）。

[22] Johnson 和 Post（1996），第 1367-1402 页。

[23] 请参阅 Mosco 的评论（2004）。

务。[24] 结果，这是美国网络服务供应商和网站所采取的开放而积极的商业策略，而这一策略迅速被英国市场所采纳，这也是欧洲互联网市场所采取的第一个主要策略。[25] 之后，它很快就被 Terra Network 和 AOL-Deutsch-land 等欧洲本土和美国在欧洲的合资企业所采用。世界通讯公司（World-Com）是一家总部位于美国的互联网服务供应商，20 世纪 90 年代末收购了包括美国第二大通讯服务供应商 MCI 以及欧洲领先的网络服务供应商 UUNet 通讯公司在内的 40 多家公司。通过收购，世界通讯公司实现扩张，致使美国的管理政策进一步渗透到欧洲的互联网政策中。（我承认，对用户使用互联网服务进行这样的概述会有两个风险，即会将用户使用互联网与互联网协议在商务交流、交易和供应链管理方面的革命性应用混为一谈；将万维网与基于互联网协议的通信的其他方面混为一谈。）

1996 年，美国《通信规范法》[26] 成为《电信法》的一部分。但一年后，该法案在具有里程碑意义的美国公民自由联盟诉雷诺案（1997）[27] 审理中被最高法院推翻。国会几乎一致同意通过强制介入来审查互联网，最高法院认为这种言论令人寒心，而且违反了美国宪法第一修正案。从言论自由的角度来看，如果客户愿意，技术介入会降低影响。这启发了制定标准的专家，他们可以尝试为互联网内容引入一个内容广泛的标签计划——互联网内容选择平台（PICS）。[28] 我们将在第四章深入分析技术标准与内容、服务和应用之间的联系。当时，《通信规范法》即将被 1998 年的《儿童上网保护法（COPA）》所取代。而该法也是儿童上网保护委员会

---

[24] 1994 年到 1999 年五年间，美国的互联网用户比欧盟多 1000 万。请参阅 TAMBINI 等人（2008），第 12 页。

[25] 迪克森集团（DIXONS PLC）的子公司与当时的垄断通讯供应商——英国电信集团（BT）首次采用了收入分享互联模式后，欧洲互联网市场受到了受所谓的 FREESERVE 模式的驱动。1998 年底，FREESERVE 实现快速发展，之后被法国垄断电信业务提供商法国电信公司旗下的子公司 WANADOO 所兼并。另一个典型例子是 WORLDONLINE，这是一家采用同样业务模式的公司。

[26] 1996 年的《电信法案》第五章，此前为《通信规范法》的修正案。1995 年 6 月 14 日，美国参议院以 84:16 票通过将该修正案纳入到《电信法》内。

[27] 1997 年 6 月 27 日，最高法院以 7:2 在 AMERICAN CIVIL LIBERTIES UNION V. RENO [1997] 21 USC 844 案中，通过《通信规范法》之第 96–511 悬而未决部分，其中 REHNQUIST 和 O'CONNOR 投了反对票。

[28] 请登录 WWW.W3.ORG/TR/REC-PICS-LABELS-961031。

（COPA Commission）成立的依据。该委员会 2000 年的报告为家庭网络安全研究所（FOSI）推出保护儿童免受有害内容侵蚀的教育方法奠定了基础。[29] 2009 年 1 月 21 日，正值布什总统任期届满之际，最高法院举行听证会，拒绝政府最后上诉，1998 年的 COPA 法案遭到了延期和推翻。[30] 雷诺（Reno）案直接让互联网内容评级协会（ICRA）在 1999 年从互联网内容选择平台（PICS）以及美国电脑游戏所使用的 RSAC 系统中独立出来。互联网内容评级协会是一家非营利机构，由政府资助，有多家企业会员。2007 年，该协会被并入倡导评级而重新成立的家庭在线安全协会（FOSI）。除非分级与其他标准互用，或采取强制评级，否则，目前来讲，互联网内容评级协会缺乏市场适应性，部分原因是网站缺乏激励手段。2007 年以后，该委员会基本上沦为网络安全咨询委员会。最近，FOSI 确认了其方法的真正来源。[31]

2000 年，随着臭名昭著的"互联网泡沫"发生，互联网创业市场崩溃，紧接着 2001—2002 年技术和电信市场步其后尘。2001—2002 年，随着安然（Enron）和世界通讯公司（WorldCom）欺诈事件东窗事发，全球著名会计师事务所安达信（Arthur Andersen）也最终退出审计业务。但这些并没有从根本上改变当时互联网标准（正如读者所了解的，2002 年通过的法案早在多年前就有其根源）中根深蒂固的自组织政策。立法机构将自我管理模型作为互联网标准嵌入到第 2000/31/EC 号《电子商务指令》、2002 年的《欧洲电子通信计划（ECP）》[32]、1997 年的《电视无国界指令》以及 2003 年的《英国通信法案》等法案。直到 2007—2010 年间，这些法令才得到审查或重审，并对一些条款进行了修订，纠正了 20 世纪 90 年代以来过度放松的互联网世界。2010 年秋天我撰写本书时，《电子商务指令》正在进行重审，而《欧洲电子通信计划》于 2009 年 11 月进行了修

---

[29] 儿童上网保护委员会（2000）。

[30] 2004 年 6 月 29 日，最高法院在 ASHCROFT V. ACLU [2004] 542 U.S. 656 案中，以 5:4 的票数确认取消对涉及《儿童上网保护法》的违宪网络审查，其中，REHNQUIST、SCALIA、BREYER 和 O'CONNOR 投了反对票。

[31] FOSI（2010）。

[32] 五个指令，包括一项《建议》和一项《决定》建议。请参阅 MARSDEN（2010），第六章。

正。2007 年的《视听媒体服务（AVMS）》法令取代了《电视无国界指令》，并于 2009 年在欧盟各成员国实施（详见第五章：ATVOD）。2010 年的《数字经济法案》修订了英国立法。然而，1996 年的《电信法》却被英国治理机构——联邦通信委员会（FCC）和法院修改得面目全非。

由于 1995—2000 年互联网成为随处可见的宽带媒介，政策制定者放松了对互联网的治理。21 世纪初期，人们对互联网的滥用越发明显，加上"互联网泡沫"的爆发，让互联网治理的最初努力一无所获，于是，治理者们只能自食其果，因为没有什么点石成金之术能让治理者通过其努力改变这种局面。此外，还由于互联网市场的自然演变，致使早期成千上万家企业迅速合并，组建成几个大公司。到 2005 年，才形成相对稳定的互联网内容供应商梯队（雅虎、微软）、搜索引擎梯队（谷歌）、电子商务业务供应商梯队（亚马逊、易贝）以及互联网服务供应商（最大的有线和电话公司及为数不多的竞争对手）。欧盟委员会高级官员克鲁斯女士（Commissioner Kroes）表示："准入成本越低，创新者面临的风险越低，也就会有更多的人加入创新队伍。像这样一个充满动荡且富有创新的时代可能不是关起门来搞实验、从事私人项目的最佳时机。"[33] 负责开发互联网技术标准的互联网工程任务组（参见第四章）仍然保留着其原有的宪法架构（从基本的基础标准和程序方法上看，都是符合宪法的）。20 世纪 90 年代蓬勃发展的自治机构与工业曾经依赖的传统电信和电子工程自治机构一起植根于人们的头脑中，根深蒂固。

互联网治理为 20 世纪 90 年代的自治以及 21 世纪初的重新治理和国家利益开辟了一条新路。目前，互联网治理不断为 2005 年以来的共治发展扫清道路。这并不仅仅是因为治理者对互联网治理进行了完善。很显然，在 1995 年，几乎没有官员或政客了解互联网的未来是什么样子，而某种程度上造成允许互联网在立法 - 监管处于真空状态下发展，这似乎是有吸引力的，对电子商务极少监管的情况，而且还延伸了一个原则，即在线行为很难像线下行为一样受到起诉。的确，随着 2000 年互联网泡沫的破灭

---

[33] Kroes（2010）互联网竞争问题，也可参见 Almunia（2010）。

和 2001 年 9 月 11 日 9·11 事件的发生，国家安全重新得到重视，"互联网例外论"(Internet Exceptionalism) 最终以冷战后时期管制放松的失败而告终。然而，有一种说法比互联网例外主义的终结更重要。互联网治理已成为新的治理形式的测试基础，有些治理不切实际、过于理想，于 20 世纪 90 年代末被放弃，而有些经过测试和修改适应了新的文化和做法。本书旨在通过生存分析法来探究哪些做法是成功的，同时还探究在其他治理论坛和行业采用的做法。本书最后会指出哪些是被负责治理的广大学术界及政策制定者采纳的单项优势做法。

英国一直对互联网治理采取"低干预"措施，尤其是来自超级治理机构英国通讯管理局及其赞助部门（许多人将其称为前贸易和工业部）的干预，这种做法一直延续到 2008 年经合组织经济体崩溃。此后，短暂地实行了一段时间的治理。随着支持放松治理的保守党在 2010 年 5 月大选中获胜，[34] 这段治理就此终结，而经合组织经济体于 2010 年再度实现增长。企业与创新融为一体，被认为是"点石成金术"中最有可能取得成功的一种做法。"首先，不要作恶"是英国、美国和许多其他地方的治理机构的座右铭。这些治理机构与金融服务治理局及信息经济的其他治理人员分享其知识产权。2007—2009 年，全球金融市场的崩溃对互联网的影响要比对许多传统行业的影响小得多，这主要是因为互联网对自由现金流的依赖远远超过了收益：2000—2002 年，互联网泡沫破灭真正改变了身处互联网行业中人们的生活。互联网创业大部分在 2007 年前经由关键事件、互联网中市场集中的网络效应等完成了集中，形成了两个英国主要互联网接入批发商（维珍和英国电信），一个主要搜索引擎（谷歌），一家英国移动网络运营商沃达丰（Vodafone，沃达丰还在德国、西班牙和法国以及香港各有四家公司），以及最大的在线内容运营商——英国广播公司以及 4 频道。

从这一层面上说，寡头垄断确保了该行业的生存，但主要还是因为互联网在 2002—2007 年间实现了快速发展。像美国社交网站脸书，MyS-

---

[34] 请参阅 Vaizey（2010），详述：这个政府并不支持治理，我们必要时应该进行干预，尽管他的国务大臣隶属自由民主党，但这显然是政府的政策。

pace 和 Bebo 在这段时间都取得了巨大的进步。由于美国投资者对英国互联网市场的巨大影响，2007 年英国的治理政策可以说比 2000 年有所减少。然而，美国硅谷与华尔街一样，当时都放松了治理。互联网与金融服务业不仅具有很多相似性，也存在着十分显著的差异。除非你靠在 eBay 上买卖东西为生，否则，银行比互联网更重要，而这却是最重要的一点差异。互联网作为一个平台就像其所依靠的输电网络那样是一种技术，但它不是资本主义制度的命脉。而另一个不同与其说显而易见，不如说更为实用。互联网自治和无为而治产生的系统风险很可能造成整个体系的失灵，因此将继续进行互联网共治。

德雷克（Drake）和威尔逊（Wilson）旨在重新审视我们过去的国际传播政策范例，"让读者从非传统的视角来了解全球信息和通信网络的全球治理"。[35] 这就是说，观点不是来自自由的国际人士所达成的"华盛顿共识"，而更多的是"从下至上，从外到内"获取的。为了给其提供一个框架，他们明确了全球通信治理（或者委婉的说法"网络世界秩序"）的三个阶段，大致是：1990 年前的国家主义；1990—1998 年电信和卫星自由化；以及那以后的竞争阶段，那时，全球网络开始腾飞。过去的十五年里，"治理"已成为一个"语焉不详的词"[36]，德雷克试图将真正的"治理"分离出来。德雷克的这一尝试对愤世嫉俗的人至关重要，也受到其拥护者的大力支持与欢迎。其他学者对"治理"的定义有 18 种之多，德雷克对此都作了研究，之后确立了自己的版本："全球治理涉及共同的原则、规范、规则、决策程序和方案的制定和应用，旨在规范参与者的预期和做法，提高他们在全球事务中的集体管理能力"。[37] 他解释称，"方案"是工具集的一个重要补充，单边参与者可能会对全球治理产生影响，而相比之下，全球对话与治理并不相同。这提醒我们需要审查跨国公司在这一过程中所扮演的角色。政治经济以及法律程序方面的研究往往不是对技术过程干巴巴的描述，就是讲述经济学家在 3G 电话或 WiFi 标准等商战故事中一系

---

[35] DRAKE 和 WILSON（2008）。

[36] 一位著名的支持者对此进行了描述：RHODES（2007），第 1243-1264 页，见第 1244 页。

[37] DRAKE IN DRAKE AND WILSON（2008），第 8–9 页。

列雷厉风行的手段。[38] 巴尔金（Balkin）表示：

> 数字信息技术使个人、群体和国家陷入无法完全了解和掌控的权力网络中，而这并不受任何人控制。技术发展和信息生产的强大力量正在重塑、甚至可能牺牲人类整体价值和利益，走向人类并未刻意追求的目标。[39]

技术和全球化造成的治理合法性上的差距已为研究治理的学者所熟知，贝克[40]、曼纽尔·卡斯特（在其开创性著作中）[41]、穆勒[42]以及布莱斯维特[43]对这一问题都有所阐述。在法学研究方面，莱斯格（Lessig）的作品[44]以及吴和齐特林（Zittrain）的观点是需要予以特别关注的。[45]

人们普遍认为，从政府约束性的制裁手段和治理效果来看，这些活动并不属于治理行为。它们更确切地说是一种在政治管理上与 R.A.W. 罗斯（R.A.W.Rhodes）开创性的工作紧密相关的一种治理形式。因此，第三章将探讨自组织形式，即在消费者保护法的治理下，对消费者实行单方合同的治理形式。对于这些自组织形式，我们可以添加"同行产生"的治理规则，或社会本身形成的治理规范。对于后者来说，互联网的"绿地实例"以及"第二人生"等虚拟世界都是特别有用的。

法律实证主义者会问：执法在哪里？人们指控我们中有些"软律师"为了跨学科交流拓展了法律的定义，使之超出了概念本身的临界点，这种指控在国际法领域十分普遍，且理由也很充分。[46] 但在这个欧洲比较案例中，这种说法显然是大错特错。案例研究表明，政府已将基本的法律治理

---

[38] Cowhey 和 Aronson（2009）；Frieden（2010）。

[39] Balkin（2010）。

[40] Beck（1992）。

[41] Castells（1996）。

[42] Mueller（2002，2010a）。

[43] Braithwaite（2008）。

[44] Lessig（2006，2008）。

[45] Wu（2010）；Zittrain（2008）。

[46] d'Aspremont（2008）。

外包给私人代理商，除了那些基于公然的"私人参与者对官僚放松管制"的诉求之外，他们不太关心或根本不关心其他诉求。无论是通过基于人权法或行政法的司法审查，还是通过对用于自治或共治的政府支出进行民主审查，所采取的方式越来越受到有公众参与的广泛监督。举一个显而易见的例子，《互联网安全行动计划》是基于热线活动的公共基金而发起的。热线活动由欧盟委员会提议并经欧洲议会投票表决。该基金分别在 1999 年、2003 年和 2008 年得到了三次支持。[47] 每次都对方案进行了评估，并基于评估的有效性对资金进行更新。《2008 决议》中第 5（4）条指出：欧盟委员会应在 2011 年 6 月 24 日之前报告行动路线的实施情况。[48] 那么，凯尔森（Kelsen）肯定会同意立法部门就政府支持治理形式所采取的措施进行表决，这是一种授权政府支出的硬法案例。[49] 尽管事实上大多数私人机构都支持治理，但这并不能改变整个事件本身的合法性。[50] 需要指出的是，这些软权力的立法方式也是合法的。通讯等许多软法工具可以迅速形成弥补管理漏洞的硬法权力。邦尼西（Bonnici）表示，互联网的自治可以被部分理解为法律多元化的一种形式，这种形式的约束性规则是由国家权力架构之外的各种群体形成的。邦尼西认为，自我管理和国家管理相互

---

[47] 请参阅 2003 年 6 月 16 日发布的第 1151/2003/EC 号决议（该决议修正了第 276/1999/ EC 号决议，而这项决议却通过了关于打击全球网络非法及有害内容促进互联网安全使用的《多年度委员会行动计划》）COM（2001，2003，2006）。

[48] 2008 年 12 月 16 日发布的第 1351/2008/EC 号决议，该决议确立了一项多年度委员会计划，此计划旨在 2009-2013 年间通过使用互联网及其他通信工具保护儿童（2008 年 12 月 24 日发表于官方刊物 L348/118）。更多有关信息，请登录 HTTP://EC.EUROPA.EU/INFORMATION_SOCIETY/ ACTIVITIES/SIP/DOCS/PROG_DECISION_2009/DECISION_EN.PDF。

[49] KELSEN（1967）。

[50] 请参阅 COM（2009c）。第 19-20 页包含了两个专门用来协助警方的融资措施："行动 2.5 专题网络：促进欧洲执法部门与国际社会的合作……CIRCAMP 项目一直延续到 2010 年 10 月。2010 年的工作计划要求建立专题网络，以促进未来执法部门的合作。执法部门在欧洲乃至国际范围内打击儿童性虐内容的在线生产和传播过程中积累了很多好的做法，而该专题网络应促进对这些做法的有序、广泛的跨境交流。专题网络还应成为一个信息和经验的交流平台，但它不对警方的行动负责……协调方法将包括建立一个涉及儿童性虐图片的 URL 欧洲列表，各国执法部门可对该列表进行查阅。"行动 2.6 目标项目：加强执法部门对对等式（P2P）网络内部非法材料的分析。2009 年 3 月，该计划成立了"打击网络虐待儿童图片"的焦点小组，在采纳该小组意见的基础上，该计划引入了有针对性的项目提案，以支持执法部门分析 P2P 网络中的儿童性虐待材料。

交织、互为补充，形成了一个治理网络。这两种治理形式在治理的提出、采纳、应用、实施和执行的过程中是相互独立的。[51] 我认为，案例研究为该治理网络提供了大量的证据是不言而喻的。（参见第五至六章）

下一节，我将对接下来的几个章节采用的方法和所选案例进行概述。对映射和方法论不感兴趣的读者可直接跳到本章案例研究总结部分。

联合国网络空间治理工作组（WGIG）与互联网治理范围研究

2004 年，联合国秘书长召集成立了联合国互联网治理工作组，这是一个由 40 位来自公共部门、私人部门、民间团体和技术等社会领域的专家组成的小组。该小组花了 9 个月的时间制定了一个综合的互联网治理路线图。[52] 在第 13 自然段，联合国互联网治理工作组确立了四大政策，其中最后一项"开发和能力建设"恰好是一个行业支持机制，就算竭尽所能放宽治理定义，也无法将其归纳其中。那么，就只剩下规划中我们使用的三个类别——基础设施与关键资源、不明确的全球合作问题以及聚焦到互联网上的线下活动问题。

首先，"基础设施和互联网关键资源管理……这些问题与互联网治理直接相关，同时也在负责此类问题的组织所管辖的范围内。"其涵盖的领域包括本研究以外的国家治理和调控领域，也就是电信和多语言使用。而竞争部门确立起来的领域拥有严格的商业机密（互联网流量的互传及互联），这给本研究中的案例分析造成了巨大障碍。而其余有意思的内容包

---

[51] Bonnici（2008），第 199-200 页。
[52] 《WSIS 原则宣言》（2005），第 48 自然段。

括：第一类，根服务器系统管理以及通用技术标准的域名系统和 IP 地址的管理。这些内容对于自治和共治而言都值得进一步研究。此外，参与 ICANN 和其他自治机构建设的主要政策制定者及倡议者已建立起了关系网。自治机构包括互联网工程任务组（IP 标准等国际主要标准制定机构）、互联网协会等。

第二类，解决包括联合国互联网治理工作组所说的与互联网治理直接相关的问题时，我们所需要的全球合作的本质不太好界定。垃圾邮件、网络安全以及网络犯罪等互联网安全问题被一一列出。谋划建立自治机构的挑战之一，就是这样的机构要么是和国家机关，要么就是和私人机构扯上关系，而治理机构和它既相互关联又相互依赖，二者之间关系既不透明，又难以定义。因此，在打击网络犯罪行动中，二者各司其职是十分必要的。公私合作的本质与互联网基础设施关键领域中标准的自治机构之间的关系显而易见。在这一领域，这样的部署应与打击犯罪相结合，以促进经济的发展。[53]

第三类问题绝不仅与互联网的使用或互联网基础设施有关，而且还涉及"包括知识产权或国际贸易等现有组织应负责任的问题"。在这方面，治理问题与更广泛的电子商务问题（如商标纠纷以及媒体和内容治理机构的常规工作）存在重叠，受到了广泛的关注。联合国互联网治理工作组在第 23—26 段的内容如下：

23. 知识产权（IPR）：

尽管协议规定知识产权持有者权利和使用者的权利需达成平衡，然而，人们对这种惠及所有利益相关方平衡的真正本质，以及现行的知识产权系统能否解决网络带来的新问题有不同的看法。一方面，知识产权持有人高度关注数字盗版以及规避此类侵权保护措施的技术等大量的侵权行为；另一方面，用户也担心市场垄断问题，这会妨碍他们获得和使用数字内容，这也体现了现有知识产权规则存在的不平衡性。

---

[53] 请参阅 MARSDEN（2010），第三章，第 75-81 页。

24. **言论自由：**

从安全的角度考虑、采取与网络相关的措施或打击犯罪，会违反言论自由的相关规定。

25. **数据保护和隐私权：**

目前缺少针对互联网隐私权和数据保护的国家立法及可执行的全球标准。所以，即使法律承认，用户也几乎无法行使个人隐私和数据保护权。

26. **消费者权利：**

目前缺少针对消费者互联网权益的全球标准，如消费者通过电商平台在国际市场上购买商品。

所有这些问题会贯穿于这些案例研究之中，其中大部分集中在第三章（自组织）和第六章（筛选）。

| 规划互联网的治理创新 |

我采用的研究方法有四种：文献回顾与文件整理法、专家访谈和咨询、综合与分析法（包括制度分析中的漏洞）以及报告法。这些方法源于大量的文献回顾，我对这一领域的国家及国际政策、之前的研究以及最新进展都进行了分析。2007—2008 年，我征询了在实地考察方面具有代表性的专家、国际电信联盟（ITU）和欧共体的内部和外部专家，ICANN、IETF 和 W3C 的参与者和专家以及欧美地区的利益相关者。这些征询进一步巩固了这些方法。这种互动一直在进行，2004—2009 年的五年时间，专家们进行了激烈的辩论和分析。我对一些专家和重要的利益相关者进行了访谈，以评估自治机构的相对重要性及其相互关联的网络，从而协助建立"一流的"自治机构，或对先前就有的组织进行完善。在选择受访者时，我对他们的专业和参与度提出了要求，这样才能保证以往研究中的问题不会重复出现——也就是他们对治理的理论和实践经验的整合能力。案例研究中的具体问题如下：

•如何使消费者、民间团体利益相关者和制定标准的专家之间拥有更加透明的关系，如何让三者之间展开对话？

•即使多方利益相关者建议安排额外的审查，我们如何保证快速制定的标准所带来的好处能够延续下去？

在评估此种规划的最佳人选时，我认为内容部门的立场应凌驾于协议所定义的一系列技术层面之上。我将问题分成了三类：基础设施和关键资源、不明确的全球合作问题以及聚焦到互联网上的线下活动问题。这为标准的检测、基础设施的评估、网络服务供应商的自治、大众媒体内容的甄别以及用户原创内容的遴选提供了基础。这也成为本书余下章节选择案例研究的基石。漏洞分析包括绘图分析和案例研究（这些案例为长远考虑而选，且极具代表性），从而对治理和（或）立法领域不断出现的新环境进行鉴别。可以通过至少五种方法来规划互联网实现治理目的，我先将其列出，然后再做详细的阐述。

（1）基于国家和国际疆界及治理的地缘分析；

（2）基于网络中的物理节点的地理分析；

（3）基于控制类型的时间分析；

（4）基于互联网各层系统逻辑的学科分析——例如：网络传输问题中的工程解决方案或是版权问题中的经济和法律解决方案；

（5）对互联网不同治理体系进行大量的分析，例如电信、大众媒体或信息技术法。

请注意这些方法并不是毫无关联的。可以说，在解决整体问题时，每个方法都发挥着各自重要的作用。每一个方法都对整体框架有着重要的见解。因此，分清每种方法的优势和劣势至关重要。

| 基于国家和国际疆界的地缘分析 |

可以以国家为单位对网络治理进行规划，因为就各国国家网络而言，存在国际治理讨论关注的领域与国家司法权重叠或管辖权不明确的情况。尽管律师对互联网治理与海洋法或中世纪商法的相互比较很感兴趣，但这种比较实际上是站不住脚的。网络交易与海洋贸易不同，它们通常是在多个司法辖区内实时发生，因此，对电子商务进行征税既难以推行，又在政治上不得人心。[54] 此类交易具有广泛的"全球性"特点，不论国际标准如何发展完善，如何对这些"主权"漏洞进行补充，这些漏洞在互联网治理过程中还是会变得越来越广泛，越来越普遍。这并不是说互联网"无法治理"，也并不是像《空间法》一样，[55] 根深蒂固，一成不变。而网络空间中的商品本质有更深一层的差异（网络信息）。比如像媒体或"演讲"类的信息商品，会带有政治和意识形态上的信息；已经证明不可能停止网络内容的国际化，这样一来产生了一些十分棘手的执法问题，如 LICRA 诉 Yahoo! 案。法庭裁定雅虎美国由于为法国公民提供访问通道，需接受法国法的管辖；可美国宪法第一修正案没有哪一条阻止雅虎公司进行选择性拍卖；禁止法国公民访问网站在技术上很困难，但却是可行的。[56]

| 基于网络物理节点的地缘分析 |

如果互联网交易不能像实体商品交易那样进行规划，那么，第二条建议是使用与其最为相近的物理模拟进行规划：通过服务器的连接所产生的地理路线。这个问题可谓意义重大，但说起来其实很简单：网络其实很"笨"，它在不检查内容的情况下为数据包规划路径。尽管我们想"查看"一下数据包里的内容，看看是否合法，但政府却不能像海关一样，对数据包进行暂停、检查、驱逐或放行。虽然在未来的互联网设计中，这种技术可能会实现，可能会出现一个截然不同的网络环境，例如，匿名发送者将不再匿名或至少受到惩罚。在 LICRA 诉 Yahoo! 案中，法庭专家会提供证据说明雅虎公司可以禁止 70%—80% 的法国用户参与其公司的拍卖。

---

[54] GOLDSMITH（1998），第 1115 页；REIDENBERG（2005），第 1951 页。
[55] GOLDSMITH 和 WU（2006）。
[56] REIDENBERG（2004），第 213 页。

一位专家后来表示：

有人问我：合规情况能达到什么程度。我们不妨做一个大胆的猜测：利用 IP 地址或域名推测国籍。（我们估计法国的准确率应该在 80% 左右，其中也包含像 AOL 用户这样明显的例外情况）。实在不行的话，你就问网友她（他）是不是法国人，如果是的话，可以植入一个网络标记。当然，这两种情况都可以轻松规避。[57]

法国法院并没打算禁止全部法国用户访问（美国方面）的非法内容，但却阻止了那些没有能力伪装计算机 IP 地址的用户访问此类内容。基于数据的地点信息来规划互联网治理的想法确实很有吸引力，实际上这不过是从技术层面再次引入物理管辖界限。警方能扣押实体资产，调取位于执法部门中心的证据。许多互联网自治机构将不会按地理边界划分，而是划分到不同行业或技术领域。这一工作假设非常强有力，而且已被其他研究证实。[58]

| 基于控制类型的时间分析 |

如果不能通过地理规划明确自治的状态，那么，时间规划便成了一种历史的替代品。这种历史可以是积极的，也可以是消极的：如果自治未能实现其目标，那就违背了治理的宽容性；抑或是治理遭遇接连失败。关于此历史方法有两个截然不同的问题。第一是理论上的：人们寻宝时，只在藏宝图上寻找 X 坐标，却忽略了 Y 坐标。基于治理成败的演绎分析法，必须假定治理者已经调查研究了要规划的所有领域，然后基于透明的治理目标决定是否进行干预，干预的程度有多大，以及何时撤出治理。

互联网治理可以从与版权、儿童保护以及言论自由相关的法律谈起。这些法律法规都在互联网不同的治理体系中体现出来：电信、大众媒体或

---

[57] LAURIE（2000）。
[58] MURRAY（2006）；THIERER（2004）；MARSDEN（2000）。

技术法。有两种理想的基础：人权（例如：儿童保护和言论自由）和经济
效率（例如以技术为主导的基础设施的治理）。尽管控制关键的基础设施
（ICANN 和各国域名自治机构）可能会牵涉到经济问题，但这是用户基
本权利论坛。

表 1.1 具有代表性的治理体系及其主要理由

人权	经济 / 竞争
言论自由	数字版权管理（DRM）与可信计算
固定 / 移动的优质内容	个人网络安全
社交网络：新型用户隐私及 原创内容关注点	地址 / 域名
消费者保护	电子商务信任
人类尊严 / 儿童保护	版权及相关权利
数据及隐私保护	基础设施如，ICANN

　　尽管互联网已不再是治理讨论的新话题，[59]互联网持续而快速的发展
以及在技术方面的突飞猛进，意味着技术人员与高级用户对介质了解和政
治对其作出反应之间依然存在"治理差异"。因此，尽管在 ICANN 和标
准制定等个别问题上，历史证明是有用的，但这种历史通常是口头上的且
十分片面。如果历史不过分偏激（据相关者回忆），那就只能停留在口头
层面。说历史具有片面性是因为治理部门会由于某些特定的互联网原因而
忽略掉这些问题，例如，技术禁止或不想破坏自治机构的一种宽容心理等。
这种技术呈现出的自治机构的形象是不完整的，无法形成规划的基础，除

---

[59] 请参见 Lessig（1999）和 Marsden（ed.）（2000b）。

非规划中所包含的巨大差距标注上 Cave! Hic dragones（意为"小心！龙在这儿呢！"）[60]

| 基于互联网各层系统逻辑的学科分析 |

如果历史和地理都不能充当互联网规划的基础，那么，学科决定论的观点能提供一种不同的视角。基础设施的设计逻辑可以为理解互联网内容类型提供基础。这体现了标准制定者看待问题的角度。互联网自治就是从这一技术层面脱胎而来的，一些重大政策都是由万维网和互联网协议的制定者发布的。这些自治机构既有正史也有野史，而其基础设施也有技术性的规划。无论是治理还是学科交流都存在问题。（大多数）工程师与（大多数）社会科学家之间缺少互动，这意味着工程师所作出的技术设计难以实现广泛的社会目标。

《罗马条约》第 101、102 和 106 条与竞争政策和国家救助有关。数字产业的规模效益非常高，在每个行业中都有较高的集中度。一些标准的制定引起了人们对竞争的担忧，结合这些标准，对行业自治和规则制定的方式进行了经济分析。而不同的治理传统会产生不同的自治偏好，这一点被政府和其他利益相关者在共治论坛上所表达的不同要求所证实。尽管如此，对于高质量、高成本的自治，人们一般会有两种看法：积极的看法就是将其看作是"为质量所作的努力"，而消极的看法就是将其看作进入壁垒。自治机构，尤其是并非所有市场参与者都参与的组织，其成立费用和收益有助于确定投机交易或冗杂的自治程度。

| 互联网逐渐趋同的规划方法及案例选择 |

为发挥每种方法的优势，互联网规划可以采取一种混合的方式，将这几种方法进行混合使用。许多地理和历史方面的治理研究（有成功的，

---

[60] 苏珊·斯特兰奇（Susan Strange）对 20 世纪 80 年代全球化初期行业自治的学术和政府观察人士进行的指控。要了解详情，请参阅 Marsden（编）（2000b），第一章。

也有失败的）为将来的发展（如 ICANN 的发展史）提供了许多经验。跨学科方法也为治理的设计提供了一种更为全面的方法。尽管经济和人权方法的侧重点不同，但是它们都在透明度和终端用户（消费者）主权方面达成了共识。[61]

| 治理技术限制的整体规划方法 |

网络治理的法律和社会科学分析通常用连锁分析的方法从地理、实体和纪律上对互联网进行审查。早期的研究人员在现有的治理职能方面所面临的技术和地理方面的困难是治理上难以逾越的，[62] 然而，所谓的"无法治理"的互联网与国家法规之间却存在着相互依存的关系。[63] 最近的研究都聚焦各国环境之间的相互依存以及互联网治理的分歧和融合问题。[64] 一种微妙却相互依存（如果复杂的话）的关系已经出现。

| 技术规划：互联网标准的横向分析法 |

从技术角度看，对互联网进行规划是从经典的互联网开放系统互联（OSI）参考模型开始的，它代表了实现互联网数据端对端传输的协议栈。我先简短地介绍一下协议栈方法，之后再对更重要的互联网治理进行阐述。底层架构与公路的交通规则一样，你必须知道你的操作环境（例如，安全法规中禁止自行车在夜间不开灯的情况下到机动车道行驶）。一些跨领域问题会影响整个协议栈，在遇到这些问题时，我的建议是将这些影响用户接受、分享和安全使用内容的规则写入整个协议栈中。设想一下内容、应用程序以及对其治理处于互联网架构之上，其典型代表就是"协议栈"（简单来讲，这一技术标准已被认可和部署，从而使互联网成为一种全球媒介）。案例研究能够说明核心协议和内容治理（例如，内容过滤方面的

---

[61] 请参阅 Lessig（1999）；Ogus（1994）。
[62] Johnson 和 Post（1996），第 1367 页。
[63] Reidenberg（1999），第 771-792 页。
[64] Schulz 和 Held（2001）；Zittrain（2006a），第 1174 页。

治理）之间的联系。[65] 技术设施是内容层面的基石，而各层面的设计选择会对内容产生重大影响。[66] 所选择的案例对包括那些在协议栈中位置较低的内容层在内的内容层面产生了显著影响，因此进一步远离了终端用户的视野（由于法律原因，技术标准不会进行详细的描述）。他们解释称，政府认识到仅仅通过法律进行治理是毫无意义的。就好比道路交通，如果没有道路建设者、交通规划者以及供应商等的支持，人们根本不能指望道路使用者的行为发生根本变化。为了实施内容规则，我们需要重要的专业知识来了解系统的基本原理。

| 纵向或横向方法：互联网治理部门概述 |

上述的横向方法为研究开放的互联网提供了良好的技术基础，顾名思义，就是一个可以共同操作、技术中立的制度。如果不同行业在互联网上"集聚"，那么，可能其他方法更为合适，例如，移动行业就像广播行业一样遵循着一种垂直整合模式。治理分析不是基于互联网的横向层面，而是基于纵向层面的不同演化。[67] 在内容领域，有三个不同的治理对象，这三者都是水平层面的。

内容一般包括传统大众媒体内容、用户原创内容（UGC）以及使用标准化技术进行过滤和屏蔽标注的内容（见图 1.1）。第一个内容（参阅第五章）受传统媒体和商业通信的治理，而商业通信却受到具体媒体治理机构和普通法的治理，适用于移动商务内容（1）、所有优质内容（2）以及 IP 电视（IPTV，3）。第二是用户原创内容（UGC）（请参阅第三章），包括网络游戏（4）、博客和维基（5）、虚拟世界（6）、有邀约的社交网络（14）以及公共社交网络（15）。第三个内容（请参阅第六章）延伸到技术协议栈，出于安全考虑（13），利用机器进行内容标注（10），采用了数字版权管理系统（DRMS）（11）和可信计算（12），从而通过

---

[65] 请参阅 BROWN 和 MARSDEN（付印）。

[66] WU（2010）。

[67] WERBACH（2005），第一页。

热线电话、互联网服务供应商（ISP）（7，8）以及自动屏蔽（9）操作对内容进行移除和报告。内容的技术治理属于具体的网络问题，以前的数字媒体（如电信和电视）可通过关闭网络进行治理。

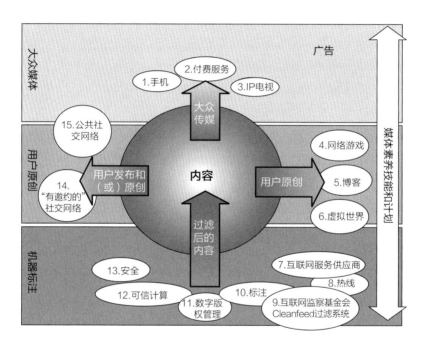

图 1.1 从机器标注到用户原创再到大众媒体的互联网内容

| 结论：从跨学科的角度进行规划 |

对于一些特定的自治机构来说，这些规划的做法包含互联网技术方面所蕴含的多学科关系中的图示法。很明显，能够应用于此种规划的方法有很多种：从部门开始、从治理和政策干预的法律基础入手或从互联网本身的架构入手。我一直致力于研究一种全面的方法，能将互联网的共治和自治范围从媒体治理拓展到互联网内容的把控，而后者的做法成功地做到了这一点。

"快速响应的治理"

要了解自治机构，就必须将其置于一个不断变化（当前和突然出现）的机遇、挑战以及其他自治机构界定的环境之中。

- 自治机构的内部逻辑（特定行为体的动机和角色）
- 政策状况（形势）
- 重叠实体和倡议的"进化作用"。

这种描述很可能会变得复杂，但其旨在不失其复杂性的情况下将其说清楚。换句话说，尽管没有必要（也不太可能）对组织背后的各种蓄意、偶发的势力进行完整、公正的分析，但需知道两种组织关系：

- 许多组织应运而生，并针对特定威胁进行调整或采取行动（这些组织并不"轮换"，也不同意采取介入彼此的方式）；
- 个人组织通过改变目标、与主要参与者建立密切关系以及实施明确的硬或软实力实现获利。建立联盟是自治机构设计的重要组成部分。

在接下来的几个章节，我将介绍组织动态与政策环境的互动方式。首先，我会通过两张图来描述组织流程是如何适应环境的。然后，我会分析组织的内部运作，并介绍逻辑框架分析阐释组织流程的方式。图1.2说明了利益到需求再到机构设计的流程，而使机构产生更加广泛的影响。

图1.3右侧的四个流程（组织的实际工作）因其程序不透明经常被外界视为治理机构内部的"黑箱"。该方法旨在弥补这一点，让过程更透明。

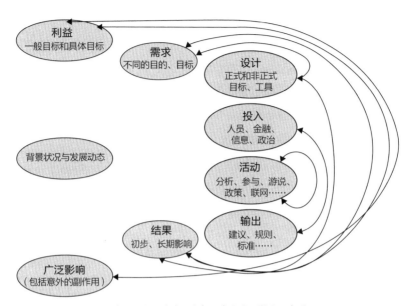

图 1.2 治理利益／需求及其后果／影响示意图

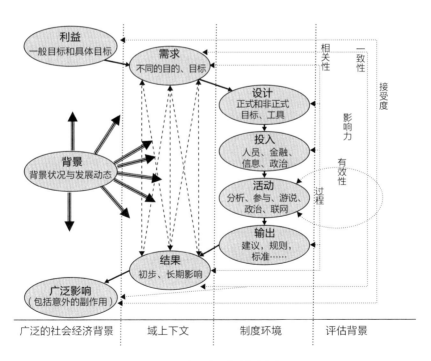

图 1.3 涵盖活动环境的整体框架

在日常的政治辩论中可以找到"需求"和"结果"。而"利益"和"广泛影响"已到达元影响程度，从而围绕日常的辩论形成了一个框架：在言论自由、信息安全、儿童保护或家庭价值之间不断转换权衡视角可能会形成这样的背景。政府中的政策分析人士所采取的过程越有条理，不同政策议程之间的相互作用就愈加复杂，特别是在像互联网治理这种"大杂烩"（经济/技术/以社会权利为基础）的环境之中。这或许有助于解释为什么律师、经济学家、技术专家会对自治和共治产生完全不同的看法。域上下文就是各种机构重叠的地方，虚线箭头表示不同机构的整体干预逻辑，将一系列需求（因为一个自治机构可以联合多个利益集团）和一连串的结果（因为成员和其他利益相关者会关注一系列"目标"结果，而其他人员不与自治法规直接建立联系）连接在一起。本专栏列出了两种详细阐释组织生态学的图表。

第一个是阐述不同利益相关者内部或他们之间活动的过程图。其中的互动有：

- 指令（命令和控制）影响（硬实力）
- 信息流
- 标准的颁布
- 资源的传输或分享

自治机构内的活动可以包括图 1.3 的"制度环境"栏中举例说明的具体活动。重要的是要确认这些活动是否有许多都是相互关联的：例如，宽容性治理是否能转化为某种形式的公共活动。在这方面还要注意，与正规机构不同，自治机构不是由自身的职能定义的。因此，一家单独的公司可以纳入到某一正规机构的技术、经济或社会治理范畴，但从不同定义来看还是属于自治机构。例如，如果治理机构对企业有经济治理权，同时又有社会治理责任，它可能会将一个领域取得的成绩转化成另一领域的宽容。再如，如果经济治理很明显是仿照透明的公共方式，那么这种转化是十分模糊的，但社会治理的一些要素（如内容或媒体素养）却转交给了自治机构。[68]

---

[68] 通过专家访谈和网络调查探讨这个"棘手的问题"可能会增加这种权衡的透明度，同时也有助于协助制定评估议程，来评估这种隐性权衡的成本效益随着时间的推移是增加还是减少。

表 1.2 适用于网络自治机构的牛津 5C 原则

牛津 "5C"	马斯登角色	类别更新细节
宪法	宪法	注意排除 / 会员 / 改革的条件
覆盖范围	范围	注意扩大自治机构的治理范围 / 作用
内容	金融和角色	自治机构活动对资源的严重依赖
交流	利益相关者	自我管理组织的合法性方面，公民社会 / 用户外展服务的重要性
合规性	文化背景	文化（部门或国家）决定着制裁的效果
		对公司的负面宣传 / 谴责，或正式的驱逐传统

第二个是阐释特定域下组织间关系的关系图。这些关系可能呈现为以下不同形式：

• 等级：一个组织必须向其他组织报告或表示服从，这就说明一个组织会比另一个组织更为重要（从软实力或硬实力来讲）；

• 补充：组织的活动可以促进彼此的目标（如上所述，这可能跨域）；

• 复杂：制定战略战术或评估结果时，要考虑其它组织；

• 合作：各组织共同行动。

案例研究过程中的综合与分析体现了此类自治机构之间的关系，这将在第七章进行说明。我们使用标准的逻辑框架分析法，将证据插入每一个实例中，对每一个机构进行直接剖析。牛津采取"5C"的方法，这"5C"包括宪法、范围、内容、交流和合规性。[69] 我将上述说法进行更新和调整，使其能够更加准确地反映互联网自治机构的特点：宪法、范围、融资、利益相关者 / 治理和行业或国家文化背景，详见表 1.2。

---

[69] TAMBINI 等人（2008），第 50–62 页。

执法具体地体现了共治机构拘泥于法律条文的一面，但在制度案例研究方面的具体应用却寥寥无几。因此，它是"宪法（初始会员、谴责、可能的驱逐情况和活动）"和"利益相关者/治理"（例如：信息化谴责，即通过法庭、活动的重要报道以及其他信息化谴责进行的"点名和羞辱"行为）的一个要素，进一步指出要接受利益相关者的整体角色，而不是其"交流"功能。

表 1.3 自治机构的逻辑框架实例：分析要求与"5C"法则

分析要素	"5C"法则	范围	金融	治理	背景
效力	一人一票	定义与测量	与目的相符	透明、迅速地制定决策	国家 / 地区 / 部门
效率	适合所有利益相关者	问题和决议	成本效益	决策、审查及上诉过程	国家 / 地区 / 部门
持续性	服从与执行	对市场状况的反应	持续时间	发展与合法性	国家 / 地区 / 部门

表 1.3 自治机构的逻辑框架实例：分析要求与 "5C" 法则

创新	改革安排	扩张改革	成员标准	改革程序	国家 / 地区 / 部门
竞争力	灵活性和僵化性	比较视角下的 国际机构	比较成本 （v. 国家治理）	最佳性能	国家 / 地区 / 部门
竞争政策	卡特尔（Cartel）情况	横向或纵向问题	准入壁垒	透明和一致	国家 / 地区 / 部门

表 1.4 证据的逻辑框架（I：采访，S：调查，D：文档与定量数据）

水平	标准	证据：指标	假设：风险
设计，组织	相关性，适配度	I, D	积极参与，接受，复制，差距冲突
投入	数量，质量	I, S, D: 人员和预算水平	协调，资源可用性
活动	参与度，粘着性	I, S: 覆盖范围，合规性	执行，监控
产出	效率	I, S, D: 产出，范围，意识	宣传，关注，接受能力
结果	效力	S, D: 实用性	结构与市场拓展
影响	竞争	S, D:（特别是市场数据）：集中度，定价，部门绩效（效率）	反垄断与其它治理方式——技术、经济和社会治理间的平衡
持续性	创新，竞争力	I, D: 专利活动，宏观经济表现	对需求、渠道、治理改革、市场变化（如全球化）进行重新考虑
评估	质量，透明度，问责制	I, D: 信息管理，自我审查及外部审查，与策略和设计有关	系统化的合规性，参与，恰当的激励，信息

这些用于表示关注点的实例只存在细微差别，没有根本差别。

表 1.3 和 1.4 的逻辑框架实例分为两部分：分析的要求（效力、效率、持续性、创新、竞争力以及竞争）和对"5C"的分析。

第二部分（请参阅表 1.4）是一个一般案例的常规逻辑框架的"行"列表，其标准与本研究的联系最为密切。由于类型不同，情况也大不相同，包含测量指标（包括数据和分析工具）的列和风险因素得到了简单的概述。

填充逻辑框架需要三类证据：采访、文档与定量数据和调查。为完善文献资料和调查研究法，专家访谈必不可少。表 1.4 将每个独立的案例研究都进行了系统的排列。

表 1.6 的访谈提纲采用了专家访谈的方式。注意采访协议是基于组织的模板，该模板用于揭示组织除年度报告、媒体访谈或网络所获信息以外的整体动态。因此，该协议重点在于组织的形式与改革，其最初的任务和章程已经实现。此外，访谈问题集中在管理、公民社会的参与、创新与竞争以及执法。受访者也应邀解决其它相关问题。

案例研究受访者大多是国家级的学者、泛欧地区的专家和具体领域的专家。

与每一个自治机构案例相关的文献都包括：组织章程、行为守则和其他规章制度、年度报告、新闻发布会、议会或治理档案、董事及董事会纪要、公文与宣传资料、会员公司发布的信息、报告及其它与组织运作有关的文件、利益相关者的反应和分析、财务账目和报表、法庭和（或）其他案例以及自治机构章程许可的其他争议解决形式。必要时，比如组织在公共领域方面缺少透明度和参考文献时，可以通过对该机构的工作进行总结，特别是同行评议的科学性调查，来对原始数据进行补充。此外，补充途径还包括权威性不高，但却客观的媒体报道、线上报道、记者博客以及更为广阔的"博客圈"。[70]

---

[70] 人们公认围绕这些自治机构运作的争议经常引发"SLASH-DOT"类型事件，在这一过程中，媒体制造了大量用户投诉和评论内容，而这些投诉和评论主要涉及对治理机构的某一判决或决定。此类事件正是说明了人们对组织活动合法性的格外关注，但受过良好教育且持自由主义观点的消费者绝不是唯一的相关组织。因此，我会谨慎对待此类证据。

表 1.5 案例研究布局

章节	主题
1	政策背景
2	设计、组织
3	投入
4	活动
5	产出
6	结果
7	影响
8	持久性
9	改革
10	评估

表 1.6 访谈提纲

主题	具体问题
利益和政治需求	组织是怎样形成的？它的职能是什么？其使命是什么？为了对其原有部门进行治理，该组织是怎样适应法律压力宣泄政治压力的？
机构的设计与组织	对自我管理组织进行治理是法律要求的吗？又是哪几项法律？自我管理组织是共治还是自治？自我管理组织是怎样配合政府治理的呢？它们之间有关联吗？ 是否有其它组织有相似使命和治理制度？它们之间有怎样的不同？
投入	总部在哪？高管或董事长的名字叫什么？ 机构会对账目进行归档吗？如果可以，在哪进行归档？（除了财务）它要向治理部门报告吗？ 每年的预算大约是多少？哪儿来的资金？有多少员工在那里工作？

董事会及战略方向	董事会独立于高管部门的程度如何？ 是否有一些委员会独立于董事会呢？例如金融或审计部门？ 公民社会中的利益相关者对此事参与的程度是多少？其他利益相关者的情况如何？ 是怎样制定政策的？
改革	机构是在逐渐扩大，还是在改革？（向新部门，更多国家拓展或改革）方式如何？原因何在？这会对治理产生怎样的影响？ 如何对机构的进行重新设计？请说出机构的使命或职能改变的根本动力。* 组织会进行创新吗？它的模式对于其它治理组织来说是可复制的呢，还是说仅仅是一个例外？ 此组织负责与其它互联网自治机构联络吗？
自治机构的用户知识及参与度	年度大会的参会人员多吗？ 对其活动进行充分的媒体报道了吗？ 成员们熟悉组织的活动吗？ 该组织互联网用户了解吗？ 有改革的建议流传吗？ 该组织对董事会成员、普通成员、网络用户和政府透明程度如何？ 该组织如何承担责任？ 如何理解信息管理？
执行治理	有法庭或其他执法部门吗？ • 每年会进行多少次执法行动？ • 采取何种类型的执法行动？ 有上诉程序或监察专员吗？
市场	你认为有针对该机构和（或）其职能的竞争吗？竞争者是谁？ 该组织的工作有商业价值吗？ 你能定义市场吗，如果可以的话，在市场中该机构扮演着怎样的角色？ 这种市场动态对贵组织的影响是什么？ 如果该机构确实能发挥市场职能，那么这个市场有多大？ 该组织的市场份额是多少？ 市场怎样分割（例如：另一个大型机构会占多少市场份额？） 该组织对经济发展有影响吗？
评估	有对该组织的外界评论吗？如何评价？ 你了解自治机构或类似组织的治理研究吗？

*提供六种选择：互联网使用或设计；政府要求或指导；市场竞争；成员建议；公民社会扩大包容性的要求；职能与管理的融合。

表 1.7 受访者和日期

受访者	所属机构	日期（2007年）（地点或电话）	其他所属机构和评论
菲尔·阿切尔（Phil Archer）	ICRA/FOSI 首席技术官	9月13日	
凯伦·班克斯（Karen Banks）	进步通信协会	8月28日，伦敦	互联网治理工作组成员
伯纳德·本哈默（Bernard Benhamou）	高级讲师，巴黎一大（先贤祠-索邦大学）	8月31日	ICANN 政府咨询委员会（GAC）前成员
罗勃·博斯威克（Rob Borthwick）	英国沃克沃丰，治理事务部	8月10日	IMCB 和泛欧洲移动协议的主要谈判专家
马丁·博伊尔（Martin Boyle）	英国商业、企业和治理改革部	9月6日	IGF 前谈判专家，英国担任欧盟委员会主席国期间（2005）
科马克·卡拉南（Cormac Callanan）	INHOPE 总经理	9月10日	9月20日离开 INHOPE
肯·卡尔伯格（Ken Carlberg）	科学应用国际公司	8月21日	IETF 专业参与人士
约翰·卡尔（John Carr）	协调员，英国儿童慈善机构	8月8日，伦敦	MySpace 顾问；
安德鲁·塞西尔（Andrew Cecil）	雅虎欧洲治理事务部（巴黎）	8月10日	前 IWF 董事会成员

姓名	职务	时间、地点	备注
帕特里斯·沙泽朗（Patrice Chazerand）	PEGI 首席执行官	6 月 26 日，布鲁塞尔	
珀尔·克里斯蒂森（Per Christiensen）	德国 AOL 公司的治理主任	8 月 26 日	明斯特大学前研究员
大卫·C·克拉克（David C Clark）	美国国家科学基金会 FINE 计划主管	9 月 29 日，华盛顿特区	采访和论文演示
理查德·克莱顿（Richard Clayton）	剑桥大学计算机实验室研究员	8 月 28 日，剑桥	
胡安·德尔加多（Juan Delgado）	雅虎欧洲搜索引擎事业部	7 月 26 日	
尼科·范·爱耶克（Nico Van Eijk）	教授，阿姆斯特丹大学	9 月 3 日，伊斯坦布尔	非正式访谈与论文演示
阿利斯泰尔·格雷厄姆爵士（Sir Alistair Graham）	ICSTIS 主席	6 月 25 日，伦敦	ICSTIS 范围审查圆桌午餐
安德烈斯·瓜达默兹（Andres Guadamuz）	爱丁堡法学院	10 月 26 日，爱丁堡	苏格兰知识共享组织
奥拉 - 克里斯蒂安·霍夫（Ola-Kristian Hoff）	挪威独立法倡议者	9 月 14 日	ICRA 和 DG
马尔科姆·赫蒂（Malcolm Hutty）	LINX 政策官员	8 月 30 日	INFOSOC 前首席技术官
汤姆·凯德罗斯基（Tom Kiedrowski）	英国通讯管理局策略经理	9 月 20 日，伦敦	英国通讯管理局自治与共治研究部负责人
米歇尔·拉策（Michael Latzer）	教授，奥地利科学院	5 月，莱比锡；9 月 3 日伊斯坦布尔	非正式访谈与论文演示

安德里亚·米尔伍德-哈格雷夫（Andrea Millwood-Hargrave）	点播电视管理局秘书	9月26日，伦敦	广播标准委员会前研究室主任
瑞秋·奥·康奈尔（Rachel O' Connell）	Bebo 首席安全官	8月30日，伦敦	欧洲互联网儿童安全协会顾问
科里·昂德里卡（Cory Ondrejka）	"第二人生"首席技术官	6月14日，吕施利孔（Rueschlikon）iSummit，（电话），8月8日	Dubrovnik 的主管发言人
彼得·罗宾斯（Peter Robbins）	英国互联网监察基金会首席执行官	8月17日	
让-雅克·萨赫勒（Jean-Jacques Sahel）	英国商业、企业和治理改革部	8月24日，伦敦	经合组织信息、计算机与通信政策委员会前主席；伦敦行动计划的主席
理查德·斯威腾汉姆（Richard Swetenham）	欧盟信息社会和媒体总局	7月4日	SIAP 部门主管
艾米莉·泰勒（Emily Taylor）	Nominet 法律和公共政策主任	6月30日，伦敦	
斯特凡·弗赫斯特（Stefan Verhulst）	Markle 基金会的科研主管	7月26日，纽约	EC DG INFOSOC 的 V- 晶片研究作者
丹尼·魏茨纳（Danny Weitzner）	W3C 法律总顾问	9月17日，伦敦	麻省理工学院法学教授
保罗·怀特宁（Paul Whiteing）	IMCB 主任	8月31日，伦敦	ICSTIS 主任

　　研究包括对利益相关参与者进行电子调查，特别是对专家访谈中的非参与者（例如无权参选的用户）进行抽样调查，并对具体政策、总体透明度、所负职责、有效性等方面自治和共治的看法和满意度进行衡量。这是一次拥有 300 多个问题的大型调查，目的是关注互联网治理专业研究领域经常受忽略的利益群体——公民社会利益相关者和互联网用户。由于许多安排属于自愿性质，因此了解用户面临的种种选择和限制对于评估自治和共治的当前影响和发展至关重要。调查的局限性众所周知，并为人们所接受。目标是抽样范围，而不是复制统计分布。然而，这些调查结果支持定量分析，特别是对响应（和无响应）相关性和模式的定量分析。此次调查得到了论坛内的民间团体的支持（至少在联系方式方面）。案例涉及互联网研究员协会（AoIR）以及知识共享和进步通信协会（APC）。调查的 URL 分布很广，以便能接触广大用户。调查依靠机构和私人联系来发布调查信息。鉴于有限的资源，这并不能直接代表互联网全体用户（世界互联网项目或欧盟民意调查）履行这些职能，但它"尽可能"广泛地代表最广大用户的建议。考虑到每个组织从用户那里收集来的个体调查的特殊性质，若不了解单个自治机构的情况，几乎不能让互联网整体用户意识到附加值的作用。我们所收集的利益相关者的建议是以匿名的方式参与的，包括机构的用户和参与者，以及那些承担后果的人，特别是知识共享（Creative Commons）和万维网联盟的活动家们对调查的再分配进行的回应。[71]

　　基于书面、专家和广泛调查三种互补和协同的证据对每个案例研究的评估进行全面整体的分析，可以对共治和自治的有效性、效率和可持续性方面得出概括性结论。应当强调的是，许多评估不具有总结和判断特性。除了形式特征，本研究还探讨了一系列相互重叠的公共、私人和民间机构。因此，就列出的目标和职权范围而言，简单将其作为一个组织的计划是不合适的。更确切地说，我考虑到了机构的多样性，并对其角色、责任、信息、行动力和激励手段的平衡点进行了评估。这一点至关重要，因为许多促进自我与共治创新的问题如果不能以这种方式解决，也会以其他方式进行处理。因此，事实上并不是"不执行"，而是以一种不同的方式执行，并且将结合评估，基于对其组成部分的适当评估来考虑整体相互作用的演变。

---

[71] 参见该调查的声明，请访问：HTTP://CREATIVECOMMONS.ORG/WEBLOG/ENTRY/7563。

案例研究概述

我对下面的案例进行了探讨，并对每个案例作了概述。[72]

| 第三章 自组织 |

"第二人生"（Second Life）是由美国旧金山的林登实验室建立的一个虚拟世界，自2003年开始运营（试运营）。据称，该平台有900万"居民"，大约30,000并发用户。现在出现了许多非美国用户，美国用户只占总数的25%。其治理系统通过服务条款和居民自治运行。内容方面存在的争议包括网络虚拟人物的个人行为：虚拟强奸和恋童癖。关于虚拟货币——林登币的欺诈和滥用，已经造成了银行的崩溃。该平台已经禁止赌博行为。平台服务器全在美国，但林登实验室早在2006年就在英国开设了办事处。他们制定战略，以避免未来的治理挑战。因此，行业评估主要是学术性的。检验"第二人生"包括治理选择在内所有方面的行业正在蓬勃兴起并繁荣发展。

---

[72] 更多有关信息，请参阅马斯登（MARSDEN）等人（2008）。

表 1.8 根据范围和关联性，将案例研究按章节进行分组

3：自组织	4：自治与标准	5：共治与媒体法	6：互联网服务供应商、内容过滤与共治
"第二人生"	[互联网名称与数字地址分配机构] Nominet	ICSTIS-IMCB	ICRA/FOSI
Bebo	[互联网工程任务小组]万维网联盟	NICAM-PEGI	英国互联网监察基金会
知识共享		ATVOD	互联网热线国际协会—欧洲互联网服务提供商协会

Bebo 是 2005 年由欧洲人在美国加利福尼亚创建的社交网站，到 2007 年发展成爱尔兰第一、全球第三大社交网站，其主要服务对象为欧洲青少年。为应对治理问题，特别是虐待儿童问题，Bebo 在 2006 年任命了首席安全官，所有员工都要接受安全培训。为防止危害事件的发生，Bebo 还专门设计了查看简历照片的人机界面。作为一个拥有欧美混合基因的成功社交网站，其先发制人的治理模式引发了诸如欧洲市场（尤其是年轻人）的准入壁垒、用户的"权利法案"、以及此类安全政策是否可复制等一系列问题。由于该平台成立的时间太短，尚未进行外部评估。而"第二人生"的学术和治理热度不断高涨。

知识共享（Creative Commons，简称 CC）成立于 2002 年，是一家总部位于加利福尼亚州的非营利组织。它为内容创作者提供授权，允许其内容的非商业使用。该组织现有六十多个国家级 CC 许可。劳伦斯·莱斯格；莱斯格（Lawrence Lessig）是其创始人兼首席执行官，也是该组织的精神领袖，其地位不亚于万维网联盟的蒂姆·伯纳斯 - 李（Tim Berners-Lee）。早期的董事会成员以及自由软件基金会主席理查德·斯托尔曼（Richard Stallman）在 2004 年辞去董事会职务，他批评 CC 缺乏基本使命。用于照片分享网站 Flickr 的 CC 许可证说明已有超过 1.5 亿个"作品"得到了授权。CC 运动的成长包括 iCommons 和 ccSalon，展现了 CC 许可证使用，而 CC 国际（南非）和知识共享峰会鼓励人们分享宝贵经验。

执行许可证制度存在争议。对于 CC 而言，这种制度带来的公共部门的非商业内容与 CC 许可内容之间的关系问题，在各个管辖区中已成为越来越突出的法律问题。

| 第四章：自治与标准 |

互联网工程任务组（IETF） 于 1986 年命名，其前身是阿帕网（AR-PANet）建筑标准委员会。互联网工程任务组的设计是按照标准制定机构基于极端开放原则的传统进行的——所有预算、合约、董事会讨论都会公开；而只有在公共工作小组向所有人开放的邮件列表里才能达成共识性决议。更极端的是，该组织没有"成员"。这种自发成立的组织没有公司实体，以较低的成本持续运营着（400 万美元 / 年，每年有成千上万的参与者）。互联网工程任务组是一家卓越的互联网标准制定机构，其地位至今仍然未受到挑战。例如，在治理讨论中，它考虑了标准的安全影响，而除了极特殊情况，其它公共政策的考虑因素（如隐私性、可访问性）的推进是分案件由参与者进行的。

万维网联盟（World Wide Web Consortium，简称 W3C）是蒂姆·伯纳斯 - 李（Tim Berners-Lee）于 1994 年成立的国际标准联盟。它包括美国总部、欧洲和日本的合作机构。它吸取了 IETF 的教训，会员机构和联盟主任拥有决策权。2002 年，经过为期四年的复杂谈判后，该组织决定向其成员授权免费使用其专利。这说明该组织对企业成员的关注复杂而细致。其与治理机构的关系包括接受欧盟委员会（EC）的资助、应用诸如隐私偏好平台（P3P）和互联网内容选择平台（PICS）在内的治理要求的标准。对它的评估主要是通过与其它标准机构进行学术比较进行的。

互联网名称与数字地址分配机构（ICANN） 成立于 1998 年，是美国加利福尼亚的一家非营利性组织，受到美国商务部等的共治。董事是该组织的管理者，而非治理者。根据私法责任，他们拥有法律地位。ICANN 下设一个政府咨询委员会，不同建议都对董事会决议产生影响。为广泛包容国际利益相关者并对其提高透明度，包括理事会选举，

ICANN 投入了大量资源。2000 年进行了一次选举，但之后当作一次实验又放弃了。单一世界信托（One World Trust）、伦敦政治经济学院（LSE）和欧洲学院对其进行了评估。2007 年，ICANN 进行了重要的治理改革，2009—2010 年，又进一步进行改革，但批评之声犹在。

Nominet 是英国顶级域名注册商，成立于 1996 年，是一家非营利慈善机构，拥有大量会员。这就给决策带来一个问题："不活跃"的会员改变域名费用会带来一些问题。Nominet 随市场发展而不断壮大，拥有较高的营业额，同时对技术等的人才投入也很大。Nominet 有 1,600 万英镑的盈余，其中部分拟用于投资互联网政策研究基金会。目前的挑战包括：与盈利的顶级域名创业组织为获得后台服务和 ENUM 转型展开的竞争，以及域名行业市场新动态。2007—2008 年，该机构进行了重大的治理改革磋商，并且努力游说反对政府共治。这一点在 2009 年的《数字经济提案》草案中有所体现，但 2010 年的《数字经济法案》却将其删除。

| 第五章：共治与媒体法 |

PhonepayPlus/ICSTIS（2007 年 10 月更名为 Phonepayplus）：经原英国电信管理办公室的批准于 1986 年成立，是英国高级电话服务的共治机构。该机构要求成员遵守其行为准则（现已更新至第 11 版）。它是全球最大的高级服务市场的模范治理机构，该市场每年的市场规模达 12 亿英镑。2007 年，该机构与 2004 年成立的共治机构英国通讯管理局一起启动了一项战略审查，主要关注治理结构以及对移动电话、广播测验节目、国家 – 本地资费（0871）号码（始于 2008）等新市场进行的治理。该机构与其他机构合作共同建立了国际协调机制——国际声讯治理者网络（IARN）。网络运营商向服务供应商征收资金以维持该机构的运营。如果服务商违反了行为准则，该机构会对其进行罚款并收取行政费用，其预算和战略每年都由英国通讯管理局批准。

独立移动分类委员会（IMCB）：2004 年 2 月，英国移动网络运营商宣布了一项行为准则。该准则要求他们在评级机构的支持下，对成人（18

岁以上）内容进行分级。此观点正式提出后，这一任务就落到 ICSTIS 的子公司——IMCB 的头上。而 IMCB 正是为这一目的而成立的。经过长时间的法律谈判，IMCB 于 2005 年开始运营。它是一个自治机构，由于管理需要成为 ICSTIS（拥有黄金股）的子公司。IMCB 与英国通讯管理局之间没有建立正式关系。IMCB 遵循丽音 / 英国电影分类委员会模型。其他司法管辖区（德国的共治）已有更多的欧洲自治机构相继退出。2007年宣布了一项泛欧框架协议。现有规范涵盖了与网络运营商签约的成人内容供应商。

视频点播协会：根据第 2007/65/EC 号指令，视频点播（VOD）的共治机构是点播电视管理局（ATVOD）。2010 年，新的点播电视管理局成立，取代了之前的自治机构。

20 世纪 90 年代，人们就已开始关注卫星 / 有线电视的发展。荷兰视听媒体分类研究所（NICAM）正是在这样的背景下发展起来的，并逐渐形成用泛媒体自治系统取代现有的国家治理模式的共识。NICAM 由议会授权，并向议会报告。NICAM 作为一个完全透明和广泛采用的制度对公司分类标准的审计保持持续的关注，为此赢得了广泛的赞誉。它的培训系统也备受好评。达成的共识和对 NICAM 系统的行业 / 政治支持是典型荷兰政治长期谈判的结果。这不一定可以复制，但该系统可应用于其它地方，NICAM 协助创建了泛欧游戏评级系统 PEGI。该系统依法定期评估。

泛欧游戏信息系统（PEGI）：该系统是一个由游戏分类资助的泛欧洲视频游戏分类计划。它源于英美两国以往计划。它整合了荷兰 NICAM系统和英国视频标准委员会在培训行业中的能力，为分销商进行内容评级。请注意，也存在法律评级和不对游戏进行评级（即拒绝发放发行许可证）的决定。尽管 PEGI 没有法律效力，但却拥有包括移动和在线游戏发行商在内的广泛的行业认同。在线游戏发行商为最近 PEGI 在线（PEGIOnline）的倡议提供了灵感。PEGI 在线顺应互动游戏的增长，得到了EC SIAP 的资助并在 2007 年接受了 SIAP 的评估。欧盟专员莱丁（Reding）于 2007 年 6 月发起 PEGI 在线活动。其协调作用可被视为一种"共治制定，自治执行"的行动。注意还有一个政府咨询委员会。

| 第六章：审查 |

英国互联网监察基金会（IWF）：成立于 1998 年，是英国 ISP 行业慈善热线，旨在删除儿童色情内容。

热线有助于用户举报以及 ISP 对非法内容进行删除。据称，就其核心职责而言，它很成功：举报的非法内容案例数目不断增加；将儿童色情内容屏蔽在英国之外；参与英国政府和警方倡议；对 INHOPE 进行国际支持以及协调警方行动。IWF 扩大了其资金基础，将移动网络和搜索引擎等纳入其中。支持 IWF 最初使命的人与不断独立的高级管理层之间关系变得紧张。IWF 在其成立后的第一个十年就进行了包括内部和政府审查在内的一系列治理审查。尽管压力很大，但它还是保持了政府的独立性。

国际互联网热线协会（INHOPE-EuroISPA）：INHOPE 是泛欧热线协会，成立于 1999 年，总部设在都柏林，最近迅速拓展到欧洲 28 个成员国以及世界其他地区。它并不是欧盟所有成员国的热线。其主要作用是培训和协调，资金大部分来自 ISAP 和微软公司。该组织全职员工 5 人，预算每年不超过 100 万欧元。2007—2010 年，成员国和各国政府提出了欧洲范围内协调一致的黑名单，与 IWF 示例中讨论的英国 CAIC 列表类似。这一举措加之一份 2010 年拟议的欧洲指令将扩大和改变该组织的职权范围。该指令明确谈到其作用以及这份在所有欧盟成员国中要求强制过滤的列表。EuroISPA 是泛欧 ISP 协会，成立于 1999 年，总部设在布鲁塞尔。该机构规模很小（只有三个人），成员比 INHOPE 还少，而且费用还是由这些成员提供。EuroISPA 反对任何形式的泛欧黑名单，但鼓励泛欧 ISP 合作，为此，EuroISPA 于 2004 年和 INHOPE 签署了一份谅解备忘录。多个成员协会已将内容过滤作为自主项目（较大的英国 ISP）或将其列为共治内容（法国、德国以及斯堪的纳维亚国家）。然而，由于内容过滤存在不同的技术缺陷，EuroISPA 原则上反对这种基于 ISP 的审查。言论自由和诉诸司法等问题反复出现。原来是发布逐案撤销的通知，2002 年完全撤销了新闻组取而代之以 CAIC 黑名单。英国电信和其它运营商基于此列表进行自动过滤，所涉英国互联网用户达 90% 以上。

软法与互联网

　　类似治理理论的东西实现了长足发展，因此，我们已无需将互联网治理视为一种外来的、以国家为中心的治理理论。在本章节，我将阐释这一问题。在相互交织的治理活动网中，公司、消费者和国家的作用现已被法律理论家所接受，所以，互联网更像是治理理论构建的一个大熔炉或催化剂，而不是成为证明命令与控制规则的一个特例。因此，我们可以说互联网治理正回归到主流治理理论中。大量的互联网治理实证研究都支持现有的部门和一般性的治理研究。我认为它可以被看作是当前金融、工业和消费治理研究之间的"缺失环节"。人们可能希望信息是自由的，但信息也需要治理，版权和数据保护等问题无处不在，已渗透到当今社会的大多数领域。然而，互联网治理具有两面性，自治和共治都有科技上领先的例子。互联网治理甚至还在技术上引领自组织。这种组织中，治理机构完全在公司内部（一个治理自己的帝国，如"第二人生"和脸书），而且还引领非常糟糕的立法，这只能体现失败以及政府的无能。互联网治理史表明互联网治理尽管取得了一些成就，但同时也暴露出政府干预的不良后果。

　　根据传统的大众媒体内容、用户原创内容以及使用各种形式过滤和屏蔽的标准化技术标记的内容，我对内容进行分析。第一个内容（见第五章）受传统媒体治理，商业通信受媒体专门治理机构和一般法律的治理，适用于移动商业内容，所有优质内容和IP电视。第二个是用户原创内容（见第三章），包括网络游戏、博客和维基、虚拟世界，"有邀约的"社交网络和公共社交网络。第三个内容（见第六章）延伸到技术协议栈，出于安全考虑，利用机器进行内容标注，采用了数字版权管理系统（DRMS）和可信计算，从而通过热线电话、互联网服务供应商（ISP）以及自动屏蔽操作对内容进行删除和报告。内容的技术治理属于具体的网络问题，以前的数字媒体（如电信和电视）可通过关闭网络进行治理。

基于联合国互联网治理工作组定义的三个类别，我进行了全面的分析与规划。作为一级分类，这三个类别是：基础设施和关键资源、不明确的全球合作问题以及聚焦到互联网上的线下活动问题。这为标准、基础设施、ISP 自治、大众媒体内容、用户原创内容、个人互联网安全、DRM 和电子商务标准提供了框架。通过基于联合国互联网治理工作组分类进行的修订和规划，我确定了（有限）不少潜在差距、用户原创内容和版权，从这方面来讲，自组织似乎比治理更常见（第三章）。通常人们认为，如果一些公开的执行机制运作，就只能有一个有效的治理环境，但这个观点被证明太局限。相反，我确定了诸如同伴压力、道德劝告等更微妙的机制，也似乎确实运作得更为有效，如在第三章探讨的知识共享的版权许可。关于这些机制的可行性，我没有得出明确的结论，但会详细探讨这一问题。

在后面的章节，我会具体阐述许多实用性强的自治案例，下一章会深入探讨共治的发展以及法律地位。

第二章

网络空间共治与治理法规

| 引言 |

　　"共治"一词包含多种不同的治理现象，其共同之处在于，治理制度是由一般立法和自治机构组成的，二者之间相互作用，过程复杂。行为者的利益不同会形成不同的激励措施，从而在价值链的不同环节进行合作或采取单边行动。如果没有对市场、言论自由的宪法保护以及国家层面对未成年人保护的治理，互联网共治和自治措施就不能充分地对经济和文化环境作出反应，使其实现自我维持。共治在过去十年中丰富了"软法"或"治理"的字面上的概念，但像概括性术语一样，共治指的是与行政和规章制度合法性不符的混合治理形式。然而，如果没有民族国家或欧洲法律，[1]公共政策的某些方面是无法进行自治的。人们常常认为 20 世纪 90 年代末，环境和金融治理领域出现了"新型治理"，但其发展可追溯到 90 年代中期信息社会政策的诞生。

　　共治由多个利益相关者构成，而这种包容性导致更大的合法性诉求。明确规定国家和消费者等利益相关者团体为治理制度环境的一部分。然而，包括制裁等直接的政府干预可能会导致反思性治理（反应速度、动力、互联网服务提供商与其他机构的国际合作）的丧失。这显然是一个极具平衡性的概念。国家倾向于采取共治和自我治理解决方案，而公民如果不拥有重要的治理行业，则希望拥有更大的控制权，二者之间的鸿沟日益扩大，从而导致合法性出现了危机。

　　本章通过定义、探究互联网共治和自治的制度史，对共治进行分析，然后对共治的法律定义和分类法进行评估，之后构建了共治和自治的 12 个层次。此外，本文还探讨了对共治、人权和互联网共治的案例法以及治理声明进行司法审查的可能性。

---

[1] 请参阅 KOHLER-KOCH 和 EISING（1999）。

探究网络空间治理的起源

治理对于现代国家有着双重意义——少而设计合理，这是一个普遍现象。[2] 这就是为什么针对许多复杂的现代治理行业会出现一种行业导向性反应，特别是与业务全球化以及纳米技术、生物医学、信息、通信技术等现代技术的兴起和普及有关的行业更是如此。这些技术使金融和其它市场实现了惊人的增长，超过了 1980 年以来各国治理机构的能力范围。然而，在公共利益集团和政府的参与下，共治的确从引人注目的新自由主义转向自治的趋势，[3] 从而在共治机构中形成更大的代表性，因此（期待它）有更大的透明度、内部民主和对基本权利的尊重。然而 2009 年初，危机到了最严重的关头，[4] 银行业的改革力度比预期要小得多，因此，没有理由再乐观地期待实现更大的再治理。

艾尔斯（Ayres）和布莱斯维特（Braithwaite）指出："关注结果的人希望了解国家治理和私人秩序之间复杂的相互作用……行政和治理实践处于不断变化之中，在一过程中，快速响应的治理创新具有政治可行性。"[5] 快速响应的治理体现了国家和市场之间更为复杂的动态相互作用，打破了以前更稳定的安排。[6] 缇波尼（Teubner）认为，欧洲人对法律的认知是"通过政治工具化法律以摆脱直接社会指导……相反，反思法则倾向

---

[2] 布拉德温（BALDWIN）等人（1998）在第三页解释称："简单来说，治理是指颁布一套带有某种机制（通常是公共机构）的权威性规则，以监控和促进这些规则的合规性。"很显然，我们与这一基本定义偏离得太远。

[3] 脱胎于公司组织理论研究的网络治理理论；请参阅 WILLIAMSON（1975，1985，1994）。

[4] DAVIES（2010）。

[5] AYRES 和 BRAITHWAITE（1992），第四页。

[6] 请参阅布拉德温（BALDWIN）和布莱克（BLACK）（2010）第 181–213 页；布莱克（BLACK）（2010）。

于依靠用于管理流程、组织以及权利和能力分配的程序规范。"[7]这适用于互联网以外的全球化现象，例如金融和环境法，根据该法，负面的外部效应会成为公众的关注重点。[8]普莱斯（Price）和弗赫斯特（Verhulst）指出了在这一领域中政府行为和私人行动面临的种种限制，并强调二者的独立性——没有纯粹的自治，如果市场主体不能就市场干预达成一致，至少不会对干预行为带来潜在的政府威胁。二人的实证研究表明，媒体以及民主国家的政府偏好都是为了实现共治。[9]

互联网开发者社区一直很重视基于社会标准的行为准则和使用条款的自律，这些行为准则和使用条款是由受雇于首次制定协议和社会标准的科研机构的早期互联网用户使用的[10]。在信息社会，特别是考虑到快速发展、复杂关系以及互联网和游戏开发过程中的动态变化，各国政府普遍认为需要一种更加灵活的创新治理模式。[11]虽然这相当于互联网开始商用时自由互联网用户的一个虚假的"信条"，但对各国政府来说，[12]务实的做法是，用于监管的模式应尽可能灵活，以实现比其他类型的通信（特别是电信和广播）更大的用户创新和自由。这包括使用硬法和更温和的治理形式。[13]

互联网的发展和演变日益挑战着自治的模式。技术、社会和经济创新等形式给治理机构带来了新的挑战。特别是在发达国家，宽带的普及对网络用户造成了新的安全风险，同时也赋予其权利和责任。1997年，自治模式正在形成时，[14]窄带速度连接互联网的欧洲家庭不到100万，而2007年，这一数字超过2亿，而且大部分家庭是宽带连接。治理周期

---

[7] 缇波尼（TEUBNER）（1986），第8页。

[8] 参见 GAINES AND KIMBER（2001），第157页。

[9] 普莱斯（PRICE）（1995）；（PRICE）和弗赫斯特（VERHULST）（2000）。

[10] 请参阅 HELIN 和 SANDSTRÖM（2007），第253–271页；HIGGS-KLEYN 和 KAPELIANIS（1999），第363–374页；VRIELINK 等人（2010）；ABBOTT 和 SNIDAL（2009），第44-88页。

[11] GUNNINGHAM 和 GRABOSKY（1998）；GUNNINGHAM 和 REES（1997）；ABBOTT 和 SNIDAL（2004），第421-422页。

[12] 请参阅 GOLDSMITH 和 WU（2006）。

[13] LEMLEY（2006），第459页；SENDEN（2005）；COSMA 和 WHISH（2003），第25-56页；HODSON 和 MAHER（2004），第798-813页。

[14] 请参阅克林顿和戈尔（1997）；《1996年美国电信法》，PUB. L. NO. 104-104, 110 STAT.56；TAMBINI 等人（2008）第2-5页，第16-18页。

明显滞后于采取的模式。这是一个容易确认的技术周期，例如，加特纳（Gartner）的"炒作周期"就解释了产品的发布方式，而夸大产品的优势就导致了"幻灭低谷期"的出现，之后出现了性能更强的产品，从而吸引更成熟的大众市场，此时，复苏期被实质生产的高峰期所取代。[15]

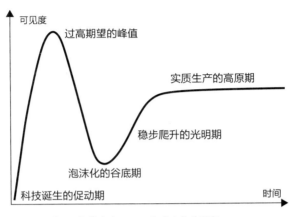

图 2.1 加特纳（Gartner）产品炒作周期

21 世纪头十年中期，价格低廉、性能可靠的宽带接入取代了互联网泡沫。到 2011 年，我们市场发展愈加平稳（尽管增速一直不断上升），而且许多互联网创新的治理也已经接近成熟。芬恩（Fenn）认为，互联网电视、在线视频和公共虚拟世界在早期炒作之后走了下坡路，而脸书等社交网络被迅速采用，并已接近成熟。[16]

斯芭（Spar）解释说这个圈子是从先知到海盗到先驱再到政治。[17] 约翰·佩里·巴洛（John Perry Barlow）可以充当该案例中的先知，20 世纪 90 年代末期的网络犯罪分子是海盗，Compuserve、AOL 和 UUNet 等早期的商业化互联网服务提供商是先驱，引发美国公民自由联盟（Reno v.

[15] FENN 和 RASKINO（2008）。

[16] 炒作周期每年更新一次 –2010 年 9 月版将在您看到这条注释时过期，详情可登录 HTTP://BLOGS.GARTNER.COM/HYPECYCLEBOOK/FILES/2010/09/2010-EMERGINGTECH-HYPECYCLE.PNG。

[17] SPAR（2001A）。

ACLU）案的事件就是政治。通过对收音机、卫星电视和电报等案例进行研究，她解释称，无政府状态之后恢复了秩序，这一点值得注意。这个周期适用于互联网："各国政府应用各自法律来管理互联网。这会很棘手，因为网络仍然难以应对，不知不觉就越界了。但是，各国政府将在网络空间中实施其公民可能遵从的规则。"[18] 这种治理生命周期在案例研究中清晰明了，但互联网自治和自组织比早期的广播、电视和电报的技术更具适应性——主要是因为媒介可应用于更加及时、完善的网络治理结构。

萨缪尔森（Samuelson）将政策制定者决定治理新形式的基准描述成五个关键政策挑战：

（1）这些挑战是否适用现有法律和政策来治理互联网活动，抑或是否需要新的法律政策来规范互联网行为；

（2）需要新的治理形式时如何作出合理、恰当的反应；

（3）如何制定灵活性强的法律，以适应快速变化的情况；

（4）面对可能破坏人类基本价值的经济或技术压力，如何对其实施保护；

（5）如何与其他国家在互联网法律和政策制定方面进行协调，从而在全球范围内建立一个统一的法律环境。[19]

第四点是对 1997 年克林顿 - 戈尔"全球电子商务框架"的一个重要补充。该框架有四项政策目标：可预测性、极简主义、一致性和简单性。[20] 按照这一附加的人权因素，萨缪尔森朝着欧洲信息社会的范例而努力，并寻求权利和责任之间的平衡。我们可以通过市场解决方案，确定维护人权的各个领域，并且有一些明确的人权保护界线，不应以经济利益来换取。隐私和言论自由可以看成是硬币的反正面。这些权利受美国《权利法案》和法国《人权宣言》的保护，又有新的《欧盟基本权利宪章》护航。[21] 互联网环境是一种使社会和个人能够行使自己权利的强大技术。在这样的环

---

[18] Spar（2001b）。

[19] Samuelson (1999)，第 751 页。

[20] 克林顿和戈尔（1997）第 3 页。

[21] 请参阅 Peers 和 Ward（2004）。

境中，权利会因权力主体的法律、经济、技术、安全和其他激励措施而被滥用和削减。来看看三种部门治理制度的细微差别：

（1）"重磅"治理，完全高成本的治理制度，如广播制度；

（2）"轻度"治理：公司基于自由、低成本环境进行自由竞争；

（3）无具体治理：一般民法和刑法。

尽管出现了各种新法，但后者（无具体治理）已然是自从有了互联网内容以来一直沿用的治理方式。刑法在欧洲特定案件中的应用带来了意想不到的后果，同时也给内容提供商带来了损失。例如，1998 年德国对 CompuServe 前总经理费利克斯·索姆（Felix Somm）[22] 的定罪或 LICRA 诉雅虎案。[23] 如果没有国家法律作为参考，就无法拥有"无治理"选项。

---

[22] Bender（1998）。

[23] Reidenberg（2001）。

治理的分类

费耶（Huyse）和帕门提尔（Parmentier）着重从国家角色层面对国家治理和自治的关系进行了区分：外包方面，国家对其自身参与规则制定设置条件，进行限制，而把规则制定留给各政党；在协调行动方面，国家为一个或多个政党的规则制定设置种种条件；公司层面，通过在法规中插入内容，将现有的非正式规范转变成公司立法的一部分。[24]布莱克（Black）表示，自治分类法是基于：

- 委托私人治理，例如，政府需要或指定一个团体、一个行业，在政府定义的框架内制定和执行规范，这种定义通常是广义的；[25]
- 须经审批的私人治理，团体本身制定治理，然后经政府审批；[26]
- 强制私人治理，行业本身制定和实施治理，但对法律法规的威胁作出反应；
- 自愿的私人治理，没有国家直接或间接的参与……[27]

关于须经审批的治理，卡法吉（Cafaggi ）表示：

> 授权的私人治理和事后认可的私人治理之间的中间假设，是由私人或自治机构提出的，须经由公共部门批准方可生效。与事后确认不同，如果私人治理在任何情况下都在私人领域进行，那么这里的治理须经批准方可生效；此外，与授权不同，在这种情况下，无

---

[24] HUYSE 和 PARMENTIER（1990），第 260 页。

[25] 如 AYRES 和 BRAITHWAITE 所描述（1992）。

[26] OGUS（1994）在第 96 页对一致同意的经典治理模式进行了描述。

[27] BLACK（1996），第 25 页。

需提供事先授权的原则和指导方针。[28]

换句话说，这是一项不能协商的二元选择，政府要么采取要么放弃。这将适用于许多标准，例如适用于 WiFi 的电气和电子工程师协会（IEEE）802.11x 标准。该标准在美国制定，但最终在欧洲批准，而制定单独的欧洲标准过程产生了不兼容的解决方案。[29]欧洲各国政府深知接受了美国标准，就意味着对自己标准签署了死亡令。在非标准环境中，这种生死抉择很少出现，卡法吉（Cafaggi）案例适用的可能性不大，因为欧盟委员会及成员国具有更大的灵活性，其灵活性体现在对 Nominet、Phonepay-Plus 和 ATVOD 的重塑。卡法吉（Cafaggi）指出，认可是针对标准，而非过程或治理者，这为双方留下了更大的决断空间。此外，他还指出，Wouters 可能会为 CJEM 提供决定竞争法在自治中应用的依据。[30]

在欧洲，凡·斯库登（van Scooten）和维尔斯伦（Verschuuren）将共治描述成"一些政府参与"支持的"非国家法律"的元素。[31]他们解释说：自哈特《法律的概念》[32]一书问世以来，人们就认为，尽管立法工作应该是首当其冲的，可实际上治理却退而求其次，更倾向于制定规则。在这个次要的规则制定过程中，令人感兴趣的是政府在多大程度上允许私人行为体参与其中。[33]互联网治理中各种规则以及规则的制定说明，法律的合规性是谈判的结果而不是一种力量的垄断，这也反映了哈特（Hart）的远见卓识。他们将共治看成是一种正在兴起的智能管理形式，同时也将认证和

[28] 请参阅 CAFAGGI（2006）。

[29] CROXFORD 和 MARSDEN（2001）。

[30] CASE C-309/99 J.C.J.WOUTERS ET AL V. ALGEMENE RAAD VAN DE NEDERLANDSE ORDE VAN ADVOCATEN [2002] ECR I-1577，案件表示："根据其措辞，条约第 85 条适用于企业和协会就承诺和决策达成的协议。就欧共体竞争规则的适用性，特别是条约的第 85 条而言（第 66 款），达成此类协议、采纳此类决议的法律框架与按不同国家法律制度对该框架进行的分类不具相关性。请参阅 FORRESTER（2004）中 WOUTERS 的论述：对于"自由职业"许可规则来说，WOUTERS 只是一个司法认定的非激进主义的有用先例，而不是更广泛的自治。

[31] VAN SCOOTEN 和 VERSCHUUREN（2008），第 2 页。

[32] HART（1961）。

[33] 请参阅 VAN SCOOTEN 和 VERSCHUUREN（2008），第 65 页。

审计标准的制定视作是国家治理机构活动和自我管理形式之间的过渡阶段。经合组织（OECD）曾尝试细化共治的应用领域。[34] 辛克莱（Sinclair）表示：国家与私人自治之间没有清晰的界限。[35] 拉策（Latzer）又进一步巧妙地对不同自治机构的成立和发展情况进行了区分。[36] 坦比尼（Tambini）、伦纳迪（Leonardi）和马斯登（Marsden）认为："对行业治理机构进行简单考察就会发现，如果行业机构未履行自治责任，那么国家可能采取行动或被迫采取行动，如果情况确实如此，我们便可以说至少还有共治的监督。"[37]

英国通讯管理局对治理的三种形式进行了定义：[38]

直接治理：法律授权的法定机构制定自己的规章制度，并对其进行自我维护、监督和执行。

共治：具有法定治理权力的机构，授权相关行业负责维持和应用法定治理机构批准的行为准则，继续监督共治，必要时有权进行干预。

自治：公司团体或个人对自己成员和行为进行控制。成为会员采取自愿原则，参与者使用诸如行为准则和技术解决以及标准等工具制定自己的规则。成员对规则的监督和执行承担全部责任，而不求助于法定治理机构。

鉴于国家治理和自治与市场的历史一样悠久，[39] 共治就成了一个相对新颖的现象。20 世纪 80 年代后期以来，澳大利亚就一直讨论共治，将其称为是国家治理和自治的混合形式。[40] 到 20 世纪 90 年代中期，共治已从计划中的技术转移到具体的广告行业规则制定程序，行业共治取代自治。[41] 这一转变是由澳大利亚竞争和消费者委员会（ACCC）完成的。它根据

---

[34] 经合组织（2006A）。

[35] 请参阅 SINCLAIR（1997），第 529-559 页。

[36] LATZER（2007），第 399-405 页；LATZER 和 SAURWEIN（2007）。

[37] TAMBINI 等人（2008）第 43 页。

[38] 英国通讯管理局（2006B），第 12 页。

[39] 有人认为 16 世纪伊丽莎白一世女王时期，《皇家宪章》规定的法定垄断是共治的例子，根据授权法规，东印度公司和其它贸易公司拥有广泛的自治权力。见《印度帝国地名词典》（1908年）。类似情况在俄国、荷兰等国家也存在过。然而，我们关注 1980 年以来自治的现代观念。

[40] BERESFORD PONSONBY PEACOCKE（1989）。

[41] 澳大利亚媒体理事会（1992，1993）。

1974 年的《贸易实践法》[42]执行集体协议。文中解释称：

> 共治是自我管理在其他背景下的外部治理或监督形式。例如：
> 法律立法部门和政府治理部门。在共治的模式下，酒类生产商要一
> 直致力于积极有效的自治，同时也接受独立治理机构的监督和（或）
> 有望遵守外部机构制定和执行的法律法规。[43]

这里的关键问题是，联邦政府和竞争机构积极参与其中，以确保他
们可以参加新规定的协商以及与正式联邦消费者代表机构的谈判。联邦
政府、澳大利亚消费者协会和 ACCC 联合制定了酒精饮料广告法，[44]此
法案有一个独立的投诉裁决小组，[45]一位联邦政府官员担任管理委员会委
员。尽管最近出现了一些评论，都将该系统称为"自治系统"（请注意
2005 年 105 个投诉中有两个得以持续），但该法案一直按照相同的程序
进行更新，这一做法一直延续到 2011 年 6 月 30 日。[46]法案更新时，会与
1989 年英国自治方面的"波特曼法案"进行比较，该法案作为独立的自
治案例被大加引用，也因其有效性得到了英国政府和优化管理局的引述
和赞誉。[47]

对共治问题的讨论也与刚刚兴起的"治理"问题的讨论紧密相连，
这不足为奇，但这种治理却又与 20 世纪 80 年代末在政治学文献中出现
的"政府"有所区别，而"政府"此前在组织和商业研究中就出现了。"治理"
一词在 20 世纪 90 年代就开始在政治科学文献中广泛使用，用来描述冷
战后全球化文献中自治的中间形式。[48]从业者和学者采用了不同的治理定

---

[42] ACCC（2007）。

[43] Anonymous（2009），第 3 页。

[44] 了解 ACCC（2007）背景情况，参见第 11 页。

[45] 根据 ACCC(2007)第 12 页所示，在管理委员会任命的裁决小组里有五名成员，他们在任命
之时或在过去的五年里不能从事酒精行业。

[46] 《科学日报》（2009）。

[47] 英国首相战略办公室（2004）；英国的优化管理局（2005）第 50–51 页。

[48] Pierre（2000）。

义，但都难免落入"极简主义"和"极繁主义"的窠臼。[49]我用"互联网治理"来指代公私互动，范围涵盖解决具体互联网问题的大量国家和区域性多边规则和做法。[50]在更广泛的治理政策讨论过程中，治理是以规则为导向而存在的，也是法律学者总结概述出来的方法。[51]就网络和非正式规则制定机构如跨国公司和与互联网治理特别相关的标准制定组织而言，许多政治科学文献都对治理进行了进一步讨论。[52]治理作为一个概念对有关国家政府、参与协作的市场主体以及公民社会利益攸关方联网的治理模式进行解释。[53]联合国互联网治理工作组的立场，将直接的互联网治理机制与融合到电信或媒体法中的机制区分开来。[54]"欧洲委员会2001年治理白皮书"旨在："采用新的治理形式，使欧盟更加接近欧洲公民，使其更加有效，加强欧洲民主，巩固各机构的合法性……此外，欧盟必须为世界治理辩论作出贡献，并在改善国际机构的运作方面发挥重要作用。"[55]

2002年，欧洲的互联网共治、消费者保护立法以及标准制定等方面的举措得到了细化，[56]并于2003年12月成为政府政策。《关于优化立法的机构间协议》对共治作出了如下界定：

> 18.共治是指欧盟立法法案授权经济经营者、社会合作伙伴、非政府组织或协会等认可的机构实现立法机构定义目标的一种机制。这种机制可以根据立法法案中界定的标准使用，使立法能解决有关问题并适应相关行业发展，从而集中力量降低立法负担并借鉴各方经验。
>
> ……
>
> 20.在基本立法法案界定的背景下，受该法案管辖的当事方可以

---

[49] 极繁主义的主要观点强调目前所有的治理和非正式的治理模式。参见 ZYSMAN 和 WEBER（2000）中涉及的广用法。

[50] MARSDEN（ED.）（2000B），和服务于 GREWLICH 更广泛的政策方法（1999）。

[51] SCOTT（2004）。

[52] 请参阅 CHRISTOU 和 SIMPSON（2009）。

[53] 要了解与政府相距甚远的治理形式，参见 BENKLER（2006）。

[54] 请参阅联合国互联网治理工作组（2005）报告。

[55] EC（2001）。

[56] COM（2002A，B，C）。

为确定实际安排而自愿缔结协议，欧盟委员会将核实这些协议草案是否符合欧盟法律（特别是要核实是否符合基本立法法案）。[57]

第21段详细列出了所需的监测类型："有决定权的立法机关会在法案中对要采取的措施进行界定，以跟进其后续应用情况……例如，对欧盟委员会定期提供的资料……必要时对立法法案进行修正。"这表明对欧盟委员会监控的共治而言，要遵守和适应立法法案，就会产生大量的工作计划。关于完善立法的年报仍将聚焦于立法法案和与国家立法者的关系上。[58]协议对自治作出如下定义：

22. 自治的定义是指经济从业者、社会合作伙伴、非政府组织或协会可能会在欧洲层面采取常见的指导方针（尤其是在业务规范或行业协议方面）。一般而言，这种自愿倡议并不意味着各机构拥有任何特定立场，特别是在条约未管辖或欧盟尚未立法的领域采取此种倡议亦是如此。欧盟委员会的一个职责就是它将对自治行为进行严格审查，以核实这些做法是否符合《欧盟条约》之规定。

23. 欧盟委员会将向欧洲议会和欧洲理事会通知自治行为。欧委会一方面认为自治行为有助于实现《欧盟条约》的目标，同时不会与其条款发生冲突；另一方面，就有关各方的代表性、行业和地域覆盖范围以及承诺的附加值而言，欧委会认为自治行为是令人满意的。尽管如此，欧委会还将考虑能否提出一项立法法案的建议，特别应有立法机构的要求，或在未能观察上述行为的情况下亦是如此。

人们认为自治就是行业制定标准和惯例。就立法而言（或就前立法而言，前提是将关注点放在未受治理的新兴领域），欧委会或成员国认为自治具有不可知性，但欧委会还是打算对其进行监控，以分析自治在多大程度上具有"代表性"。而在这方面，共治意在证明它是一种最佳做法。

---

[57] 《关于完善立法的机构间协议》（2003）。
[58] COM (2009в)。

对尚未受到监管的新兴领域的重点关注向愤世嫉俗的评论人士表明，自治将在欧洲陷入绝境。但欧盟委员会坚持认为如果采取诸如制定技术标准这样的行动是可以避免陷入绝境。委员会还指出多种形式的治理都缺乏国家治理，而这极为不妥：

> 17. 欧盟委员会将确保共治和自治的应用与欧盟法律始终保持一致，确保其符合要求公开、透明的标准（特别是对协议的公开）并代表各方的利益，它必须体现一般利益的附加值。但如果基本权利或重要政治选项岌岌可危，或所有成员国必须使用统一规则，在这种情况下，这些机制并不适用。他们必须确保灵活的治理不会影响内部市场的竞争或统一原则。

学者对共治的合法性和代表性有些愤世嫉俗，[59] 特别是关于政府机构支持的行业行为守则，但柯林斯（Collins）坚持认为"社会对话"有助于确立"劳动法，因为该领域，共治最为成功"，[60] 他同时解释称自治是有条件的，只有欧洲理事会采取的行动造成实质性威胁的情况下，自治才会成功。[61] 此外，初审法庭规定，只有利益相关者的代表性完全体现出来，[62] 共治才是合法的。然而，监督和司法审查仍然是共治决策的必要手段。豪威尔斯（Howells）问道："情况不重要就可以由共治来决定，此种决定谁会作出？"[63] 人权法的境况就是如此，人权法越来越多地以各种形式进行商业化应用。国家治理过程中，审查和监督相似性越多，灵活性和行业参与度的益处就越少，这一点不言而喻。

---

[59] SCOTT 和 TRUBEK（2002）。

[60] COLLINS（2004），第一章，第 1–41 页。

[61] COLLINS（2004）第 33 页，有关更多内容，请参阅 JOERGES 等人（2001）。

[62] UEAPME v. COUNCIL [1998] 案，T-135/96，ECR II-2335。

[63] HOWELLS（2004），第 5 章，第 119–130 页。

自治和共治的分类

2005 年，欧盟委员会从"优化治理"这个角度对共治进行了分析。[64]
优化治理随即成为《影响评估指南》中欧盟内部惯例的一部分。《影响评估指南》是委员会在提出新的法律或政治提议之前必须遵守的规定。[65] 英国通讯管理局在 2008 年对共治和自治进行了管理和治理分析，得出了类似结论。[66] 英国优化管理局对共治进行了详细描述，并将其细化为缺乏"经典"治理（可以实现治理合规性）的八大要素：

- 无所作为
- 提供信息或指导
- 使用市场工具
- 共治
- 自治
- 社会合作伙伴协议
- 发行建议
- 使用新方法指令（通过标准实现合规性）和灵活指令（其例子是更新后的视觉媒体服务指令，接下来会在本章节进行探究），这就会在实施的方式和形式方面拥有更大的酌情权。[67]

该机构指出，共治的优势在于"由于法律的规定，共治拥有一定的确定性，同时通过允许采取灵活手段鼓励创新，"它也声称"由于受治理者

---

[64] COM（2005A）。
[65] SEC（2005）。
[66] 请参阅英国通讯管理局（2008），主要是 Tom Kiedrowski 的工作。
[67] 优化管理局（2005）第 6 页。

可结合自身经验设计和实施解决方案，[68] 共治倡议才更有可能成功"。案例研究表明，成功是多方面因素促成的，许多因素都能将其破坏。克兰斯特伯（Kleinstuber）解释说："如果国家和私人治理机构合作，这就是所谓的共治。如果这种类型的自治由国家安排，而国家并不参与其中，那么较为恰当的术语就是受到治理的自我管理。"[69] 这一表述沿用了霍夫曼-利姆（Hoffmann-Riem）对广播的经典研究中使用的术语。[70] 拉策（Latzer）[71] 对此词进行了拓展。

弗赫斯特（Verhulst）和拉策（Latzer）详细分析了共治开始发展时的类型及其制度路径依赖性。[72] 正如拉策（Latzer）解释说，自治机构是作为单一问题机构而成立的，通常是受危机驱动的。[73] 因此，我们应该首先要问一下，自治机构是应急方案还是理想的解决方案，我们认为是前者。他指出，自治有不同的动机，因此需要进行经济和政治分析，同时还要关注法律担保的缺失。[74] 他列出了缺少法律机构治理的五种类型治理：

（1）共治

（2）国家支持的自治

（3）集体的行业自治

（4）单一公司的自组织

（5）用户发起的自助（或）限制，包括对访问内容获取进行限制的排名。

他指出了治理机构的发展方向：由自治机构向共治机构的自下而上的转变，以及治理向共管的自上而下的转变。他还提到了"植物人"自治的例子——没有人会宣布患者死亡或关闭维持生命的机器。我把这些称为"波特金"自治机构，在这些治理机构中，有一个网站、一个治理机构，

---

[68] 优化管理局（2005）第 26 页。

[69] KLEINSTUBER（2004），第 61–100 页。

[70] HOFF MANN-RIEM（2001）。

[71] 请参阅 LATZER 等人（2003），第 127–157 页；（2006），第 152–170 页；SAURWEIN 和 LATZER（2010），第 463–484 页。

[72] 请参阅 VERHULST 和 LATZER 的访谈录。采访时，二人正对英国通讯管理局的共治和自治进行调查：LATZER 等人（2007）。

[73] MICHAEL LATZER，作者采访，德国莱比锡，2007 年 5 月 25 日。

[74] 关于正式治理的描述，请参阅：英国通讯管理局（2004，2006B）；治理审查办公室（1998）；OFTEL（2001）。

但资源很少，没有包含办公室的物理地址，几乎没有明显的判决或执法。[75]
请注意，治理生命周期的得失：如果自治按照其准则运行，是否会僵化？
如果还是会造成僵化，成熟的自治机构最终转变为共治机构，除了对纯粹
的自治主义者有影响之外，还会有其他影响吗？普莱斯（Price）和弗赫
斯特（Verhulst）重点关注 AOL 和内部自组织。[76]他们发现在明确竞争问题、
不断出现的垄断和主导行为等方面，现实情况越来越突出。贝尔德（Baird）
认为，"自下而上"的国家治理并不会否定政府的重要作用。实际上，她
认为民众才是政策的主要参与者。[77]弗赫斯特（Verhulst）和普莱斯（Price）
侧重于自治的范围和职能，以及由国家、地区和全球反应形成的网格。

米尔伍德 - 哈格雷夫（Millwood-Hargrave）还对从自治到共同管理，
再到国家治理的发展进行了界定。注意，因为她正在规划行为准则，所以
她指的是"法案的守护者"而不是自治机构，然而，机构是一样的。对服
务供应商来说，我们可以添加内容供应商。[78]

表 2.1 空间和治理背景下的案例研究

摘自 2007 年 7 月 26 日对纽约马克尔基金会（Markle Foundation）研
究主管 S. 弗赫斯特（S. Verhulst）的采访：

	共治	自治	组织
全球	ICANN	IETF W3C	知识共享
区域	PEGI INHOPE		Bebo
成员国	ICSTIS NICAM IWF Nominet ATVOD	IMCB	"第二人生"

[75] 1787 年，波特金（POTEMKIN）将军在原来的"波特金"村建造了一批臭名昭著的假村庄，
向俄罗斯女皇叶卡捷琳娜二世呈现一派繁荣的景象。村庄里的建筑没有实质内容，对于这
个典故的真实性同样存在争议，下面这个网站对其进行了讨论 HTTP://EN.WIKIPEDIA.ORG/WIKI/
POTEMKIN_VILLAGE。
[76] PRICE AND VERHULST（2005）。
[77] BAIRD（2002），第 81 页。
[78] MILLWOOD-HARGRAVE（2007A）。

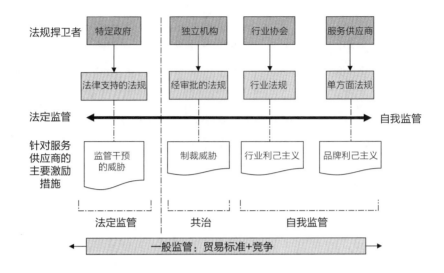

图 2.2 SRO 的米尔伍德－哈格雷夫图（Millwood-Hargrave diagram），治理类型及激励结构。[79]

法律定义不清很重要吗？当然重要，但法律学者必须承认，政府利用权谋术说服自治和共治机构进行投标。我分析了以往互联网自治和共治文献资料，确定了案例研究，然后确立了十二种治理方式，从纯粹的自治标准设置到治理机构内部认为有效的治理形式。结合拉策（Latzer）和弗赫斯特（Verhulst）的方法形成表 2.2。

表 2.2 十二种理想的自治和共治类型

治理方案	自我—共治	规模	政府参与
"纯粹"的非强制的自组织	"第二人生"	0	只是非正式的互换——基于业内人士建立起来的行业论坛
公认的自组织	Bebo，Creative Commons	1	讨论但无正式的确认 / 批准
事后标准化的自组织	W3C#	2	标准的事后批准

[79] Millwood-Hargrave（2007a）。

标准化的自组织	IETF	3	标准的正式批准
有争议的自组织	IMCB	4	事前非正式协商——但无制裁 / 批准 / 流程审议
公认的自组织	ISP Associations	5	机构的确认——非正式政策角色
联合创立的自组织	FOSI#	6	机构的事前谈判；没有决定性作用
经批准的自组织	PEGI# Euro mobile	7	机构的确认——正式政策角色（联络委员会 / 过程）
经批准的自组织	Hotline#	8	与政府进行的非正式事前谈判——需要确认 / 批准
经批准的强制共治组织	ICANN	9	与政府事前进行谈判——需要制裁 / 批准流程审议
受严格审查共治组织	NICAM# ATVOD	10	年度预算 / 流程审批
（有利益相关者论坛）的独立机构	ICSTIS Nominet	11	政府强制征税，并进行共治

主题标签是指全部或部分由政府资助
来源：Cave 等人（2008），第 12 页

　　我发现 0 和 11 选项都是在实践中很少出现的范例。实际情况是几乎不存在之前或之后没有批准的纯粹自治的机构，就算是有，也只是在"早期"，可以将其看成是自治的混合体。其政策结果和过程疑点重重，颇具争议，往往反映了一个极度不稳定的政治环境，因此，政客和官员不介入甚至对这种形式并不做公开评论也就不足为奇了。尽管如此，这些类型还是可以识别的。请注意这些近似的分类与政府资助的情况毫无关系，政府的直接和间接资助与政策参与并不一致。例如，政府可以选择支持自治标准制定活动，将其当作真正取消治理的政策，如第 5 和第 6级所示。这可能包括政府的财政支持或共同资助，这是欧盟委员会 1998年以来大力推进的政策。扩大此类机构作用的政策干预已经失败，据此我们可以调查这种方法与政策支持是否一致。

司法审查与共治

麦克西蒂（MacSíthigh）指出，"有些领域（特别是媒体和通信）依然对自治情有独钟，因为它一边倒地抵制国家的干预，并且不公开治理费用。"[80] 但这会给私人行动者在应对新闻投诉委员会（PCC）和英国互联网监察基金会等准公共机构时产生一定费用。在执行治理的国家中，[81] 这并不尽如人意，治理权力从公共机构下放到私人机构，互联网成了利益展示台。互联网内容治理的所有职能都"外包了出去"，剩下的只是自治。例如，英国互联网监察基金会将自己看成是一个慈善组织，受宪法治理但并不受公共权力的限制。需注意的是，拥有公共职能的私人机构在侵权责任方面存在争议。[82]

英国 1998 年的《人权法案（HRA）》拓展了公共机构的属性。该法案第 3 节中对公共机构的相关（非）定义是："（a）法院或法庭，以及（b）任何具有公共属性的人"。在第 5 节，该法案进一步对该定义进行了界定："如果法案的性质不清楚，仅凭 (3)(b) 项就可以断定一个人并不是公共机构。"多种案例已经证实，仅仅与政府部门签订合同并不能让私人机构成为公共机构，因此，仅仅是协议负责人或私人的自治机构与政府机构相互承认也不一定能为其宣称的"公共"属性提供支持。尽管按照欧洲和英国的法律，可以广泛指定公共机构，但并不会出现影响自治慈善机构地位的重大改变。而根据《人权法案》，[83] 1981 年《最高法院法》

---

[80] MacSíthigh（2009），第 3 页。也可请参阅 MacSíthigh（2008），第 79–94 页。

[81] Majone（1999），第 1-24 页。

[82] 请参阅 Cornford（2008），特别是第二章，第 9–16 页。

[83]《人权法案》阐述了现代人权法的发展，艾塞克斯人权中心也对该法案作出了贡献，请参阅 Boyle（2008），第 1-15 页。

的司法审查判例法和 2000 年《信息自由法案》，[84] 政府希望公共机构的定义应具有等值性。麦克西蒂（MacSíthigh）指出，欧盟负责信息的专员被迫将新闻投诉委员会和高级电话治理机构纳入到"公共机构"当中。同样，BBC 也受到了最高法院的指派。[85] 据预测，与直接影响相比，横向间接影响的波及面更广，因为《人权法案》的 6(1) 节和第 6(3)(a) 节对公共机构的审查进行了限制，而至少在理论上，习惯法能够为私人机构和公共机构在人权方面承担无限责任。[86] 请注意，司法审查过程中仍然要尊重公共机构，前提是自《人权法案》颁布以来这种尊重出现了一定程度的减弱。[87] 第 6(3)(b) 节也适用于任何根据公共机构定义具有公共属性的人。在行使公共职能时，[88] 公共机构如果损害了公约权利，那也是不合法的。

相比之下，欧盟法律限制了对个体的影响。[89] 最高法院多数人对 YL 的区分至关重要，[90] 狭义地将公共职能定义为《欧洲人权法院（ECtHR）》法学的"反映"：[91]

> 公共机构规定私人机构必须提供服务，否则公共机构就必须提供相应的业务，但这并不意味着私人机构正在履行公共职能。如果私人机构能执行政府职能、拥有强制力，那么，可以认为它是在行使公共职能。当地政府购买私人机构的服务是不够的（尽管这表明

---

[84] 司法部（2007），第 19 段。

[85] BBC v. Sugar [2009] UKHL 9，指出 1998 年《信息自由法》表 1 第四部分规定，就信息和新闻艺术方面而言，BBC 是一家"公共机构"，依据该法第 50（3）节披露的内容它会一直受到关注。因此无论要求披露的信息性质如何，该委员根据该法第一节必须将混合机构视作"公共机构"。

[86] Phillipson（1999，2007）；Raphael 2000）。

[87] 要了解 1996 年媒体通信治理情况，请参阅 Marsden（1996），第 114 页。

[88] Poplar Housing and Regeneration Community Association Limited v. Donoghue（Poplar Housing）[2001] EWCA Civ 595 案 – 住房协会承担了当局的责任，为无家可归者提供住房服务，这就履行了当局的职能，因此需经审查。

[89] Young（2009）表示（第 162 页）："这与欧盟法律地位形成鲜明对比，因此在不违背欧盟法律的情况下解释成员国法律，确实受到了限制，因为这需要拥有刑法义务或提高刑事处罚力度"，引自 C-80/86 Kolpinghuis Nimegen [1987] ECR 3969 案 and C-387/02 Silvio Berlusconi [2005] ECR I-3565 案。

[90] YL (Appellant) v. Birmingham City Council and others [2007] UKHL 27 on appeal from: [2007] EWCA Civ 27 案例，有关详情，请登录：www.publications.parliament.uk/pa/ld200607/ldjudgmt/jd070620/birm-1.htm。

[91] 要了解"镜子原则"（mirror principle），请参阅 Lewis（2007，2009）。

公共职能的存在是地方政府用来购买整个服务，或对这种服务给予补贴），或该职能应接受政府的治理。[92]

因此，养老机构提供的住宿服务是为了商业目的而进行的，并通过私法受商业治理，而不是根据法定职责而安排住宿的公共职能，它并未负起责任。相比之下，防范侵犯隐私行为很多情况下需要私人行动者的义务保护，这在多个案例中得到体现：Campbell、Murray、McKennitt 和 Von Hannover 案。[93] 当然，按公布的案例和投诉细节，这只会对治理机构产生影响，但除非我们认可 Von Hannover 案中的争议性判决就是权威，否则 Campbell 案没有体现欧洲人权法院的法律体系，[94] 而只是对该体系的一种建构。英国法院不仅禁止私人媒体组织的报道凌驾于欧洲人权法院之上，而且还根据《欧洲人权公约》第 10 条限制这些组织改变自我以及言论自由权。这些都体现在公共机构的案例中：Pro Life 诉 BBC 案和 Animal Defenders International 诉 Secretary of State for Culture Media and Sport 案。[95] 许多学者已经注意到这种限制言论自由的做法是符合议会的意志的，因为议会已经委任 BBC 对品味和雅俗标准进行判断，并在第 19(1)(b) 节中指出，其对政治广告的限制可能违反《欧洲人权公约》。[96]

人们已经发现英国通讯管理局对非法律工具的使用，特别是对《广播守则》的许可，在最近的案例中得到了重新评估。该案例为 Gaunt 诉

---

[92] YL（2007）PER LORDS SCOTT, MANCE AND NEUBERGER，在 YOUNG（2009）中得到了概括，第 166 页。这种狭义的解释是继 LONDON AND QUADRANT HOUSING TRUST v. R. 案例之后作出的（内容涉及 WEAVER [2009] EWCA CIV 587; [2009] ALL ER（D）179（JUN）的申请情况，通过强调 1998 年《人权法案》第 6（5）节中的私人行为定义、行为的性质和履行的职能，来进一步限制权利。）。

[93] CAMPBELL V. MIRROR GROUP NEWSPAPERS PLC [2004] UKHL 22; [2004] 2 AC 457 [15]; MCKENNITT V. ASH 37 [2006] EWCA CIV 1714; [2007] 3 WLR 194 案例；MURRAY V. EXPRESS NEWSPAPERS PLC [2008] EWCA CIV 446; [27]; [2008] 3 WLR 1360 案例；VON HANNOVER V. GERMANY [2004] ECHR 59320/00 16 BHRC 545 案例。

[94] 请参阅 MOREHAM（2006），第 606 页；RUDOLF（2006），第 533 页；HATZIZ（2005），第 143 页。

[95] R.（PROLIFE ALLIANCE）V. BRITISH BROADCASTING CORPORATION（PROLIFE）[2003] UKHL 23; [2004] 1 AC 185 案件；R.（ANIMAL DEFENDERS INTERNATIONAL）V. SECRETARY OF STATE FOR CULTURE, MEDIA AND SPORT（ADI）[2008] UKHL 15; [2008] 1 AC 1312 案件。

[96] BARENDT（2003），第 580 页；LEWIS AND CUMPER（2009）。

Ofcom。[97] 约翰·高特（John Gaunt）一心想成为英国的拉什·林博（Rush Limbaugh），由于在一次采访中大肆辱骂嘉宾，违反了英国通讯管理局的《广播守则》，被 TalkSport radio 立即开除。英国通讯管理局认为此次采访违反了 2003 年《通信法》下的英国通讯管理局《广播守则》之 2.1 和 2.3 条。高特声称，英国通讯管理局的结论严重地干涉了他的言论自由，并侵犯了他的人权。尽管对该守则的惩罚力度和执行方式进行了重新审查，但法院还是作出了有利于英国通讯管理局的判决。

---

[97] R.(GAUNT) v. OFCOM(LIBERTY INTERVENING) [2010] EWHC 1756(ADMIN); [2010] WLR（D）180 案件，请访问：WWW.LAWREPORTS.CO.UK/WLRD/2010/QBD/R（GAUNT）_V_OFCOM.HTML。

"大棒"而非"胡萝卜"：
美国人为何不愿共治

共治在美国文献和管理政策中只是略有提及或作为一项可以理解的技术。我是基于欧洲文献和政策进行研究的。尽管政治科学领域研究治理的学者已经注意到许多我曾谈到的不明朗之处，但相比美国法律和经济学者的二元治理方案，[98] 共治还是一个新生事物。乔斯科（Joskow）和诺尔（Noll）表示，治理必须赋予所有受治理政策影响的人以参与权和政策审查权，让他们献策献计。这样可以延缓竞争进程，形成企业联盟。[99] 竞争法就是一面审视自治的镜子，因此，我们可以看到，共治掩盖了针对企业联合的反垄断案件，而很明显，历史上美国对反垄断事件的重视程度要高于一些欧盟国家。[100] 纽曼（Newman）和巴赫（Bach）表示：

> 在美国，如果行业不能提供社会期望的结果，那么，政府主要是通过严格的法规和高昂的诉讼费用来引导行业进行自我调节。因此，行业就会将自治看成是规避政府参与的先发制人举措，公私部门之间的关系十分正式却很不稳定，经常出现冲突。我们将理想的美国模式称为合法的自治。[101]

对比美国这种合法的自治，他们声称："在欧洲，公共部门和行业部门代表齐聚一堂，就联合行动达成一致。在这里，公私部门通常都在一

---

[98] POSNER AND POSNER（1971），第 22 页；NOLL AND OWEN（1983）。
[99] JOSKOW AND NOLL（1999），第 1252 页。
[100] 1946 年以后德国严格执行反垄断法规，这在欧洲是一个例外。
[101] NEWMAN AND BACH（2004），第 388 页。

个非正式的自治的过程中，将彼此视为合作伙伴。我们经常用"协调自治"一词来形容欧洲的理想模式。"在欧盟内部，他们这样解释：

> 人们普遍认为公共部门是自治过程中的参与者，但多数时候它们是这一过程的促进者。欧洲委员会将利用其对研发资金的控制，支持自治举措，促进跨国工业网络的发展。如果企业失败，行政部门也可能在中介机构的创建中发挥作用。因此，公共部门会促进自治的发展。[102]

纽曼（Newman）和巴赫（Bach）找到了"市场治理"（拉策称之为自治）与"胡萝卜与大棒"治理之间的折中办法；政府在自治中的参与情况如下：

> 如果它能够提供财政和后勤支持，在治理过程中让私人治理组织参与其中，则具有更大的吸引力。它的终极目标就是能授权治理部门来组织私人机构，或通过法庭进行行业执法，或对所谓的"私人利益政府"进行安排。[103]

"私人利益政府"是一种在互联网治理中比较常见的模式，也得到全美广播事业者联盟中美国法庭附带条件的认可 [1976]。[104] 法学教授兼首席检察官副助理菲利普•J• 韦泽（Philip J. Weiser）提出了网络中立准则的

---

[102] NEWMAN AND BACH（2004）在 398 页中继续："与不干涉的美国管理层形成了鲜明的对比。相比之下，司法机构在欧洲不应该扮演重要角色，尤其是欧盟内部亦是如此。然而，成员国的法院、机构和立法机构越活跃，人们更容易相信治理碎片化的威胁，因此，协调自治，增进跨国企业和欧盟的合作的激励措施就越强烈。"如 DUINA（1999）中所述，他们引用了欧洲的方法。

[103] 尽管他们承认不同的政治文化有不同的干预能力 [NEWMAN AND BACH（2004），第 392 页]："公共部门的奖赏能力是协调式资本主义制度的重要制度性组成部分。近年来，引起人们对整个政治经济各领域业务协调变化情况的高度重视。例如，据称在莱茵河流域国家和北欧国家，一个行业内的竞争者会展开高度的非竞争性交易。

[104] NATIONAL ASSOCIATION OF BROADCASTERS V. F.C.C. 180 U.S. APP. D.C. 259, 265, 554 F.2D 1118, 1124 [1976] 案例。也可参见 WRITERS GUILD OF AMERICA, WEST, INC. V. F.C.C., 423 F. SUPP. 1064 [1976] 案例。

共治构想，控制网络供应商对互联网内容的节流和屏蔽，同时承认这对美国治理机构来说是一种激进、陌生的做法。[105] 尽管如此，根据 2008 年通信管理局的研究，他承认在合法性和灵活性之间做出了妥协，并提出了一种适应欧洲的改进方法，这种方法我在之前的作品中就已经进行了概述。[106]

纽曼（Newman）和巴赫（Bach）也对共治及治理的类型进行了解释：

> 正如奖赏能力不应被视为是一个二进制变量，惩罚能力应该以不同强度的形式呈现出来。就我们的直接目的来说，可以认为惩罚能力越强，公共机构就越容易不考虑私人利益团体对一个行业进行治理……美国公共部门的惩罚能力似乎比奖赏能力更强，而欧洲情况则恰恰相反。[107]

表 2.3 纽曼／巴赫来源与公共部门能力情况

	来源	美国	欧洲
奖励能力	授予地位	中等	中等
	金融和物流	弱	强
	授权能力	弱	强
惩罚能力	代理	强	弱
	法院／司法审查	强	中等
	联邦主义／多层治理	强	强
自治的最终形式		墨守成规的	协调的

来源：Newman and Bach（2004），第 397 页。

---

[105] WEISER（2009），第 583 页，对证券与电信治理进行了比较。

[106] MARSDEN（2010），对早期的工作进行重申和总结。

[107] NEWMAN AND BACH（2004），第 393 页。

欧盟委员会的奖励能力使其在资助标准和对自治的事前支持方面更加务实，而美国在此方面仅是通过竞争法进行事后治理。这就导致美欧之间出现巨大差异，从而可能引发"消费者保护系统标准化原理的跨大西洋竞争"。案例研究表明，21 世纪头十年，数据隐私和内容过滤就属于这样的两个领域。

纽曼（Newman）和巴赫（Bach）认为部门自治有效性方面的研究课题就是："利益相关者的利益同质化程度如何？现有的行业协会有多大影响？如果中介机构数量不足，成立此类机构的难易程度如何？"这反映美国对反垄断问题的高度关注，他们指出，寡头垄断可以使自治得以持续，而不劳而获者会在竞争更激烈的部门破坏自治的有效性。

在互联网领域，特别是互联网安全、儿童安全、内容过滤以及标准设置和社交网络隐私管理等领域，欧洲有很多共治的案例。法国总统萨科齐（Sarkozy）已明确表示，法国政府需要进一步加强对互联网的控制，"规则的缺失会引发互联网的滥用，而管理互联网是我们义不容辞的责任。"[108]很明显，软法律和软执法都发挥着重要的治理作用。而法律实证主义者由于未能在治理环境中考虑法律而面临被忽视或轻视的危险。

---

[108] SARKOZY（2010）。

共治与宪政

　　在没有太多议会以及司法干预的情况下，欧盟委员会、成员国以及公司实现互联网治理布局的空间可能逐渐消失。[109] 如果进行更加严格的审查，很可能要进行广泛、合法的共治，这将会增加治理成本，从而增加市场准入壁垒。然而，这种活力的消失不应成为遗憾懊恼的原因。吴（Wu）认为，[110] 互联网市场的早期活跃时期已接近尾声（目前的网络运营商、移动网络和内容巨头公司包括脸书和谷歌等）。自治的标准在蓬勃发展的同时，也在进行着创新。IETF 和 W3C 都很成功，既具备完善的职能，又进行了自治。共治的内容日益增多，但共治却遭到一再延迟，延迟时间比许多观察家想象的还要长。

[109] 参见 Black（1998）。
[110] Wu（2010）对以往通信市场的僵化情况进行了论述，并将这一观点应用于互联网。

第三章

自组织与社交网络

本章为第一个实质性的案例研究章节，首先要讨论那些尚未自治的自组织。在自治之前，有一个步骤实质上是社区内的关系，该关系由该社区监督。[1] 例如，社团会为该社团选举管理人员，为该社团制定章程（规则）。随着越来越多的消费者公民使用互联网，针对他们的新的服务和业务模式应运而生。[2] 尽管有许多用户创建声称采用了自下而上的规则环境，[3] 但我专注于三个特定的 UGC（用户生成内容）案例研究。[4] 这三个案例研究在 2007 年初是自组织的典型代表。它们是：虚拟世界"第二人生（Second Life）"、版权改革的"知识共享（Creative Commons）"组织和社交网络"Bebo"。第一个案例的知名度已经下降，而且其联合创始人已离职，最后一个案例相对于巨头脸书，销售额有所下降，随后被转售，[5] 但知识共享组织仍在继续支持其功能，并且已经被几个政府正式公认为一种可以支持开放数据共享的版权授权系统。[6] 我在下面的表格中展示了这些早期的组织方案，并且承认它们的治理效果是自发的，并未得到政府的支持或认同，[7] 而最合适的做法就是"承认"它们的存在，[8] 既不支持，也不谴责。

对于授权用户创建并治理内容、使用社交网站（SNS）和虚拟世界以及混搭其它技术共同构建 Web2.0 现象，一些网络服务提供商（ISP）表现出了更大的响应能力。对于那些希望获得（或在任何情况下都接受）受限互联网访问的用户，一些服务提供商还增加了安全和保护，以使其免遭有害内容的侵害。齐特林（Zittrain）说："互联网治理的未来战场是控制软件及 PC（个人电脑）用户运行软件的能力，而不是控制网络。该战场以

---

[1] SUZOR（出版中）使用来自于 DICEY（1959），第 157 页的学说，根据私法制度并经过团体成员的同意，构建了一个论点。

[2] 对于早期分析，请参阅 PRIEST (1997)，第 238 页；SPINELLO (2002)；MAYER-SCHÖNBERGER AND ZIEWITZ (2007)，第 225 页。

[3] WU (2003)，第 679–751 页。

[4] 请参阅 IDATE–TNO–IViR (2008)。

[5] BBC (2010A)。

[6] 请参阅 MARSDEN AND CAVE ET AL.(2006)（在 MAYO AND STEINBERG (2007) 第 48 段进行了引用）。

[7] POSNER AND POSNER (2007)；ELLICKSON (1991)，第 208 页；POSNER (2000)，第 1781–1819 页；MURRAY (2006)。

[8] 请参阅 IDATE–TNO–IViR (2008)，第 31、33 页。

消费者独立推动的活动为主导，这场活动将从开放的、生成性的 PC 向可更高度治理的终端平台转变。"[9]这些平台是游戏机、移动电话和其它"封闭"的受限网络。然而，尽管 PC 环境越来越开放，且有了开源和免费的程序与应用程序、点对点（P2P）分发技术[10]以及免版税许可，移动和游戏环境仍受制于垂直的集成网络运营商。

表 3.1 将自组织放在治理方案中

治理方案	自治的公司	等级	政府介入
"纯粹"未实施自治	"第二人生"	0	仅非正式交换
得到承认的自治	Bebo 知识共享组织	1	已有讨论，但未正式承认或批准

　　自组织的困难包括很多方面，如用户对默认设置的惯性、电子商务提供商所做出的决定使普通用户几乎不可能有选择地使用网站、"超级用户的神话"——相信用户有技术能力，而且将会自主选择。[11]博泽尔（Börzel）认为："定性比较案例研究将会探究私人活动者何时及如何采取活动支持或反对合规性，以及他们的活动会在何种程度上促进或抑制合规性。我的最终目标是开发一个规定私人活动者促进或阻碍遵从国际机构条件的模型。"[12]本章的目的是探究这些替代选择。

---

[9] ZITTRAIN (2006B)，第 254 页。另见 ZITTRAIN (2006A)。

[10] MAYER-SCHÖNBERGER (2003)。

[11] 请参阅 SUNSTEIN (2002B)，第 106–134 页；WEINBERG (1997)，第 453–482 页。

[12] BÖRZEL (2000)，第 2 页。

Web2.0 及替代内容治理

驱动 Web2.0 的基本经济原理是宽带已在许多地区普及。通过 UGC，用户能够"拉"内容，甚至能够对内容进行改编和混合成为"混搭"。混搭是将现有媒体进行组合并重新加工为一种新的创新类型。"数据混搭"实现了对现有媒体进行创新性"重组"，例如重新合成音轨，或将其它信息整合到地图中。Web2.0 型的应用程序有很多种，例如：

（1）P2P 共享网络（如 Kazaa 和 BitTorrent)）；

（2）照片共享网站（如 Flickr）；

（3）视频共享网站（如 YouTube 和 Dailymotion）；

（4）网络游戏（如"魔兽世界"）；

（5）公共社交网站（如 MySpace、脸书和 Bebo）；

（6）博客和维基，包括维基百科（一种由用户生成的百科全书）和维基解密（告密者们的一个网站）；

（7）执行社交网站（如 LinkedIn 和 ASMALLWORLD）。

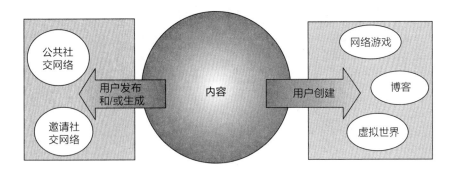

图 3.1 UGC 类型

　　尽管社交网站的范围非常广泛，但我们可以简单地将其划分为对任何人都开放的网站和排外的受限式的、仅通过邀请才能加入的网站。就UGC而言，我们可以将网络游戏与有更多交互功能的虚拟世界区分开。前者通常对大众传媒游戏软件包进行修改，而后者涉及修改（包括编写）"虚拟世界"的新法规。博客和维基百科便是协同创作工具，其内容主要由用户产生。请注意，除了PEGI（泛欧洲游戏信息组织）联机系统（请参阅第五章)的开发与网络游戏，上述这些领域内都没有跨部门的SRO(自治机构）。这些系统在公司和用户水平上进行治理，与20世纪90年代早期Usenet（世界性新闻组网络）网站首次治理的方式相同。[13] 但这并不意味着在它们的治理结构中没有创新，例如虚拟世界已经构建了详尽的自治模型。

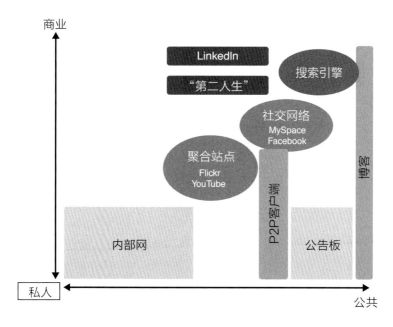

图 3.2 UGC 治理图（附公共／私人和私人／商业坐标轴）

---

[13] 请参阅 LESSIG (1999)；GOLDSMITH AND WU (2006)。

媒体共享服务本身不是社区，而且成员之间的互动也较少。因此，除了版权和其它未被授权的或具有煽动性的内容会受通知与删除（NTD）制约外，该网络几乎就没有其它的行为治理。针对网络的商业特性或公共（与私人相对）特性，我将展示社交网络建模的各种类型。

互联网上的社交网络并非开始于 Web2.0 和便签公告板（Usenet 具有悠久的历史，它的出现远远早于 IETF"互联网工程任务组"的形成），而且企业内部网的出现更是早于商业互联网。P2P 项目曾进行过广告宣传，尤其是 Kazaa。请注意，与广告驱动的大众市场社交网络和聚合站点（如 Bebo 或 YouTube）相比，专业的网络（如 LinkedIn）和货币化的虚拟世界"第二人生"则更专业。博客在非商业领域占主导地位，不过那些读者人数最多的博客也可能会做一些广告。从社交网站的用户数和浏览量的描述可以清楚看出，作为一种大众现象，社交网站上发布的内容不可能受到直接治理。我们之前讨论过，在互联网上，内容主机（通常是 ISP，但在这些案例中指的并非 ISP）受到 NTD 治理制度的约束。这虽然无需事前治理，但如果内容主机被告知（得到"通知"）有违反法律或违反其使用条款的内容，就需要"删除"用户的内容，因此，这是责任转移问题。电子商务指令规定了适用于互联网中介机构的免责问题（无严格责任），规定了对中介的某些活动类型（传输或存储第三方内容）的免责条件，并且不影响实际内容提供商的责任（由国家法律治理）。主机的有限责任是，在确保用户仅在遵守明确允许内容主机删除非法材料的条款或条件的前提下，才能够使用该服务。通常将此权力扩展到有攻击性的、不恰当的成人性质的内容等。

以视频共享网站 YouTube 为例。在 YouTube 上，编辑控制人员（如果存在的话）是发布内容的人。出于治理目的，YouTube 用户发布内容，YouTube 网站会在收到有关侵权或不良内容的投诉后作出反应。[14] 这从根本上不同于传统的广播治理。传统广播治理的编辑控制人员（广播人员）对内容承担事前（即向公众提供该内容之前）责任。YouTube 声称

---

[14] 请参阅 VIACOM INTERNATIONAL, INC. v. YOUTUBE, INC. [2010] No. 07 CIV. 2103.

会在十五分钟内删除违规视频。[15] 儿童剥削和在线保护中心（CEOP）称：
"Web2.0……已经改变了青少年和儿童在线互动的方式，为其提供了更富创造力的在线体验管控……在这种环境下，机遇与风险共存，机遇越大，风险越大；对于那些被委派了对线上内容、行为以及离线后果进行治理任务的人们来说，与日俱增的在线互动趋势也向他们提出了挑战。"[16] 尽管机会无疑带来了问题和解决方案，[17] 但它也允许我所说的"治理2.0"。大量用户通过 Web2.0 工具自治，报告滥用，并标注和标记内容。社交网站具有会员及使用规则，这赋予它们拥有根据情况暂停或开除会员籍的权利。会员可以报告他人的内容或评论，甚至可以为它们评级。这些社区的居民开展着大量的自治。下面我将说明社交网站是如何在国内和国际法律框架内进行自治。

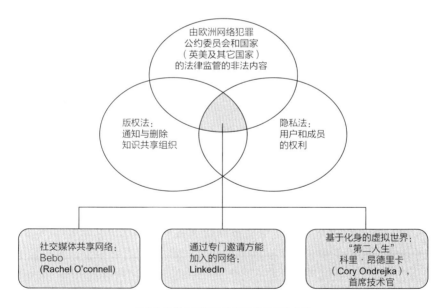

图 3.3 国家和国际法律下的社交网络自治

[15] 请参阅中国《人民日报》（2006）。
[16] CEOP（2007в），第 11 页。
[17] 欧洲网络信息安全代理（2007）。

迪潘纳（DiPerna）把社交网站描述为"连接器"网站，并且确定了相关联的特征、发现和协调：

> 通过社交搜索和建立信任的应用程序，连接器使发现更强大和更准确。在协调方面，连接器比其它在线社区网站都高效，因为在特定情况下，它们有能力操纵（原文如此）专门的通信和交易，或将它们连接成网络。通常情况下，社交搜索和社交网络应用程序在连接器网站上是整合在一起的，此前它们总被看作是同一个应用程序。[18]

两代社交网站都声称，尽管实际上大多数只是混合，1999年互联网"泡沫"前的网站与2003年起"泡沫"后的网站之间的差异，与其说是投资者的区别，不如说是反映了用户的技术和社会经济变化。换言之，两代社交网站的差异更多的是基于这类网站的可用性和资金，而不是性能或效用方面的重大变化。这两代是：

1. "第一代"基于万维网的、强调用于在线约会（如 Match.com）、在线交易、分类信息（如 Craigslist）、在线拍卖（如 eBay）和同学会（如 Friends Reunited、Classmates.com）的社交搜索应用程序。

2. 始于2002年的 Web2.0，使用新软件功能和国内宽带连接，根据共同好友或兴趣的推荐情况，网络应用程序明确分为面向专业（如 LinkedIn）、精英（如 ASMALLWORLD）和社交（如 Bebo、MySpace 和脸书）。

社交网站的成长反映了用户基础在不断扩大。社交网站最初的用户主要是青少年和学生。

---

[18] DiPerna (2006)，第7页。

社交网络服务（SNS）与治理

| 社交网络 Bebo|

首先我谈谈大型社交网络 Bebo。它由其首席执行官（CEO）米歇尔·波奇(Michael Birch)[19]创建于 2005 年。Bebo 在 2007 年约有 3,100 万用户，号称是当年英国、爱尔兰和新西兰最大的社交网站。[20] 它的资金包括来自于标杆资本公司（Benchmark Capital）的 1500 万美元。标杆资本的这部分投资在 2008 年将 Bebo 出售给 AOL（美国在线服务公司）时获得了可观的回报。[21] 经营该组织的管理团队也创立了许多其它组织，如 Birthday Alarm、Ringo 和 Friendster。Bebo 的主要收入并非来自订阅费，它所有订阅一律免费，广告收入是其主要的收入来源，包括传统的线上广告、植入式广告或赞助。另外，Bebo 与其它公司的合作伙伴关系也能带来收入。

Bebo 在 2007 年是最"欧洲"的顶级社交网站，其独立用户中有60% 以上来自欧洲。[22] 尽管 Bebo 正式成立于 2005 年 1 月，但它于 2005年 7 月再度开张，特别专注于英语国家的学校和大学。[23] Bebo 吸引用户的主要模式之一是可以提供无限制的照片功能。而且，对于那些不具备编写自己的 HTML（超文本标记语言）技能的个人来说，它还可以提供个性化的服务（如提供白板和可下载的皮肤）。Bebo 的业务模式逐步演变为将音乐、电视和电影都纳入其中。自从它与其它组织合作提供许多这类

---

[19] MICHAEL BIRCH (2007) NPOST.COM (WWW.NPOST.COM/INTERVIEW.JSP?INTID=INT00160)。

[20] HTTP://EN.WIKIPEDIA.ORG/WIKI/BEBO。

[21] 摘自 BEBO 网站的"关于我们"部分（WWW.BEBO.COM/STATICPAGE.JSP?STATICPAGEID=2517103831）。

[22] COMSCORE.COM，网址为 WWW.COMSCORE.COM/PRESS/RELEASE.ASP?PRESS=1555。

[23] 有关《ONLINE PERSONALS WATCH》对 BIRCH 的报道，请访问：HTTP://ONLINEPERSONALSWATCH.TYPEPAD.COM/NEWS/2006/03/ONLINE_PERSONAL_4.HTML。

服务以来,合作伙伴经常对其施加治理压力,要求预先提供需要治理的服务。[24]

Bebo 面临的主要治理问题也影响着所有社交网站。由于社交网站在多个国家运营,因此,它们就受到许多不同治理制度的约束。为应对这一压力,Bebo 任命了一位互联网安全领域的专家来治理其安全规程。[25] 儿童安全取决于年龄验证,这是身份证明的关键方面。[26] 英国儿童慈善机构的互联网安全联盟(UKCCIS)声称:

> 12. 许多网站都完全没有发现其客户、用户或网站访问者真实年龄的动机,也完全没有收集关于他们的准确数据的动机——非常多的网站因为不知道人们的真实年龄而谋取物质利益。
>
> 13. 对于涉及主要通过广告宣传筹资的所谓的"免费网络",上述观察结果尤其真实。
>
> 21. 在将任何新产品或新服务发布到互联网上之前,应该考虑要求所有公司都执行"儿童安全",尤其是在将其发布到"免费网络"供使用时,更应如此。[27]

Bebo 的首席安全官瑞秋·奥康奈尔的目标是为大多数(最好是全部)员工提供安全问题的培训。她指出:"在通过安全检查之前,应暂停一切事宜,而且合作伙伴们也应满足这个要求。"[28] Bebo 作为更为面向第三方的网络,也因这些标准而大大不同于与其具有竞争关系的脸书和"第二人生"。向第三方开放环境是一个挑战。由于首席安全官角色在 Bebo 仅存在一年之久,而且长期以来在业内没有被复制,因此,该角色的成本收益尚不清楚。Bebo 内部的安全执行工作由政策小组、媒体与用户、执法

---

[24] 要了解合作伙伴的详细信息,请参阅 www.Bebo.com/Press.jsp。

[25] 请参阅 www.Bebo.com/Press.jsp?PressPageId=1533927716。

[26] 尽管验证年龄有许多种方式,但是人们仍在努力寻找最佳方式。欲了解更多详细信息,请参阅 Thierer(2007)。

[27] 英国儿童慈善机构的互联网安全联盟(2010),第三页。

[28] O' Connell(2007)

机构和 CEO 倡议共同驱动。Bebo 的员工亲自检查了上传到该网络上所有照片的品味和庄重程度。尽管其治理类型有望为业内其它公司开创可效仿的先例，但它代表的却是一种不会被脸书遵照的惯例。Bebo 还正式推出了 safesocial-networking.com，以对学校进行教育并增加课程。该网站跟踪并展示了这些安全页面的推出情况。Bebo 有一个名为"保重"（Be Well）的中心，旨在防止 13—30 岁的人们自杀，一些机构已参与其中。

Bebo 的一部分考量是，市场正在日趋成熟，道德责任也在更为人们所主张。对这样一个受到密切监控且牵连大量资源的系统来说，它可能无法扩展到拥有更成熟（因此对广告商更为友好）的会员或更大用户群的网络。Bebo 和其它社交网站的未来不可捉摸、变化难测。[29] 随着市场日趋成熟，社交网络出现了合并（如韩国、日本），还诞生了脸书。[30] 像很多刚起步的公司一样，Bebo 曾是一家私人持股机构，很难评估其活动和策略。Bebo 尚未成为公共领域内的任何评估主体。因此，通过 Bebo 公司的官网来跟踪其成长与革新非常重要，尽管这只能提供来自于该公司内部"官方的"成长与革新观点。

在"第二人生"案例研究中讨论到，警方对于社交网站的治理政策正在飞速发展，已进行初步的风险分析。[31] 2010 年，脸书受抵制儿童剥削和在线保护中心所迫，在每个网页上引入"恐慌按钮"，该按钮会让脸书和警方都感到不堪重负。Bebo 在每个页面上的简介图片旁也设有"报告滥用"，滥用团队可以自动看到双方的细节。INHOPE 的卡拉南（Callanan）声称："在现代世界，关于什么是恰当有效的，不存在合理且相称的辩论。"[32] 他认为，尽管 Bebo 直接向爱尔兰警方进行报告，但警方从孩子们那里得到的报告主要是关于其他孩子的。尽管警方的资源捉襟见肘，其它公民社会团体不愿退缩并表示警方已不堪重负。奥康奈尔解释说，

[29] Braithwaite（2006）。
[30] 乔安娜·希尔兹（Joanna Shields），关于英国《卫报》媒体部对这位 Bebo 公司国际事务总裁的采访，请访问：http://media.guardian.co.uk/mediaguardian/story/0,2147332,00.html。
[31] CEOP（2006）。
[32] Callanan（2007）。

使用社交网站不可能是完全匿名或保证个人隐私的。她认为，根本的风险分析必须纳入新的现实，在发展过程中确定用户行为和安全机制。对于奥康奈尔来说，"办法是要制定策略指南，并在产品开发过程中使风险最小化"。举个掐架的例子。在澳大利亚，"通信部长斯蒂芬·康洛伊（Stephen Conroy）在 2010 年 5 月称脸书完全不顾及用户的隐私……，而脸书的隐私顾问、美国前联邦贸易委员莫塞利·汤普森（Mozelle Thompson）则称：'他们是在对动态的问题提出静态的提议。因此，我不确定这是否能行之有效。'"[33]

对于私营的脸书来说，其客户就是广告商，而投资方就是其股东。在我 2010 年 11 月撰写本书的时候，拥有脸书帐户的人已有 6.5 亿。他们只是可以转化为广告收入的网络用户。作为一家加利福尼亚的公司，只有到了其运营可能受到会拒绝其服务的负面国家统治影响的程度，它才会忠于欧洲隐私规则。因此，它对用户数据的隐私问题采用了一种非常自由（即最低限度）的方法。[34]尽管数年来招致了大量骂名，但几乎没有证据证明其使用量下降。该公司曾任用理查德·艾伦公爵（Lord Richard Allan）为欧洲政策主管与治理部门接洽，以观察尽职调查。除非隐私委员变得强硬、广告客户被要求拒绝合作，或者法院发出阻止商业的禁令，否则呼吁互联网用户权利法案的英国[35]和欧洲议会，不会明显影响该公司的股东利益。2010 年 10 月 28 日，英国部长艾德·维泽（Ed Vaizey）告知议会：

> 我打算给几大 ISP 和网站（如谷歌和脸书）写信，想跟他们见个面……这事当然值得政府作为中间人安排这个与互联网行业的谈话。谈话的内容是，对于那些合法关注其隐私被破坏，或其在线信息不准确或包含粗暴侵犯其隐私内容的消费者，需要为他们设置一个仲裁服务机构，讨论一下是不是有什么方法让别人无法访问到这些信息。[36]

---

[33] AAP（2010）。

[34] 请参阅脸书（2010）；另见 CONSTINE（2010）。

[35] HANSARD WESTMINSTER HALL（2010b）。

[36] HANSARD WESTMINSTER HALL（2010a）。

　　隐私仲裁服务机构将会是电子商务指令的 NTD 制度的补充。[37]他将这个方法与 Nominet（英国域名注册管理机构）对注册中心的用户问题进行仲裁做了鲜明的对比（请参阅第四章）。在脸书用户中，13 岁以下的用户占很大比例，这违反了网络使用条款。据"欧盟儿童在线（EU Kids Online）"透露[38]，通过对 23,000 名儿童的调查显示，48% 的 11—12 岁的儿童具有社交网络简档。该比例在 13—14 岁的儿童中上升到了 72%。"欧洲儿童在线"称："似乎大量的未成年儿童正在使用社交网站。在 2011 年的下一份报告中，我们将会分别分析在该部分社交网站的发现。"[39]

　　卡尔（Carr）认为，欧洲人对用户隐私和儿童安全的关注可以创建一个新环境。在此环境中会出现针对单个企业的治理措施。他认为："我们的工作不是为了使小企业的权利受到伤害和设置竞争壁垒。如果那对小企业意味着代价太大，那是商业成本。"[40]这将欧洲和美国的自治区分开来，并且提出了一个经典的治理问题：在没有政府干预的情况下，向上（质量）竞争或向下（去除任何保护）竞争是否会产生结果。雇用儿童安全领域的专家对于刚成立的新公司来说可能会构成进入壁垒——风险资本可能既不完全了解政策环境，也不会把资金投给一家新兴公司。在美国，尽管对儿童安全的关注不如在欧洲那么密切，但任何人都会将赌博看作是违规的。鉴于成功的社交网站脸书价值可观，儿童保护的成本微不足道。约克郡已经对脸书、YouTube、Flickr、Blogger 和 Twitter 的使用和阻止条款进行了评估，并援引了马什诉亚拉巴马州案［1946］和新泽西中东反战联盟诉 J.M.B. 地产公司案［1994］[41]（支持商场必须允许散发关于社会问题的传单，并且受这些商场指定的合理标准治理）。约克郡借用这个案件延伸到了在线环境中的脸书中。[42]欧洲新的社交公司可能无法确保资金安全，这意味着可能真的需要进行革新了。请注意，儿童安全问题和相

---

[37] Espiner（2010）。

[38] Livingstone 等人（2010）。

[39] 请参阅 Livingstone 等人（2010），第 40 页。

[40] Carr（2007）。

[41] 新泽西中东反战联盟诉 J.M.B. 地产公司，650 A.2d 757 (N.J.) [1994]。

[42] York（2010）。

关的管理成本是由大型跨国公司的单个子公司负担的。各成员国的治理碎片化和缺乏一致的行业标准，将会减慢整个欧洲社交网站的成长。

| 虚拟世界 |

在亚洲、欧洲和北美，在线"虚拟世界"这种新型互动体验已经变得越来越流行。我们可以将这些"虚拟世界"的自治方式看作事前广播与事后互联网治理二选一方案的替代选择。[43] 在网络游戏中，管理员可能会对某位成员的不适当的行为予以相应的在线社区惩罚。[44] 直接执行的替代选择是：针对内容主机依靠间接责任的形式；对 YouTube 或"第二人生"，依靠媒体素养和在线社区的自治。执行只有在由内容容器实施的情况下才能成功进行。对于虚拟世界的治理问题，迈尔·舍恩伯格（Mayer-Schönberger）和克劳利（Crowley）看到了四种场景：

（1）虚拟世界提供商将充当治理者——强制执行其与用户的合同条款，以预防网络欺诈，并确保行为恰当；

（2）政府可以尝试阻止其公民使用不遵守政府限制和治理的虚拟世界（尽管这将不会永远100%有效，正如政府不能够完全阻止访问网站）；

（3）政府可以尝试尽量减少虚拟世界对真实世界的影响，例如通过禁止销售虚拟货物来换取真实世界的货币；

（4）"真实世界辅助虚拟世界进行自我治理"：通过虚拟世界的用户可以对其自己的"社区标准"和行为准则[45]取得一致意见并予以实施，政府对这些机制提供支持。

| "第二人生" |

该案例研究与"第二人生"有关。"第二人生"是西方最大的沉浸式"虚拟世界"，人类化身组成的世界，由林登实验室建立。[46] "第二人生"

---

[43] 请参阅 ONDREJKA（2004）；MAYER-SCHÖNBERGER AND CROWLEY (2006)。

[44] 来源：WWW.SECONDLIFE.COM。

[45] MAYER-SCHÖNBERGER AND CROWLEY (2006)。

[46] ROSEDALE（2007）。

（和 beta 版）创建于 2002 年到 2003 年，拥有 100,000—150,000 位活跃的可交易用户，其非美国用户的数量大大超过了美国用户。2006 年林登实验室在英国开设办事处前所有的服务器都在美国。"魔兽世界（World of Warcraft）"是一个更大的为韩国所有的虚拟世界，[47] 它也被玩家之间在真实生活中交易虚拟事物这个问题所困扰。"第二人生"是一个由人类化身组成的沉浸式"虚拟世界"，请参阅表 3.2。

表 3.2 Bebo 和"第二人生"的社交网络特征

特征	Bebo	"第二人生"
创立日期	2005 年	2003 年
总用户数 [a]	31,000,000	3,000,000
会员资格	开放	开放
主要目的	多媒体共享和社交	沉浸式虚拟世界
身份	用户选择	匿名
即时通讯	专有的	专有的
所需带宽	宽带	宽带
青少年空间	仅 13 岁以上 [b]	有
治理	可以直接向警方报告滥用	可管控用户生成部分
滥用报告	每个页面	无处不在
值得注意的用户开发	不适用	使用"林登币"进行交易
隐私/安全	许多问题	一些黑客攻击行为

[47] 东亚的虚拟世界远比西方的版本更广泛地流行，其中一部分原因是幻想游戏玩法沉浸感很强，另有一部分原因是与西方的小众市场相比，东方的宽带连接和玩游戏的社会接受度已经无所不在。我们承认，"魔兽世界"在其流行度和商业价值方面，都与西方虚拟世界有不同的数量级。一位被采访者，伊藤穰一（JOI ITO），曾是一位非常资深的"魔兽世界"成员。

其它值得注意的网络	MySpace、Classmates、Orkut、"故友重逢网"（Friends Reunited）、Windows Live 以及各国功能等同的事物	"动感世界"（Active Worlds）、There、"安特罗皮亚世界"（Entropia Universe）、Dotsoul Cyberpark、"红灯中心"（Red Light Center）

注释：

a 根据媒体报道估算，不一定是活跃用户。

b WWW.BEBO.COM/TERMSOFUSE.JSP。

　　"第二人生"的治理系统通过服务条款和居民自治起作用。内容争议包括虚拟人物的行为：虚拟强奸和恋童癖。经济争议涉及虚拟货币（称为"林登币"，以旧金山的所有者的名字命名）的欺诈和误用，这已导致银行系统崩溃，赌博在世界各地被禁止。评估工作主要由专业学者来进行，对"第二人生"的各个方面进行检查，包括治理选择。该项工作正成为一个蓬勃发展的行业。[48]

　　与 Bebo 不同的是，"第二人生"的代码主要是开源的，[49] 尽管虚拟世界的技术复杂程度（和频繁的新版本下载）意味着需要宽带连接才能有效使用它。"第二人生"上用户作品的版权属于用户。"第二人生"非同寻常，不只是因为它广受欢迎且公开了代码，而且也因为其成员越来越多地使用虚拟货币进行金融交易。因此，与其他许多网络带来的是名誉、休闲、社交或仅仅是间接的商业价值不同，"第二人生"对于用户直接的实际利益体现在经济上。

　　"第二人生"有一个面向 13—17 岁用户的"青少年"版本。这类用户的认证引起了大量的争议。建立这样一个青少年空间背后的理念是让孩子们不要接触到不当行为或不当内容，并且消除恋童癖与青少年沟通的危险。对于这样一个互动潜力巨大的大型社区来说，对用户的认证是治理的核心。

　　创始人菲利普·罗斯戴尔（Philip Rosedale）认为，创立"第二人生"

[48] 请参阅 BALKIN AND NOVECK (2006)；DAVIES AND NOVECK (2006)；NOVECK (2006)。

[49] 随着新版本的开发，其协议已经被逆向工程，而且其代码也正在更趋向于开源。

的动力是希望有机会在互联网上重新创建人们的互动方式。[50] "第二人生"的作用已经在其短暂的使用期限内逐步进化。[51] 出于多种原因，"第二人生"中引入了多种商业模式，[52] 但它们都通过"第二人生"居民的能力，在"第二人生"经济中越赚越多，而且"林登币"和美元之间是可以相互兑换的。这使"第二人生"的知识产权（IP）法成为可能。在"第二人生"中，人们对其自己的新脚本（即"第二人生"中的物品）可以拥有知识产权，这为他们提供了在"第二人生"中进行交易的机会。昂德里卡（Ondrejka）估算，"第二人生"在 2007 年的 GDP 为 5 亿美元。[53] 在"第二人生"中引入商业的另一关键因素是里面的人物能够拥有土地。[54] 严格地说，土地并不是归"第二人生"的居民所有，因为他们实际上只是租用"第二人生"服务器的服务器空间。"第二人生"曾有一个根据居民所有"财产"数量进行税收的制度，但它非常不受欢迎，因为税收抑制了创新（导致虚拟世界发生革命）。[55]

　　"第二人生"可能最终会抛弃其服务器结构，转向点对点（P2P）文件共享网络。[56] 它也会与移动互联网提供商合作，通过移动电话网络提供服务——尽管其连接并不可靠。[57] 林登实验室已经引入了"3D 语音（3D Voice）"，使化身能够在虚拟世界中相互交谈，并使"第二人生"能够具有用于虚拟会议这样的商业用途。[58] 在技术上，它已经向"开源"发展，为开发者提供了塑造其自己的虚拟世界的机会。[59] 随着"第二人生"在 2007 年变得开源，许多创建新脚本的工作实际上已经外包给了其居民。

---

[50] MANEY (2007)。

[51] 请参阅 HTTP://SECONDLIFE.COM/WHATIS/BUSINESSES.PHP 以获取更完整的业务列表。

[52] 请参阅 HTTP://EN.WIKIPEDIA.ORG/WIKI/BUSINESSES_AND_ORGANIZATIONS_IN_SECOND_LIFE，以获取关于参与"第二人生"的模范企业的更长的名单。

[53] 对于摘自"第二人生"经济统计数字，请参阅 HTTP://SECONDLIFE.COM/WHATIS/ ECONOMY_STATS.PHP。

[54] HOF (2006)。

[55] 昂德里卡（2004 年）

[56] MAYER-SCHÖNBERGER AND CROWLEY (2006)，第 50 页。

[57] BEST（2006）。

[58] 请参阅 HTTP://NEWS.CNET.COM/SECOND-LIFE-TO-STRENGTHEN-ITS-VOICE/2100-1043_3-6178864. HTML?TAG=MNCOL;9N。

[59] ARRINGTON (2007)。

以其本身而言，这的确带来了治理问题，因为允许居民创建脚本（因此也可以创建对象）意味着，它对人们将会在"第二人生"中构建什么，不再有集中控制能力。[60] 要想发展国际服务器中心，可能需要寻找那些能够通过其局部知识来处理局部治理问题的合作伙伴（新兴公司在自己的管辖权范围之外无法处理这类局部治理问题）。"第二人生"还允许居民成为塑造这个虚拟世界的利益相关者。这一能力可能意味着会打开其它虚拟世界，于是，居民就可以合法地带着他们的知识产权去往另一个世外桃源，退出"第二人生"（尽管这看起来并不太可能）。就这一点而言，请注意谷歌公司对其 YouTube 所有权所付出的治理代价，如果没有所有权的问题，YouTube 可能已经发现合规性势不可挡。

昂德里卡（Ondrejka）承认，作为一家由来自于硅谷的风险资本融资的新技术企业，"第二人生"还没有准备好应对国际治理的压力；它的透明度、开放性和适应这种压力的意愿，都是对小型但快速成长的互联网服务企业进行自治或归入自治机构（SRO）的能力进行的关键考验；[61] 昂德里卡提醒要避免过多地对"魔兽世界"和"第二人生"的治理情况作比较，因为与"魔兽世界"相比，"第二人生"的经济通常更类似于 eBay 或互联网。[62] 由欧洲互动广告协会（European Interactive Advertising Association）开展的一项调查显示，宽带互联网浏览者正在越来越多地使用社交网站和进行视频消费，而且随着技术越来越成熟，出现了越来越多的女性和老人用户，而在以前，用户主要是男性和年轻人。[63] 昂德里卡（2007年）报道称，"第二人生"的中位数用户是一名 38 岁的女性。[64] 2007 年 8 月 26 日，"第二人生"的主页（www.Second Life.com）显示，居民的数量超过了 910 万人，其中 160 万人在过去的 60 天内登录了该游戏。

在一个在线"游戏"（实际上更应该称之为是一种沉浸式体验）中，

---

[60] MAYER-SCHÖNBERGER AND CROWLEY (2006)，脚注 82。

[61] ONDREJKA (2007)。

[62] ONDREJKA (2007)。

[63] EUROPEAN INTERACTIVE ADVERTISING ASSOCIATION (2007/11/12)。

[64] 请参阅 WWW.FOXNEWS.COM/STORY/0,2933,269690,00.HTML，以获取更多详细信息。

对于管理员来说，可能会通过使用与社区惩罚相对应的线上方式来应对某用户的不当行为。尼尔森（Nelson）和弗朗西斯（Francis）称："虚拟世界正处于非常早期的阶段。在许多方面，我们处于一个与 1993 年的万维网（World Wide Web）类似的阶段。在这个阶段，首批商业 Web 网站和政府 Web 网站创立，安全性差，并且几乎没有充分解决法律问题和治理问题。"[65] 一个关键区别是，虚拟世界必须遵守治理机构的要求和详细审查——这些已伴随着公共互联网走向了成熟。在互联网上，虚拟世界的数量相对较大，而且难以分辨哪个是"最流行的"。这是因为订户信息与活跃用户信息之间存在差异。

　　执法行动的范围非常广，而且可以导致成员从"第二人生"中被开除。[66]林登实验室规定了"第二人生"的六种社区违法行为：偏狭、骚扰、攻击、披露、猥亵和扰乱治安。[67]有违反该社区某条规定的报告时，"第二人生"滥用团队的成员会使用屏幕截图、聊天记录和其它工具开始针对该事件的调查，以确保报告所言属实。如果报告宣称的内容有效，那么，滥用团队可以针对这位违反规定者采取行动。2007 年 4 月，林登实验室通过使用一种基于模式的方法论改变了滥用团队的工作方式。该方法论允许林登实验室确定哪里发生了滥用以及是谁在滥用。[68]这样做的目的是加快对滥用投诉的回应速度。对于那些感到被诬告或错误裁决的人，其上诉程序现在尚不清楚。由于林登实验室只有在某位用户违反了这六条社区标准，或者某人触犯了现实世界的法律时才予以干涉，因此干涉基本上分两种类型。在发送给"第二人生"的全部滥用报告中，现实世界的违法行为仅占不到1%。[69] "第二人生"采用《数字千年版权法案》（DMCA）的 NTD 程序处理那些构成侵犯版权行为的争议。如果有些争议不构成破坏这六个社区标准的任何一条，或不构成现实世界的违法行为，那么，"第二人生"可

---

[65] NELSON AND FRANCIS (2007)。

[66] HTTP://SECONDLIFE.COM/COMMUNITY/BLOTTER.PHP。

[67] "第二人生" HTTPS://SECURE-WEB4.SECOND LIFE.COM/CORPORATE/CS.PHP。

[68] 请参阅 HTTP://BLOG.SECONDLIFE.COM/2007/04/18/CHANGES-IN-ABUSE-REPORT-RESOLUTION/，以获取更多详细信息。

[69] ONDREJKA (2007)。

以提供调解人，但这只能帮助解决争议，并无法强制执行双方涉及的任何协议。[70]

最备受瞩目的金融强制执行问题是 Ginko（"第二人生"中的一家银行）因在"第二人生"中赌博而倒闭。[71] 在这次倒闭事件中，除了在不知情的情况下承载所有数据之外，"第二人生"否认负有其它责任。Ginko 是"第二人生"环境中的一家外部供应商。作为一家银行，它曾对存入的"林登币"提供了非常高的利率。当 Ginko 的"第二人生"分行用完了"林登币"时，投资者的恐慌蔓延开来。Ginko 亏欠客户 75 万多美元。[72] 这次倒闭事件将"第二人生"的金融治理问题带到了最重要的地方——金融治理者对"第二人生"作为存储在美国服务器的金融市场的角色进行了调查。对于"第二人生"来说，它在 Ginko 事件中扮演角色的最佳解释是，它是第三方，而"第二人生"的服务条款排除了它的责任。[73] 这促使"第二人生"设立了一个《"第二人生"证券交易法案》（Second Life Securities Exchange Act），从而保持市场稳定和投资者的信心。"第二人生"的 CFO（首席财务官）约翰·詹诺夫斯基（John Zdanowsk）对治理充满信心。他说："既有威胁，也有危险。现实是，它与真实世界不同，在'第二人生'中，它就这样发生了，我们知道发生的每一件事。"[74]

赌博问题是"第二人生"在面临任何治理压力之前就选择处理的问题之一。[75] 因为赌博问题会招致美国政府的治理，甚至会威胁到它的生存。[76] 尽管"第二人生"的居民很快知道了政策要发生变化，但是新政策生效施行时却并没有和居民进行良好的沟通。一位居民把禁止赌博描述为发生在"一夜之间，而且毫无征兆"。[77] 这件事对"第二人生"的影响难以估算，

---

[70] Mayer-Schönberger and Crowley (2006)，第 26 页。

[71] http://blog.SecondLife.com/2007/07/25/wagering-in-second-life-new-policy/。

[72] Rappeport (2007)。

[73] http://blog.SecondLife.com/2007/08/14/the-second-life-economy/。

[74] Rappeport (2007)。

[75] http://blog.SecondLife.com/2007/08/09/anti-gambling-policy-update-faq/。

[76] Ondrejka (2007)。

[77] 评论摘自 SciFi Tech，请访问 http://blog.scifi.com/tech/archives/2007/08/05/peer_review_sec.html。

使这个世界中无数的人退出了赌博。[78]

昂德里卡建议，缺乏明确的治理环境会导致诉讼成本增加，因为林登实验室必须雇用律师来处理特定的问题案例，例如阻止法国未成年人使用"第二人生"的"法国家庭"（Families of France）诉讼。[79] "第二人生"的服务器只位于美国，这一决策的目的是为了确保在物理上只有一个国家可以对这些服务器实施司法权。昂德里卡建议，"第二人生"会受益于某些形式的治理确定性，让林登实验室了解它们在许多问题上的立场。[80] "第二人生"没有真正的竞争对手，昂德里卡对此感到失望。他说："他们可以把对'第二人生'的治理热度降低一些。'第二人生'现在是国际上围绕虚拟世界的治理问题的一个避雷针；他们可以施加差异化竞争和其它有用的开发者压力。"林登实验室的员工非常广泛地从事于政策社区的工作，包括出席诸如游戏进展（State of Play）大会（2007 年于新加坡举行）[81]、Harvard-Rueschlikon 会议（2007 年于苏黎世举行）[82]、iCommons（2007年于克罗地亚杜布罗夫尼克旧城举行）[83] 和阿斯彭峰会[84]。尽管这些都不是国际治理峰会，但它们（如阿斯彭峰会）使林登实验室与雷丁（Reding）专员、美国 FCC（联邦通信委员会）的工作人员及其他人展开了讨论。

昂德里卡指出，对这类虚拟世界申请治理可能会事与愿违。他认为："100% 完全有效的过滤接近于断开网络连接。"他还认为，大家不该把其它 UGC 网站提出的治理要求太当回事儿。亚马逊的"Mechanical Turk"对扫描一张图片收取一美分，而对人工内容收取的费用更高（可能是五倍）。不管是通过机械方式还是通过人工方法，这都会使每天审核十亿多张图片的费用非常昂贵——如果这是政府的希望。Bebo 的解决方

---

[78] 通过禁止赌博，"第二人生"的收入尽管也已经下降，但昂德里卡认为这可能是巧合。

[79] 请参阅 HTTP://GAMEPOLITICS.COM/2007/06/04/FRENCH-WATCHDOG-ORGANIZATION-TARGETS-SECOND-LIFE FOR FURTHER DETAILS（2007 年 8 月 26 日访问）。

[80] ONDREJKA (2007)。

[81] WWW.NYLS.EDU/PAGES/3367.ASP。

[82] WWW.RUESCHLIKON-CONFERENCE.ORG/R2007/PUBLIC/PUBLIC2007.PHP。

[83] WWW.ICOMMONS.ORG/ISUMMIT07。

[84] WWW.ASPENINSTITUTE.ORG/SITE/C.HULWJEMRKPH/B.2628901/K.206B/FOCAS_2007_PARTICIPANTS.HTM。

案是不可复制的。在"第二人生"案例中,每天会生成超过三太字节(TB)的 UGC,因此无法实施过滤。在接下来的几年中,"第二人生"要面临的主要治理挑战是实现规模国际化——如何最佳处理"第二人生"开源开发和 OCL(开放内容许可)的问题。昂德里卡相信,该治理压力应落到开发人员身上。[85]一直有人辩驳称,由于虚拟世界的提供商可以控制代码和居民的合同,因此他们有责任进行治理,对任何不法行为都负有责任。[86]如果提供商(在该案例中是林登实验室)具有一个可维护虚拟世界的服务器集线器,那么这相对行得通。但是,如果这个世界转向点到点文件共享风格的网络,世界的体系结构在这个网络中是分散的(如 Napster),那么,治理责任就落到了用户身上,而不是落在提供商身上。

---

[85] ONDREJKA (2007)。
[86] MAYER-SCHÖNBERGER AND CROWLEY (2006),第 48 页。

数字版权

　　如果创造力和智力的发展需要"站在巨人的肩膀上"，那么必须要能够站在这些肩膀上。[87] 接触到知识是社会、文化和经济发展的关键驱动因素，通过分享，会获取有形的经济优势。[88] 传统版权法的"版权所有"模式，以及其复杂的法律概念和要求所有用户允许的特征，并不是非常适用于用户能够共享和再利用内容的环境。在类似的环境中，生产、再生产、分发、共享和促进创造性工作的能力相对受限，主要受限于地理、经济和技术原因。20 世纪 90 年代，消费者数字技术（如光盘和互联网）的出现使得功能（尤其是互动性方面）不断增加。手机摄像头、MP3 音乐编码、富媒体应用程序、视频数据流和点对点网络为用户提供了合作、沟通和创建素材（包括"混搭"）的简单方式。帕姆（Pam）称："媒体业使用现有制作商 / 出版商 / 发行商 / 消费者单向管道的商业模式不再有意义，这是由于越来越多的公众有能力、有意愿成为制作商、出版商和发行商。"[89]

　　风险在于，版权法将成为充分发挥这些技术潜力的障碍。由于材料可以很容易地转换为数字形式，并作为完美"副本"在互联网上分发，这引来了更严格的版权治理。因此，为了保护发行商的版权利益，作者或创作自由会受到限制。这不仅在美国，而且在欧盟和其它地区都是如此。新的许可证制度开启了访问和使用被保护材料的途径。莱斯格（Lessig）在

---

[87] 一个重要的相关进展是在 BENKLER (2002) 的第 369 页，从交易成本理论的角度描述免费 / 开源开发现象，这是由于受到了 MOGLEN (2000) 作品的影响。在法律和经济学的论述中，本科勒（BENKLER）的模型曾被称为"共同对等生产（COMMONS BASED PEER PRODUCTION）"，而且就像大家理解开源环境那样格外有影响力。

[88] 对于强有力的乐观评估和重大事宜的决策者，请参阅 WEISS (2002)。

[89] PAM (2002)。

他的书中整理了所有这些进展。[90] 近年来，访问并再利用由政府和其它公共资助机构出品的材料也开始成为一个重要的问题。消费者对访问和再利用政府信息的需求已经以指数级上升，部分是受 Web2.0 的功能驱动。

"开放内容许可"（OCL）模型基于且尊重版权，同时能预先允许使用内容，而这个范围要比默认的版权法所允许的范围广泛得多。这些许可通常是：

- 一般许可（即适用于所有用户的标准条款），
- 无歧视性许可（即任何人都可以访问该内容），
- 为用户提供就内容进行再创作、复制和交流的权利，
- 受制于规定的条款或条件。

它们被设计为相对简短、简单和易于阅读，能与其它 OCL 模型共同使用。机器也可以识别它们。

在这些 OCL 模型中，与创作材料相关的、最受欢迎且最广为流传的是"知识共享"组织（CC）。CC 是一个在国际范围内活跃的非营利组织，旨在促进为创作者提供新的版权管理选择。2002 年，CC 由莱斯格[91]、CC 主席伊藤穰一和网络自由主义者约翰·佩里·巴洛（John Perry Barlow）创立。CC 在世界各地有四个办事处，员工三十多人，并支持七十多个司法管辖区内成千上万的志愿者。"[92] 它设立了一个要到 2007 年底进一步增加 50 万美元以使该组织具有"稳固的金融基础"的目标。

CC 为各个内容创作者起草许可证，使非商业性质的内容也具有许可证。其它国内 CC 许可证有六十多种。莱斯格是 CC 的创始人兼"首席执行官"，也是其思想领袖，类似于 W3C（万维网联盟）的蒂姆·伯纳斯-李（Tim Berners-Lee）。2004 年，早期的董事会成员兼自由软件基金会（Free Software Foundation）领导理查德·斯托尔曼（Richard Stallman）退出，他批评 CC 缺乏重大使命。CC"运动"的成长包括展现 CC 许可证使用的 iCommons 和 ccSalon，以及鼓励共享最佳实践的"CC 国

---

[90] Lessig (2001, 2004)。

[91] Lessig (1999)。

[92] Lessig (2007)。

际（南美）"[CC International（South Africa）]和CC峰会。

对于CC来说，许可证执行作为一个新兴的法律问题，在各个司法管辖区内是有争议的，正如公共部门中的非商业内容与CC许可内容之间的关系。许可证执行作为一个新兴的法律问题，在各个司法管辖区内是有争议的。CC关注了"阿什克罗夫特诉埃尔德雷德（2003）"[93]（Ashcroft v. Eldred）的诉讼案，并受到了此案的启发，确定延长版权保护期。尽管CC被定位为商业版权与无政府的自由复制之间的"中间道路"，但某些版权持有者还是认为CC将直接威胁他们的商业模式。比尔·盖茨（Bill Gates）早在2004年就称CC许可证开发人员为"共产主义者"，这导致出现了那句令人难忘的反驳之辞——"CC主义者不是共产主义者"。[94]

CC许可证允许人们表达"保留部分权利"（或"不保留任何权利"），而不是全面保护法律允许的内容。为了在国际上开展工作，必须要开发特定于管辖区的许可证。以下几个方面是其特殊的优点：

• 用户友好的许可机制简化了非商业许可流程，减少了私人治理存在的问题（例如，作为私人治理制度起作用的点击进入许可）；

• 个人创作者、整合者、管理者无需仲裁者（如律师或发行商）；

• 用户通过版权许可，"边实践边学习"；

• 通过开源软件开发，解决问责制和透明度问题。

第一批CC许可证于2002年12月发放。2007年2月已发展到版本3.0。CC发行了一系列的标准化许可证，向版权持有人免费提供，以增加公众在版权范围内对创造性材料的访问和使用。它是一种以事先许可为基础，利用私人权利获取公共物品的模式。[95]许可证附带了某些基本权利以及可选的"许可证元素"，包括：

• 署名（BY）：自从2.0版本起，在每个核心许可证上强制执行，必须把赞誉给予原作者；

• 非商业性（NC）：允许其他人复制、分发、展示和执行该作品及

---

[93] 埃尔德雷德与阿什克罗夫特537 US 186 [2003]诉讼案。

[94] 请从多方面参阅 BENKLER（1998A，第183–196页；1998B，第287–400页；2006）。

[95] 请参阅 COATES（2007）。

基于它的演绎作品，仅限非商业性的目的；

　　•禁止演绎作品（ND）：仅允许其他人原封不动地分发、展示和执行原作品的副本，而非其演绎作品；

　　•相同方式共享（SA）：仅在与治理原作品的相同许可条件下，允许其他人分发、展示和执行演绎作品。

　　在构建符合艺术家利益的许可证集合、在美国之外的司法管辖区内本地化CC许可证时，强调实质性的法律技术问题非常重要。例如，在英国，在由一家美国的法律事务所的伦敦办事处提供了最初的专业志愿服务工作之后，一家由一些来自于牛津大学、爱丁堡大学、伦敦大学玛丽皇后学院和伦敦经济学院的具有代表性的版权律师组成的CC英国法律许可团队建立起来。发布许可证花了将近两年时间，具体分为：CC-EW（英格兰和威尔士）、体现不同的版权法传统的CC-Scotland（苏格兰）和CC-NI（北爱尔兰）。在英国出现了更加复杂的情况——截至2003年，CC国际（现在的iCommons）"旗舰"和本土[96]尝试说服英国广播公司（BBC）将CC-UK纳入到其计划中，以允许支付许可证费用的人再利用那些成为其创用典藏（Creative Archive）的内容。[97]这是一个将业余艺术家的关注点与具有鲜明商业价值且法律意识敏锐的组织的关注点相结合问题的案例研究。尽管莱斯格与BBC当时的总干事（首席执行官）格里戈·代克（Greg Dyke）两者都曾亲自过问，并进行了会面、演讲和鼓励，但这些项目还是无法就通用许可证的法律依据达成一致。关注问题包括：确保BBC内容没有以引起政治争议的方式（这会违反BBC的公正职责）被再利用；对英国BBC观众（电视许可证付费者）的价值；不能损害为BBC制作内容的艺术家的权利，尤其是工会组织成员关注的问题和社会集体的关注点。因此，尽管BBC创用典藏和CC-UK项目的律师都努力尝试，但却无法达成协议。为此BBC决定采纳一个能解决其问题的单独的许可证。随着谈判明显进入僵局，BBC创用典藏的法务总监保拉·勒迪厄（Paula Le Dieu）辞去了iCommons的领导职务。"创用典藏"

是一个许可内容的库，可供公众分享、观看、聆听和再利用。该许可证集团由 BBC、英国第四频道（Channel 4）、英国公开大学、英国电影协会、教师频道和"博物馆、图书馆和档案馆（MLA）理事会组成。档案馆的内容仅对英国公民免费提供，可用于非商业目的的查看和重新混合。档案馆最终使用的许可证的模式严格仿效了"CC 署名—非商业性—相同方式共享"许可证。

英国的这些做法收效甚微。但尽管如此，其部分体验在许可证的当前迭代过程中也很有裨益。许可证的版本 3.0 作出了一系列改变，如：

• 将"通用"（现称为"未本地化版本许可协议"）许可证从美国许可证分离出来；[98]

• 协调对道德权利的处理 [99] 并征收社会版税；[100]

• 明令禁止滥用声明或暗示与认可证发放者或作者有关联或关系的署名要求；

• 包含一个允许 CC 相同方式共享许可证和其它类似开放内容许可证之间相容的机制；

• 对语言进行了略微更改，以适应关键参与者 Debian[101] 和 MIT（美国麻省理工学院）[102] 的关注点。

在设计许可证正本时，执行问题并不是莱斯格主要担心的问题。CC 用户不一定需要有法律背景，而且其许可的设计初衷是要易于使用，功能包括：

• 许可证生成器：通过 CC 国际主页上的"为你的作品颁发许可证"按钮实现；[103]

• 统一的商标：图标内置于授权标章和许可证按钮中；

• "授权标章"：用一个页面、简明的语言对许可证进行了总结。授

---

[98] HTTP://WIKI.CREATIVECOMMONS.ORG/VERSION_3#FURTHER_INTERNATIONALIZATION。

[99] HTTP://WIKI.CREATIVECOMMONS.ORG/VERSION_3#INTERNATIONAL_HARMONIZATION_. E2.80.93_MORAL_RIGHTS。

[100] HTTP://WIKI.CREATIVECOMMONS.ORG/VERSION_3#INTERNATIONAL_HARMONIZATION_. E2.80.94_COLLECTING_SOCIETIES。

[101] HTTP://WIKI.CREATIVECOMMONS.ORG/VERSION_3#DEBIAN。

[102] HTTP://WIKI.CREATIVECOMMONS.ORG/VERSION_3#MIT。

[103] HTTP://CREATIVECOMMONS.ORG/LICENSE。

权标章总结了用户能承担的自由、行使这些自由基的条款与条件，以及到该许可证的全面法律条文的链接。

• 许可证按钮：每个国家的 CC 许可证都带有其自有的"许可证按钮"，可内嵌在网页上，或采用数字文件格式，使人很容易立即认出该材料经过了 CC 许可证认证。

对于由教育、文化和研究部门创作的材料，政府政策越来越偏爱使用 OCL。[104] OECD（经济合作与发展组织）和联合国教科文组织（UNESCO）开始实施自己的开放访问倡议计划。[105] OECD 对 CC 进行了特别讨论，认为它是一种克服由法律限制引起的障碍的方式，这些法律限制妨碍了版权材料在数字环境中的流通性。[106] 2002 年，MIT 推出了 OpenCourse-Ware（开放式课程，OCW）。这是一个在线发布计划，旨在使人们能自由访问 MIT 的几乎所有的大学生和研究生课程教材。该 MIT OCW 平台建立在确信"知识和信息的公开传播可以为全人类打开通往强大的教育收益大门"的基础上。[107] 到 2006 年，MIT OCW 已经拥有了 1,550 门获得 CC 许可的课程，覆盖了多门学科。MIT OCW 中的内容既包括课程教材（如班级计划和学习指南），也有辅助性材料和一些音频视频内容。

正在实施 CC 许可证的一个示例是雅虎公司旗下的 Flickr。[108] 这是一款在线照片管理和共享应用程序。它旨在帮助人们使其朋友、家人和公众可以访问他们的照片，并且支持重新组织图片。Flickr 直接将 CC 许可作为一个选项纳入其系统中。上传者在上传照片时可以选择一个 CC 许可证、设置一个 CC 许可证作为每次上传的默认选项，或者为已经上传的图片更改或增加一个许可证。[109] 页面会按照许可证类型将图像分隔开，用户可以搜索特定的关键词，然后选择某个许可证类型。科特斯（Coates）估计，

---

[104] 在极端情况下，请参阅 MALDONADO AND TAPIA (2007)。

[105] 请参阅 OECD (2006B)；另请参阅 UNESCO (2007) "开放式培训平台（OPEN TRAINING PLATFORM）"，网址为：HTTP://OPEN-TRAINING.UNESCO-CI.ORG。

[106] OECD 教育研究与创新中心 (2007)，第 13 页。

[107] 美国麻省理工学院（日期不明），关于我们，请访问：HTTP://OCW.MIT.EDU/ OCWWEB/GLOBAL/ABOUTOCW/OUR-STORY.HTM。

[108] FLICKR.COM。

[109] FLICKR.COM/CREATIVECOMMONS。

截至 2006 年底，在 Flickr 上发布的照片中，有 10% 的照片具有 CC 许可。在澳大利亚的案例中，有"一个明确的迹象表明，在一般社区中，人们对 CC 许可证模式的工作机制明显缺乏了解。"[110] 公众需要对以下三个主要领域进行了解和发展：

- 继续进行对 CC 和 OCL 相关问题的研究；
- 建立对 CC 的了解，并扩大有关 CC 项目的可用信息；
- 为实施 CC 许可证项目提供更多的建议和支持。

对于一些分散的组织来说，明显需要更好的、能概括如何使用 CC 许可证系统的信息。这些组织包括：寻求为其作品进行许可证授权的个体从业人员、希望使用 CC 授权作品的内容用户、希望整合符合 CC 认证内容的组织和内容提供商、商业代理和资助机构。

iSummit 与来自世界各地的组织和社区合作，展示和分享最佳实践，并讨论针对延续"共享"实践对参与文化和知识领域积极影响的战略。[111] ccSalon 的概念始于旧金山，后来成为一个月度事件。它专注于构建一个围绕 CC 许可证、标准和技术的艺术家和开发人员的社区。ccSalon 已在阿姆斯特丹、北京、柏林、约翰内斯堡、伦敦、洛杉矶、纽约、首尔、台北、多伦多和华沙开展过活动。[112]

CC 与更加流于意识形态的 OCL 团体之间的决定性破裂始于理查德·斯托尔曼（Richard Stallman）2004 年决定从 CC 董事会辞职。20 世纪 80 年代，斯托尔曼和他的自由软件基金会（FSF）发起了"著佐权"（Copyleft）运动。他的 FSF 法律顾问埃本·莫格伦（Eben Moglen）教授则是《信息共产主义》（Information Communism）的作者。这本小册子可能在某种程度上导致盖茨将共享理念与共产主义理想相提并论。对于许多开源拥护者来说，与关于版权条款限制、开源的使用和围绕通用公共许可证（GPL）3.0 版的争议的主要讨论相比，CC 被看作是没有争议且相对乏味的杂耍类的实验。尽管在某些人看来，CC 背叛了 FSF 和"著佐

---

[110] COATES (2007)，第 42 页。
[111] 请参阅 BLEDSOE ET AL. (2007)。
[112] 对于 ccSALON 的网址，以多伦多为例，请访问：HTTP://WIKI.CREATIVECOMMONS.ORG/ TORONTO_SALON。

权"的理念，[113] 但鉴于它是由律师开发的，而且被依靠版权支付而存活的各行业更广泛地采用，这种情况可能是在所难免的。CC 一直被批评为律师对律师问题的回答，而非"著佐权"对版权的拒绝。人们认为自由软件运动中"著佐权"是拒绝版权的。贝里（Berry）和莫斯（Moss）对这一法律对策的真实影响产生了质疑："法律教授倾向诉诸于法律和律师领域。GPL 是有韧性的，但原因并不仅仅在于其法律形式。GPL 基于一个可不断（再）产生意义和形式的道德实践网络。共享理念总是比正式的法律构想要多。共享理念是基于平民的。"[114]

CC 的批评者认为，对数字版权更综合的解决方案将包含条约义务。在这方面，请注意最近的联合国教科文组织《文化多样性公约》（Cultural Diversity Treaty）[115] 和世界知识产权组织（WIPO）《广播条约》（Broadcast Treaty）——尽管批评者声称《广播条约》可能更没考虑到公共共享问题。英国公共部门信息办公室（UK Office of Public Sector Information）发现，87% 的英国公众受访者不认识 CC 许可证图标，而且 59% 的英国公众受访者不知道"共享"是什么。[116] 对于该许可证来说，要想更普遍地作为商业版权的替代物来执行其功能，还有很长的一段路要走。[117]

里克特（Richter）最近将 CC 作为治理技巧与其它类型的社会企业治理方式进行了对比，[118] 率先通过企业治理方式和革新将自组织当作一个

---

[113] 要了解开源软件产生的辩论类型的特征，请参阅 VANCE (2007)："'当然，开源'社区'对于任何事物的第一反应都是认为末日场景（在这个案例中，世界将被罗格斯底里毁灭）即将到来。永不停息的车祸的成员被认为是"许可—讨论"邮件列表，而不是有诱惑力的现实。在这个邮件列表中，所有真正重要的 OSI 事情都会得到处理，再歇斯底里的事务也能得到包容。你知道，如果你不喜欢某事物，可以给它取一个邪恶的名字，然后想出这些并不存在于真实世界的假设，'拉德克利夫（RADCLIFFE）如是说。"另见：HTTP://LAWANDLIFESILICONVALLEY.BLOGSPOT.COM/2007/08/OPEN-SOURCE-LEGAL-WEBI-NAR-OPEN-SOURCE.HTML。

[114] BERRY AND MOSS (2006)。

[115] WWW.ICTSD.ORG/WEEKLY/05-10-26/STORY4.HTM。

[116] GILL AND JAMES (2009)，第 32-33 页，被引用到 RICHTER (2010)，第 363 页，脚注 830。

[117] 请从多方面参阅 WILEY (2005)；PESSACH (2010)；LINKSVAYER (2008)；CHELIOTIS 等人（2007）。

[118] 请参阅 GIDDENS (1998)，第五章，第 69-85 页；MULGAN AND LANDRY (1995)，第 57 页："这无疑是糟糕的公共政策"——它在取消有限的董事责任的同时，也取消了慈善托管组织中对效率的奖励。"在法律—税务慈善机构的地位相关的方面，监督系统……各自为政，而且协调性很糟糕"（第 61 页）；KELLY 等人 (2002)。

"来自治理环境以外的解决方案"，并且依靠市场的力量来生效。"[119] 他解释说，社会企业家会比治理更有效、更高效（否则会导致破产），[120] 但社会企业治理"需要花费更多的精力，才能确保参与、透明度和公共问责制，并且避免治理碎片化。"[121] 作为一个治理工具，社会企业治理最近才作为"第三部门"（Third Sector）的一部分[122]、或者先前由慈善活动或国家活动提供私人服务的大社会（Big Society）方式而出现。[123] 2005 年，英国政府的第三部门办公室允许社会利益公司（CIC）成为一个治理者。[124] 里克特认为："社会企业治理的现有框架可以加以扩展，纳入一些能为治理和市场自治理无法提供社会利益的环境提供革新的、基于市场的解决方案的企业组织。"[125] 这将他们与非商业政策企业家分离开来。[126] 斯皮尔（Spear）和比德特（Bidet）声称："创业者是公民，不是国家，决策力量并非基于资本所有权。那些受风险机构影响的人们都可以参与，利润分配很有限，最终，风险机构会明确地以令社区受益为目标。"[127]

按照尼科尔斯（Nicholls）的说法，社会企业可分为"类型 1"（地区性企业）和"类型 2"（大企业），[128] 其中"公平贸易"（Fair Trade）运动是后者的一个典范。里克特称："是否通过基于市场的解决方案和企业创新产生社会价值——通过这一点就能将社会企业治理和企业治理利润最大化模式与慈善事业、与体制化和政府支持的公民社会参与形式、与 CSR 以及与政策性企业治理区分开来。"[129] 这将 CC 进行了分类，尽管其法律地位是作为一家加利福尼亚企业。2010 年，它还可能

[119] RICHTER (2010)，第 3 页。

[120] ROBINSON (2006)，第 95 页。

[121] RICHTER (2010)，第 3 页。

[122] GIDDENS (1998)，第 81-82 页。

[123] 请参阅 NICHOLLS AND ALBERT HYUNBAE CHO (2006)，第 102 页。

[124] CIC REGULATOR (2008)。

[125] RICHTER (2010)，第 248 页。

[126] KINGDON (1984)；SCHNEIDER AND TESKE (1992)，第 737–747 页。

[127] SPEAR AND BIDET (2003)，第 8 页。

[128] NICHOLLS (2007)。

[129] RICHTER (2010)，第 65 页，欲了解定义，请参阅第 66–68 页。

将 Nominet 归为"已改革的"企业，如果它应如此选择的话。正如里克特所说，有三种政府途径可以鼓励社会企业治理：在问题和解决方案的定义方面进行合作，如 CC- 巴西的案例和部长吉尔伯托•吉尔（Gilberto Gil）的参与 [130]、作为 OCL 模型中此类解决方案（我之前将其描述为"Regulation2.0"）的客户，[131] 以及最终为社会企业治理建立市场 [如英国社区利益公司（UK CIC）]。在该市场中，"市场治理者应发展和实施透明度、问责制和参与性解决方案设计的最低标准，为公民申诉创建一个仲裁小组，鼓励独立的绩效考核，并促进解决方案的互用性，以保持竞争力。"[132] 他还认为，在缺乏 CIC 治理机构的情况下，"'马什与亚拉巴马州'诉讼案的法律逻辑允许对公共基础设施的私人提供商应用基本宪法权利，并且可进一步要求 [CC] 等提供的私人治理活动透明且遵守正当程序规则。"[133]

通过版权，CC 试图在私人所有权领域内构建共享机制。这个 CC 项目看似会成功。它已经对知识产权问题和"公共领域"的侵蚀问题产生了兴趣，而且它已经有助于反思"共享"在信息社会中所扮演的角色。CC 许可证正处于被强制执行的过程中——最近一个比利时案例表明这已经在发生。[134] 由于奥尔洛夫斯基（Orlowski）对其参与哈佛法学院的情况进行了不实报道，莱斯格对此进行了严厉的批评。在这一过程中，莱斯格提供了一份关于 iCommons 组织的法律地位的总结，认为它是一家多数非美国公民都支持的英国慈善团体。[135]

---

[130] RICHTER (2010)，第 403 页："在一个社会创业治理的共治模式中，治理者在涉及和实施过程中将同样支持企业家——例如通过邀请利益相关者参与到解决方案创建阶段听证会中，以及当利益相关者不同意互惠的解决方案时，通过使用软实力或威胁不利的治理来做到这一点。"

[131] 请参阅 MARSDEN (2008)，第 115–132 页。

[132] RICHTER (2010)，第 410 页 [继 BRAITHWAITE (2008) 之后]。

[133] RICHTER (2010)，第 413 页，引用在 ZITTRAIN (1999)，第 1075 之后的各页中介绍的"马什与亚拉巴马州 326 U.S. 501 [1946]"诉讼案。

[134] 案例 N° 09–1684-A、L'ABSL FESTIVAL DE THEATRE DE SPA、TRIBUNAL DE PREMIER INSTANCE DE NIVELLES，在 GUADAMUZ (2010) 中有所记录。

[135] LESSIG (2010)。

治理和自组织
成为社会企业治理的榜样

无论人们是赞同拉策（Latzer）的看法（即它是"自组织"，不存在多方的自治主体），还是支持普莱斯（Price）和弗赫斯特（Verhulst），把它叫作自治，[136] 通过内部协商（而非外部讨论）制定公司政策有着特殊的特点。首先，它不是透明的，因为自治可能就是如此。其次，它是出于一些内部验证的原因执行的：通过品牌提升（是产品比其它产品得到明显更好的治理）和通过企业治理（将履行无偿的社会公益职责作为维护企业荣誉的一种方式）取得利润最大化的混合物，或者因为作为垄断或寡头玩家，与其竞争者相比，它是处于制定规则而非接受规则的位置，也就是，在福利方面，它没有"向下竞争"的义务。这就排除不寻常的一类社会企业家，他们是一群态度不明的治理行动者，直到最近才有少数专业学者调查这一现象。[137] 在商业服务（如脸书）中，用户须同意服务所有者规定的使用条款才能使用其服务。这不是一个新现象，只不过在 UGC 生成的程度方面较为新颖，而且用户认为该服务所有者的品牌与第三方内容有关系。20 世纪 90 年代，AOL 的品牌门户网站是互联网上最成功的网站，正如 2011 年的脸书。对这些机构应用的治理类型是慈善身份或公司治理规则。对于 IWF（英国互联网监察基金会，请参阅第六章）或 iCommons，其董事会必须遵守的是作为一个慈善团体的法律地位，这提供了一个非常低的合规基准。[138] 在英国，慈善团体一旦在慈善委员会（Charities

---

[136] PRICE AND VERHULST (2000) 专注于由最大的互联网服务提供商 AOL 采用的政策。
[137] EMERSON AND TWERSKY (1996)；LEADBEATER (1997)；THOMPSON (2002)，第 412–431 页。
[138] PRAKASH AND GUGERTY (2010)，第 22–47 页。

Commission）注册，它就有义务遵守其自己的董事会规则和宗旨。在公司治理的情况下，董事会的主要职责是为股东寻求最有益的事业这一信托责任。因此有人对此加以嘲笑，迎合了谷歌公司的说法：一旦其股票在纽约证券交易所上市，它将继续"不作恶"。从此以后，作为一家上市公司，其职责将是最大化其商业机会。这包括在中国的商机，前提是它能做到不危害其商业模式和其它收入。2010 年 11 月，法院对 Gmail 用户在社交网络 Google Buzz 上的权利受到侵害的集体诉讼案提出了解决方案（在引起舆论哗然之后，谷歌公司采取了补救措施）。[139] 这表明，法院将会采取行动——至少对过分侵犯隐私权的案件肯定会这么做。[140] 该解决方案信函声明：

> 该诉讼指控谷歌公司违反（i）《电子通信隐私法》，美国法典第 18 卷第 2510 节以及；（ii）《存储通信保护法》，美国法典第 18 卷第 2701 节以及；（iii）《计算机欺诈与滥用法》，美国法典第 18 卷第 1030 节以及；（iv）"公开披露隐私事实"（经由加利福尼亚普通法公认）的普通法侵权行为，以及（v）《加利福尼亚不正当竞争法》"商业与专业法典"第 17200 节。[141]

波特（Porter）和克雷默（Kramer）指出，企业社会责任（CSR）存在的原因有四个：[142]

- 道德义务：一种回馈社会的责任。
- 可持续性：以一种为子孙后代维持资源的方式使用资源的义务——

---

[139] 关于 GOOGLE BUZZ 用户隐私诉讼案 (2010) No. 5:10-CV-00672-JW 美国加利福尼亚北区联邦地区法院，圣何塞分部。

[140] DARLIN (2010)。据报道，谷歌公司向一个独立基金投入了 850 万美元，称该基金将用于支持那些推行 WEB 隐私教育的组织。谷歌公司说："我们还将做更多努力来让人们知道 BUZZ 特有的隐私控制。人们越了解在线隐私，他们的在线体验就越好。"

[141] 未命名（2010），第 3 页。

[142] PORTER AND KRAMER (2006)，第 80 页。

这可以延伸到将知识包括在内的物质资源之外的资源。[143]（它被批评为"漂绿"，在 Google Books 中被批评为囤积）。

- "经营许可证"：企业得到国家默许开展业务，因此需要示范社会效用和利润效用。在这方面，CSR 是进入市场的通行证。

CSR 是建立企业声誉战略工作的一部分，这多被批评为一个象征。[144]

尽管我们可能非常希望社交网站遵守这些规则（正如社会创业家所做的那样），但似乎仍然需要一些治理活动来激发治理（或自治）2.0 的许多益处。

---

[143] Marsden (2008)。

[144] 因此创建国际标准的工作仍在继续，请参阅国际标准组织 (2009)；Pattberg (2005)，第 589–610 页。

第四章

标准、域名与政府：
各自为政？

互联网标准制定简介

在本章中，我将讨论互联网领域特有的需要共治或自治工具来解决的问题，并讨论关于技术治理和政府治理的效果。[1] 尽管从先前的章节中对 UGC 的描述可知，这些标准主要是技术性质的，但它们的内容是可以互用的。[2] 因此，我会讨论以下内容：一是互联网工程任务组（IETF）制定的核心标准；二是万维网联盟（W3C）及其标准设置，包括试图引入标签标准，让最终用户能够过滤互联网内容；最后，我会介绍互联网名称与数字地址分配机构（ICANN），它能够为互联网网站分配"地址"，并且称其整体技术特征是与内容和英国的国家注册机构 Nominet 没有任何关系。[3] 内容提供商向最终用户提供服务的能力最终依赖于对 IETF 标准的符合性。在考虑其它自治机构之前，必须要了解 IETF 作为互联网基本技术规则制定者的重要性，还要了解它通过互联网协会（ISOC）和ICANN 等机构，以及通过参与到 W3C 及内容、服务和应用程序中进行协调的机制。

经常被遗忘的政府，在治理方面所做的工作远远超过简单的税收、支出、立法、制定规则和起诉。它也是商品和服务的最大采购者、许多新技术的第一批采用者，尤其是在欧洲，政府也是大多数新基础研究的委托人。人们常忽视美国国防部（DoD）曾出资在大学内开发互联网，移动电话技术是为欧洲和美国的军事用途而开发的。在欧洲，几乎所有的大学在 20世纪都是由政府资助的，而互联网是大学的一项发明。最早期的欧洲互联网实验也得到了来自于大多数国有电信公司和大学的通信专家的帮助。例如，在英国先后就得到了邮政总局（Post Office）和当时的英国电信公司（British Telecommunications）的帮助。这些网络试验性地开放竞争在美国和英国大约是从 1985 年开始的，随后到了欧洲的大陆国家，互联网从此在很大程度上被开发出来，其技术标准也在 IETF 中实现了制度化。[4]

---

[1] KAHIN AND ABBATE (1995)。

[2] 请从多方面参阅 BRAMAN (2004)；DeNARDIS (2009)；VAN SCHEWICK (2010)。

[3] 请参阅十年前，在 GOULD (2000) 中对这三个 SRO 的一项研究。

[4] HAFNER AND LYON (1996)。

　　IETF 将 20 世纪 70 年代发展的标准正规化为一种临时协议，其信条变为"我们信任大致的共识和运行中的代码"。[5]与以国家为中心的国际电信联盟（ITU）和欧洲邮电管理委员会（CEPT）相比（它们在很大程度上要受制于国王和总统），[6]盎格鲁 – 撒克逊（Anglo-Saxon）的灵活性仍旧是 IETF 的优势，也是其劣势。[7]值得注意的是，尽管互联网先驱们经常严厉批评电信标准，但之前不同的两种工作方式在互联网模式上已在某种程度上趋于融合。许多以前的研究表明，标准在设置治理参数时起着重要作用。而且，由于下一代网络（NGN）基于互联网协议（IP），在追求适当的互操作性目标方面，IP 标准比先前的几代通信标准都更为有效。[8]尽管 ITU、ETSI 和 IETF 仍有所不同，但电信标准和互联网标准正在融合。[9]图 4.1 展示了互联网标准在整个标准环境中所处的位置。

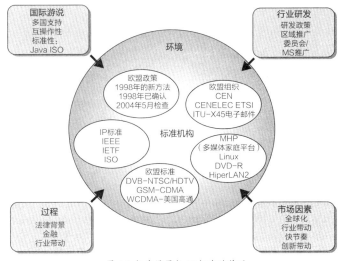

图 4.1 标准设置与 IP 标准的作用

---

[5] CLARK (1985)，第 106–114 页。

[6] COWIE AND MARSDEN (1999)，第 53–66 页；MARSDEN (2001)，第 253–285 页。

[7] 最近一次的 IETF 会议于 2010 年 11 月在中国召开。这是该会议首次在中国举行，而且也首次出现另一个国家出席人数比美国多的情况。这个国家就是中国。然而，制定标准工作仍受西方工程师所主导。

[8] 请参阅 OECD (2006c)。

[9] 2003 年，在马可尼基金会研讨会的致辞中，TCP/IP 标准的合著者鲍勃·卡汉（BOB KAHAN）将欧洲邮电管理委员会（CEPT）描述为"消除电信竞争的委员会"。

请注意，有些电信标准机构使用的是付费会员制和私人资助的发布标准，并有投票机制可供正式采用；而且还有一些第二级和第三级互联网标准机构专门从事特殊任务（如电子邮件标准或编号标准）。某些电信和互联网标准机构是重叠的，如那些用于紧急的、基于 IP 的移动通信标准和 ITU 标准。[10] 2010 年的一个革命性的变化是 ITU 最终认可了 IETF 和 W3C。[11] 尽管欧洲标准化委员会（CEN）和欧洲电工标准化委员会（CENELEC）是存在已久的欧洲标准机构，政府已允许它们在 1998 年的"新方法"和早期方法方面进行合作，但检查认为，它们的治理标准有所欠缺。[12] 这种由行业带动的方法也适用于 ETSI，甚至更适用于数字视频广播（DVB）组织。然而，包括 ETSI 在内的欧洲标准机构仍与欧洲政府保持着密切的制度关系。这是由于这些标准机构和欧洲政府都希望欧洲制造商能对美国和东亚保持竞争力。[13]

影响标准环境的因素适用于所有的标准机构，无论是传统的、国家的、区域的还是国际的机构都是如此。[14] 因此，过程、游说、市场因素以及行业研究和发展工作都会像影响其它类型标准（如在欧洲为移动通讯设置的标准）一样影响 IP 标准。[15] 在去中心化和私有化的治理体制中，微妙的制度变化通过对标准系统"赌博"为企业竞争优势提供了机会。[16] IETF

---

[10] WEISER (2001)，第 822–846 页。

[11] 国际电信联盟（2010），第 53 页写着："为了与相关的国际公认的合作伙伴合作——包括网络社区［例如地区互联网注册机构（RIR）、互联网工程任务组（IETF）以及其它社区］，为了通过提高意识和能力构建来鼓励部署 IPv6"，将脚注 1 中提到的相关组织定义为："包括但不限于 ICANN、RIR、IETF、ISOC 和 W3C。"它还在《第 101 号决议》（瓜拉哈拉版，2010）的第 56 页和未被编号的第 217 页中引用了 IETF："ITU-T 和互联网协会（ISOC）/互联网工程任务组（IETF）之间的一般合作协议，正如在《对 ITU-TA 系列推荐规范的补充 3》中所提及的那样，继续存在"。

[12] 一般准则（2003）；COM（2004A）。

[13] LEVY (1997)，第 665 页详细说明了 ETSI 产生的政策变化。要了解批评性意见，请参阅 GRINDLEY 等（1999）。

[14] 请参阅 KERWER (2005)，第 611–632 页；LENOX (2006)，第 677–690 页；HILARY AND LENOX (2005)，第 211–229 页。

[15] 全球移动通信系统（GSM）、欧洲电信标准协会（ETSI）和用于通用移动通信系统（UMTS）标准的国际电信联盟（ITU）中的标准集。

[16] GREENSTEIN AND STANGO (2008)。另见 BLIND 等人（2010），第 165–166 页。

不是标准设置的"历史终结"，这个结论虽然简单，但意义深远。IETF 也同样要面临影响所有标准机构的合法性、灵活性、透明度、正当程序和效力等方面的压力。[17] IETF 所做的是给出了一个足以将 IETF 与欧洲标准机构和 W3C 相对照的简要大纲和评论文章，而在 2008 年的报告中，[18] 已包含了一份更完整的大纲。

---

[17] 请参阅 GREENSTEIN (2006)，第 3–4 页。

[18] 请参阅 MARSDEN 等人 (2008)，第 45–54 页，感谢开展了该领域研究的伊恩·布朗博士。

互联网工程任务组（IETF）

IETF 由一个初期的非正式机构——网络工作组（NWG）演变而来。它是互联网"最初的"标准机构，引出了互联网自治由"大致的共识和运行中的代码"组成那一著名描述。[19] IETF 是一个去中心化的、在设计方面平等的联盟。[20] 那些参与的机构都是出于自愿的原则，那些象征礼节的外部装饰——商务套装、政治姿态和精心设计的等级结构通常会遭到拒绝。IETF 的大多数工作是通过向开放的会员发送电子邮件列表开展的，因此参与的门槛很低，而且沟通速度很快。该机构每年举行三次正式会议，现在有数以千计的参与者参加。[21] 互联网到现在的成功便是 IETF 协议取得成功的有力证明。IETF 标准之所以有效的一个原因是，创建该标准的研究人员本人后来成了这些标准的主要用户。[22] 正如范恩·斯盖维克（Van Schewick）解释的那样："许多相关标准（尤其是由 IETF 和 W3C 制定的标准）都是开放标准，而且它们的资产专用性非常低。"[23] 它在一个协

---

[19] 请参阅 IETF (2002)。关于第 2418 号评论，请访问：HTTP://TOOLS.IETF.ORG/HTML/RFC2418。

[20] HUIZER AND CROCKER (1994)；IETF (1996)。

[21] IETF79 在中国北京已有 1,388 位代表注册，请访问：WWW.IETF.ORG/REGISTRATION/ IETF79/ ATTENDANCE.PY。这引起了关于在亚洲召开与在美国和欧洲同等数量会议的讨论（现在六分之一的会议在亚洲举办，三分之一的会议在欧洲举办，二分之一的会议在北美举办），请访问：WWW.MAIL-ARCHIVE.COM/IETF@IETF.ORG/MSG47870.HTML。

[22] DAVIDSON, MORRIS AND COURTNEY (2002)。请注意，该项目旨在检查渐减的公共政策客观性和渐增的商业压力，以结束对隐私和开放性倡导者进行关注的互联网标准。作为 CDT "标准、技术和政策性项目"的一部分，由福特基金会（FORD FOUNDATION）、马克尔基金会（MARKLE FOUNDATION）和开放社会研究所（OPEN SOCIETY INSTITUTE）提供资金。

[23] VAN SCHEWICK (2010)，第 202 页。

调的委员会和机构的内部运行。[24] 值得关注的是，自 2004 年起，IETF 的秘书处是互联网协会（ISOC）。它也在域名 [25] 和互联网治理中起着关键的政策作用和协调作用。

IETF 在工作组起草的、作为"请求注解"（RFC）的技术标准文件基础上工作。现在已有大约 5000 份 RFC。这些文件只有在得到市场参与者采用时才会成为标准。许多 RFC 还处于"休眠"状态因为没有或只有少数参与者会采纳。标准经过发展之后，就会作为 RFC 发布，但其它工作类别（如实验协议、信息文档和被提议的标准 / 标准草案）也包括在RFC 系列内。[26] 为了避免混淆，已制定的互联网标准现已编入 RFC 系列和仅限标准的 STD 系列的索引中。[27]

IETF 的参与性原则是，IETF 及其工作组的成员仅由单个技术贡献者建立，而不是由组织的正式代表建立。[28] IETF 标准化的战略和商业意义非常大，加上关键的互联网标准参与者也有着不小的规模，这意味着企业已经经常派出几百位这类"个人专家"去参会。[29] 尽管不能说是这些企业控制着 IETF，但这些标准制定过程越来越具有争议性和倾向性，在主要的商业标准中带有商业现实和财团构建的本质。对于 20 世纪 90 年代互联网日益商业化的情况，戴维森（Davidson）这样说：

---

[24] 特别值得注意的是互联网架构委员会（INTERNET ARCHITECTURE BOARD, IAB）所说的："IAB 被特许建立为既是 IETF 的委员会，又是 ISOC 的顾问机构。其职责包括对 IETF 活动在架构方面的治理、互联网标准过程的治理与上诉，以及对 RFC 编辑人员的任命。"请访问：WWW.IAB.ORG/。

[25] 通过 ICANN 和 .ORG 通用顶级域名 (GTLD)。

[26] 对于示例，请参阅 KEMPF AND AUSTEIN (2004)【注释：代表互联网架构委员会编写】（在 VAN SCHEWICK (2010) 的第 523 页中有讨论）。

[27] IETF (1995) RFC 1792；IETF (2001) RFC 3160。RFC 位于 WWW.IETF.ORG/RFC.HTML 或 WWW.RFC-EDITOR.ORG/。

[28] HTTP://TOOLS.IETF.ORG/HTML/RFC2028。

[29] IETF 的前任主席曾是：思科（CISCO）成员弗雷德·贝克（FRED BAKER）（1996–2001 年）和哈拉德·埃尔维斯特拉德（HARALD ALVESTRAND）（2001–2005）以及 IBM 的前雇员（布莱恩·卡彭特（BRIAN CARPENTER）2005–2007。

预示着在标准建立过程中，出于私人动机的参与者数量会显著增加。这一增加现象表明（原文如此）互联网标准的制定也在发生微妙变化……发展到了参与者对在网络架构的某些方面达成一致意见越来越不抱希望的程度。"大致的共识和运行中的代码"仍然是进行技术决策的实用方法——这证明了标准机构的这一刻意过程的力量。[30]

人们注意到，工作小组的成员由主要企业的工程师组成。企业不会因为它们完全是家长式的提供利益的慈善机构，而为其员工参加 IETF 和为标准而工作所花费的时间和费用买单。

尽管 IETF 是一个非常成功的技术标准制定组织，但无法回避的是，它的工作成果具有公共利益，尤其是个人参与过程、无需企业成为正式会员这一点倍受称赞。戴维森、莫里斯（Morris）和考特尼（Courtney）称："尽管领先标准机构的许多技术人员代表了公众的想法，但很少有技术人员具有政策制定或解释公共利益方面的专业知识。尽管标准机构经常（不恰当地）强调技术目标胜于强调社会目标，但在互联网早期历史中，这两种目标之间有很大范围的重叠。"[31] 逃避 IETF 和使用私人制定的标准当然是一项不太光彩、不太为大众着想的事情，而且也会引起政府的反感，正如德·纳蒂斯（DeNardis）所说：[32]

---

[30] DAVIDSON, MORRIS AND COURTNEY (2002)，第 5 页。
[31] DAVIDSON, MORRIS AND COURTNEY (2002)，第 4 页。
[32] DENARDIS (2010)，第 11 页。

在某些环境中，互联网治理更大规模私有化的一个出人意料结果是促使政府卷入对互联网进行更有力的治理。[33] 可能出现的另一个明显的结果是将互联网治理技术用于竞争优势。基于标准的专利、搜索引擎商业机密[34]以及出于竞争目的流量优先级排序都会对竞争和创新产生影响。

所描述的治理俘获类型是微妙的，而不是明显的。[35] 正如德·纳蒂斯总结所述："新兴的互联网治理研究应评估这种私自排序做法的影响，并且在技术权宜之计和公共利益的十字路口检查利害攸关的关键问题。"[36] 在下一个案例研究（W3C）中将集中讨论这一问题。

尽管 IETF 拒绝程序上的合法性，而倾向于结果的效率，但却要求参与者同样透明，且不能有等级制度。这非常有效，尤其是在试运营或非盈利阶段更是如此。在这些阶段内，标准是在真正的合作与共治的论坛中制定的。到了 20 世纪 90 年代，互联网及其标准将很快有巨大商业利益，这一点变得显而易见，个人不再会使其工程理念与其雇主的战略过于背离。必须承认，这并不表示没有无私的个人或真正的标准从 IETF 中出现。这意味着，如果能够找到一个合法的工程理由来反对，IETF 标准制定过程中有着紧密联系的组织就会阻挠那些在商业上与他们不一致的标准。IETF 的许多工作仍然支持无私的个人追求真理的观点，而对特定利益集团的"粗暴否决"却被忽视了。

---

[33] 请参阅 BENDRATH (2009)。另请参阅 BENDRATH AND MUELLER (2010)。

[34] 她引用了 GOLDMAN (2006)、PASQUALE (2006) 和 GRIMMELMANN (2007)。

[35] OGUS (2004)，第 329–346 页。

[36] DENARDIS (2010)，第 11 页。另请参阅 MUELLER (2010A)；MUELLER 等人 (2007)。

万维网联盟（W3C）

万维网联盟（W3C）[37]是一家标准组织，1994 年由万维网的发明者蒂姆·伯纳斯-李（Tim Berners-Lee）爵士创立。它是一种基于超文本协议的信息标准，为互联网用户和非技术用户提供最常用的互联网发布接口（例如 HTML 和 HTTP）。[38] W3C 能够与 IETF 实现互操作，因为它符合 RFC 标准。[39] 它作为一个国际标准联盟成立，总部设在美国，在欧洲和日本设有合作伙伴机构。[40] 会员组织和董事执行决定的能力与从 IETF 中所得出的经验教训一起被采用。它向会员授予免收专利使用费的许可，这一决定是继一次为期四年（至 2002 年）的复杂谈判之后做出的，它充分体现了对于该公司成员的复杂而严密的关注。它与治理者的关系包括由欧共体（EC）提供资金，在设计中包括治理要求的标准，如 P3P（隐私偏好平台）和 PICS（互联网内容选择平台）。评估主要是通过与其它标准机构进行学术比较而进行。关于特殊的 W3C 公共政策的争议，我们稍后会详细讨论。[41]

W3C 是由当时的专员班格曼（Bangemann）在欧共体信息社会项目办公室（EC's Information Society Project Office）发起的，这一点经常被忽视。这在某种程度上体现了欧共体为羽翼渐丰的 W3C 提供资金。另

---

[37] 来源：WWW.W3.ORG/2005/01/TIMELINES/TIMELINE-2500x998.PNG 和 WWW.W3.ORG/ CONSORTIUM/ACTIVITIES.HTML。

[38] 请参阅 BERNERS-LEE（与 FISCHETTI 一起）(2000); KAHIN AND NESSON (1997); KAHIN AND ABBATE (1995)。

[39] 例如，请参阅 IETF 标准构成中的 W3C 工作成果，如 IETF (1998A) RFC 2396。

[40] 创立于 1994 年 10 月。美国麻省理工学院的位置：美国，马萨诸塞州 02139，剑桥市，32-G519，瓦萨大街 32 号。欧洲信息学与数学研究联盟的位置：法国（ERCIM），F-06902 法国索菲亚科技园，BP 93 号，LUCIOLES 路，2004 号；庆应大学的位置：日本，神奈川县藤泽市 252–8520，5322 日本株式会社远藤公司（ENDO）。

[41] 请参阅 CRANOR (2002)。

外，W3C 也从私人企业中筹措资金，这导致 W3C 朝着三个方位延展——
从法国索菲亚·安蒂波利斯科技园（Sophia Antipolis）到美国马萨诸塞
州的 MIT，再到日本庆应义塾大学（Keio University）。的确，W3C 的
精心设计体现了其创办人不重复 IETF 的国家非会员集体主义构成方式的
决心。[42] 它由以下成员组成：

•广泛的跨国公司和学术会员；

•美国总部及日本和法国分支机构的核心团队（法国分支机构后来转
移到了英国南安普顿市）；

•董事里的"仁慈的独裁者"——蒂姆·伯纳斯 - 李爵士

《会员协议》的第 4d 段声明：

> 该联盟的整体方向应由 MIT 任命的联盟董事（"董事"）制
> 定。该董事将扮演制定联盟所有规范的首席架构师角色，而且他应
> 对联盟的所有活动持有最高权力……欧洲信息学与数学研究联盟
> （ERCIM）和庆应大学都应各任命一位"副董事"，这些"副董事"
> 需向董事报告工作情况，并且管理 ERCIM 和庆应大学的开发工作。[43]

表 4.1 W3C 案例研究综述

政府最初是否强制要求？	并未直接强制：法国办事处的资金由欧共体提供
政府怎样参与其中？	未直接参与
有哪些其他利益相关者参与？他们如何参与？	无直接参与的利益相关者。他们可以努力达到互操作性和多语言 / 可访问的标准
如何保证透明度？	在 Web 上发布所有行动过程
执行机制是什么？是否有效？成本是多少？	市场采用标准，竞争的标准机构

[42] WEITZNER (2007B)。以及蒂姆·伯纳斯·李爵士在 2005 年 9 月 19 日南安普顿市非正式访谈
中所做的评论。

[43] WWW.W3.ORG/2005/03/MEMBER-AGREEMENT。

行政负担的相对规模是多大？	被排除的风险使会员承担成本
是否以及如何保证财务独立？	能够保持财务独立。这通过标准"市场"的规模增长来实现。
哪些内部因素最能影响成功？	管理者与会员之间的关系——特别是通过较大公司代表的潜在控制
哪些外部条件会影响成败（例如，竞争态势、技术等）？	政府方面：国家标准机构与区域标准机构之间的关系以及内容治理。市场方面：其它标准机构的成长及与（尤其是）IETF 的关系。技术方面：语义网标准的发展
欧洲政策的经验教训	会员方式和关注状态卓有成效；相比 IETF，需要在处理用户社区方面做出更多努力。可能与某些限定会员资格的标准存在竞争问题

该正式成员模式是行业标准机构的成员模式，例如，电信行业标准机构的全球组织反映了更为传统的联合国相关机构，这些机构"生来就是全球性的"，而"仁慈的独裁者"模型则与自由软件基金会（理查德·斯托尔曼在这里扮演该角色）相关。魏茨纳（Weitzner）声称："W3C 已经做出了一些使其位于 IETF 和欧洲标准化组织两极之间的选择。"[44] 这个组织架构的逻辑是，通过会员资格把企业开发人员与参与到标准流程紧密联系在一起；洲际秘书处则能使组织的结构和秘书处保持稳定性，并为它们提供经费；而"独裁者"则提供了一个用来打破由前两个因素所造成僵局的经典的、简单的模型。这也不同于一个更开源的"独裁者"模型（如 Python 标准家族）。W3C 选择成为基于会员的组织，受到明确的资金投入和透明度方面的影响。随着时间推移，这个"社区治理机构"必须在透明度方面花费更多时间。《会员协议》和《流程文档》都是公开的。

尽管 WWW（万维网）标准只是 IETF 讨论内容的一小部分，但却是羽翼渐丰的 W3C 的全部。韦茨纳解释说："IETF 并不准备将网络架构作

---

[44] WEITZNER (2007B)。

为一个系统投入充足的注意力和精力"，因此，需要一个专门组织做到这一点（"这是一个带宽和优先顺序的问题"）。请注意，政策主管韦茨纳加入了美国政府，他于 2009 年 7 月 30 日宣布离开 W3C。[45] W3C 称：

> 万维网联盟（W3C）的使命是，通过开发促进其发展并确保其互操作性的通用协议，引导万维网充分发挥其潜力。《W3C 流程文档》介绍了 W3C 的组织结构以及与那些使 W3C 能够完成其使命的职责和功能相关的流程。[46]

W3C 的使命与建立标准和提供扩展服务有关：

> W3C 主要通过创建 Web 标准和指导原则来实现它的使命。［1994–2007］W3C 已发布了九十多个这样的标准——称为"W3C 推荐标准（W3C Recommendations）"。W3C 也从事教育和扩展服务、开发软件，并充当讨论 Web 相关话题的开放论坛。通过发布用于 Web 语言和协议的开放的（非专有）标准，W3C 争取避免市场碎片化以及因此导致的 Web 碎片化。[47]

W3C 早就意识到，拥有一个需要付费的董事会、一国一票或一企一票系统并不管用。尽管无法立法禁止投票和游说，但独裁者模式则有可能消除最恶劣的蓄意阻挠者进行游说的企图。尽管并不是无可争议，例如 20 世纪 90 年代末发生了微软公司和美国网景公司（Netscape）之间的"浏览器大战"，W3C 策略通常还是能得到 Web 开发社区和更广阔市场的广泛采用。人们认为，伯纳斯 - 李在 1994—1996 年间的网景和微软 HTML 大战中的角色至关重要，因为他能够通过独自一人作出决策来对竞争双方

---

[45] 对于奥巴马政府的美国商务部国家电信与信息管理局的政策副署长，请访问：WWW.NTIA.DOC. GOV/OPADHOME/STAFFBIOS.HTM。

[46] WWW.W3.ORG/2005/10/PROCESS-20051014/。

[47] WWW.W3.ORG/CONSORTIUM/。

进行仲裁。在所有想要达成共识的尝试都失败时，仲裁成为了默认的"终审上诉"。尽管 W3C 与 IETF 之间存在差异，但从 IETF 吸取的重要经验教训则是技术精英。韦茨纳（Weitzner，2007）称："如果说我们已经做了一件应被铭记的事情，那么，这就是决策必须要考虑到技术水平和工程实质。"

韦茨纳和其他一些人认为，作为一个关系异常紧密且非常专注的标准机构，W3C 始终保持着一致性，这在此类公共标准的技术标准化方面是不寻常的。它制定标准的途径真正跨越了国界——它的网站有四十多种语言版本，而且在其它十八个地区拥有世界办事处："W3C 的全球举措还包括在全球范围内与国家机构、区域机构和跨国机构一起培养联络人员……W3C 的运营由美国的 MIT、法国（自 1995 年开始）和日本（自 1996 年开始）三方共同管理。"[48]

正如我们将会看到的那样，W3C 因为尝试对本质上属于政治领域的问题进行技术修复，而引进的争议性开发（如 PICS），为它带来了不受欢迎的声誉。

为了使会员种类更加多样化，使其能代表世界各地各种组织的利益，W3C 的收费标准根据年收入、机构的类型及总部所在地而各不相同。[49]例如，截至 2007 年 4 月 1 日，印度的一家小公司将每年支付 953 美元，美国的一家非营利机构将每年支付 6,350 美元，而法国一家非常大的公司将每年支付 65,000 欧元。[50]会员可以推举出一位代表参加咨询委员会（Advisory Committee），该咨询委员会会选举出任期两年的咨询常委会（Advisory Board）。它的职责是："对管理团队就策略、管理、法律事件、流程和冲突解决事宜进行持续的指导……，咨询常委会管理流程文档的发展情况。咨询常委会要听取会员提交申诉的请求，因为这些请求出于各种与 Web 架构［由技术架构组（TAG）解决］不相关的原因被驳回。"

---

[48] WWW.W3.ORG/INTERNATIONAL/。

[49] WWW.W3.ORG/CONSORTIUM/FEES。

[50] 2007 年 11 月 2 日已有 439 名会员，请访问：WWW.W3.ORG/CONSORTIUM/MEMBER/LIST。

最重要的是，咨询常委会监督《W3C 流程文档》（即 W3C 的"章程"）的发展情况。[51] 会员也要签署一份使它们受该流程约束的协议。[52]

W3C 遵循 RFC 2119 中陈述的 IETF 当前最佳实践。[53] 标准被描述为"推荐标准"，并且通过22个 W3C 活动和68个工作小组（2007年的数目）[54] 实施，步骤如下：[55]

（1）工作草案

（2）候选推荐标准（CR）：这是一个 W3C 相信一直被广泛评估且符合工作小组的技术要求的文档。W3C 会发布一个 CR 来收集实施经验。

（3）提案推荐标准（PR）：在对技术可靠性和可实现性进行广泛评估之后得出的一个成熟的技术报告，W3C 已将其提交给 W3C 咨询委员会，以获取最终批准。

（4）W3C r(REC)：建立广泛共识之后做出的、已获得 W3C 会员和董事认可的一个规范或一套指南。W3C 推荐广泛部署它们。

2001 年 7 月，技术咨询小组章程加入到了 W3C 流程中，其成员由九人组成。[56] 除了伯纳斯 - 李作为主席之外，所有的成员都由 W3C 选举或任命，任期为两年（每年四位），多数为选举所得。会议议程和会议纪要都可以公开查到。[57]

在 W3C 员工劝说成员企业采用新策略方面，1999—2003 年专利政策的发展是最大的挑战案例。通过选择免版税标准，W3C 为了实现更广泛的部署而选择避免进行专利许可谈判。韦茨纳声称，"每个人都能看到：价值就在于普遍性"以及：

---

[51] 51 WWW.W3.ORG/CONSORTIUM/PROCESS.HTML。

[52] WWW.W3.ORG/2005/03/MEMBER-AGREEMENT。

[53] WWW.IETF.ORG/RFC/RFC2119.TXT。

[54] WWW.W3.ORG/CONSORTIUM/ACTIVITIES.HTML。

[55] 对于 W3C 流程文档的第 7.1.2 段，请访问：WWW.W3.ORG/2005/10/PROCESS-20051014/TR。

[56] WWW.W3.ORG/2001/TAG/#ABOUT。

[57] WWW3.ORG/2001/TAG/2007/09/17-AGENDA。

> 对 SRO 稳健性的一个有趣的试验是，询问它是否能够做出类似的艰难决策。我们的决策不是简单的民主决定。它耗费了四年时间进行开发，而且在此之前的任何一个年度阶段的投票原本都有可能会驳回它……一个运作良好的 SRO 的名不见经传的实力在于双向的态度转变（从会员和职员两个方向）。

他认为，职员坚持不懈地推出了一个经过反复推敲的、具有建设性的决定，并为了实现这个结果花费了大量时间。该结果的得出是由于拒绝遵循既定的由最初的职员划定的"闭门造车"思想，而且随后有越来越多的成员（如 IBM）密切参与进来。尽管那段时间有少数成员离开（无论通过削减成本、市场扰动，还是政策分歧未经审计），但成员数量曾在增长，而且仍在持续增长。《成员协议》在第 7b 段陈述了专利政策："可取得专利权的发明和受版权保护的材料……应共同拥有……。成员承认所有这类共同拥有的信息 / 产品 / 规范应按照当时现行的 W3C 软件通知与许可证（www.w3.org/Consortium/Legal/copyright-software）对公众开放。"

第 7c 段继续写道："MIT、ERCIM 和庆应大学同意授权，并特此授予'成员'非专属免版税的、不可撤销的在全世界范围内使用的权利和许可……"

| 互联网内容选择平台（PICS）|

美国曾威胁要对不雅内容进行法律分类，PICS 便是对这一威胁所采取的立即反应。沙阿（Shah）和凯萨恩（Kesan）解释道：

> PICS 的历史开始于 1994 年夏天参议员埃克森（Exon）提出的治理互联网上不雅言论的立法提案。这最终成为《通信规范法案》（CDA）。该法案规定通过互联网向未成年人传送不雅材料是非法的。

作为回应，1995 年 6 月，W3C 开始举办会议，讨论针对互联网内容治理的技术解决方案。[58]

W3C 打算创建一个独立于观点的内容标签系统，并且因此允许人们无需政府或内容提供商审查而有选择地访问或阻止某些内容。[59]由于 1997 年 CDA 在美国公民自由联盟（American Civil Liberties Union）与雷诺（Reno）诉讼案中被推翻，该方案的紧迫性有所降低。其方案被 ICRA（由 EC SIAP 资助）考虑、推进和采用，而且到 2005 年，已被采纳用于移动互联网网站。虽然政府资助了 ICRA，某些网站也采用了 ICRA，但大多数"免费网站"选择不在其页面上标注 ICRA。[60]

过滤或标注曾是用于确保最终用户能够在内容未经审查的情况下轻松进行选择的工具。[61]韦茨纳称，民主和技术运动（Campaign for Democracy and Technology）明确支持 W3C 开发 PICS 的决定，[62]"电子自由基金会（Electronic Freedom Foundation）"对此持模棱两可的态度，而美国公民自由联盟（ACLU）则反对它，但是：

> 这一行业的问题在于，他们是否有机会证明他们不必一定要得到像大众传媒一样的待遇——这就是雷诺决定的结果。对于 P3P 流程来说，这是一种不同的流程。在该流程中，FTC（美国联邦贸易委员会）明确表示治理可有可无……早期的互联网行业、公民自由社区的某些部门和白宫之间——即戈尔（Gore）、马加齐纳（Magaziner）和克林顿（Clinton）——进行了协调，他们在 Reno 案后给予了祝福的权利。

---

[58] Shah and Kesan (2003)，第 5 页。
[59] Resnick and Miller (1996)，第 87–93 页。
[60] ICRA 在 Marsden 等人 (2008)，第 62–68 页中被深入考虑。另见 Archer (2007)。
[61] 请参阅 Berman and Weitzner (1995)，第 1619 页；Weitzner (2007a)，第 86–89 页。
[62] 对于端到端的设计，请参阅 Saltzer 等人 (1984)，第 277–288 页。

这是典型的行业领导自治。这种治理"得以发挥作用是因为它是一种正确的做法，但是没有考虑到与个人网站所有者的其它激励措施的互操作性"。韦茨纳同意，对儿童色情文学共同实施治理显然不是自治的问题。尽管 PICS 存在透明度的问题，但在韦茨纳看来这是不可避免的模式。PICS 存在实质问题的地方，是在以市场为导向的美国途径（"不是自治，而是技术将提供工具"）与针对 ICRA 的欧盟共治的、基于标准的途径之间存在一些差异。韦茨纳总结说："我认为决策者们并没有对结果有明确的期待，而且也没有部署充足的资源。在我看来，那只不过是给这个问题盖上了一块遮羞布而已。"如果跟踪这种标注标准的流程，就能清楚地了解到技术标准可以用于创建内容分类并最终创建内容标准的方式。在这个界面上，标准机构是对内容标准具有显著影响的技术论坛。它是一个技术标准对政策产生影响的典范。

| W3C 问题语义网标准 |

正如 W3C 中的语义网支持者所预测的那样，迄今为止开发语义网的失败，可能是 W3C 标准缺乏持续影响力的体现。语义网是"下一代"网络服务，它将为互联网上的万维网（Web）应用程序提供更丰富的内容和更多的功能。[63] 伯纳斯 - 李介绍了这类转变发生的时间表。[64] 为政府数据创建电子记录的尝试多种多样。1998 年出现了最基本的 XML 数据输入。较新的尝试是使用"资源描述框架（RDF）"来对数据进行标注，这是一个根据原始数据源允许数据进行"语义"混合的数据标准。[65] 这个过程要求网络效应成为司空见惯的事情，在这个过程中，RDF 标准被用于试点或"宣传册"产品和项目，它引导早期采用者通过不断增加激励来仿效其他已采用该标准的人，从而触发级联效应。该资源与采用曲线需求意味着，

---

[63] 请参阅 DARLINGTON, J., COHEN, J. AND LEE, W.（日期不明，油印品），一个基于网络服务和效用计算的下一代互联网的架构，伦敦电子科学中心（LONDON E-SCIENCE CENTRE）。

[64] BERNERS-LEE (2006)，对"地球未来"（TERRA FUTURE）会议的介绍，9 月 19 日，网址是 WWW.W3.ORG/2006/TALKS/0919-OS-TBL/。

[65] 请访问：WWW.AKTORS.ORG/PEOPLE/。

移动到语义网标准至少是一个中期的项目。

韦茨纳认为，语义网需要奖励措施来遵循良好的隐私实践："如果存在关于数据共享的协议，这种跨系统数据集成的好处就会显而易见：形成不断扩展和交叉的大数据库……每一个链条都有成本，对于某些交集（例如金融服务与自然科学之间的交集）来说，成本可能会过高。"语义网的转折点是甲骨文公司（Oracle）安装了本地 RDF 支持生命科学和地理空间社区。他相信："在使政府信息以开放的语义网结构公开的过程中，政府能够起到非常积极的作用。"[66]

巴伦（Baron）称：

> 经济动机使 W3C 中的小组在对 Web 没有帮助的事情上耗费了大量时间。例如，一家在非 Web 环境中使用 W3C 技术的公司可能会将在它们的环境中出现的问题带到工作小组会议的日程上。从本质上说，它们向 W3C 支付了费用，可以让该技术领域的专家（该工作小组）解决他们的问题。那些专家通常也非常愿意提供支持，这是由于发明应用的扩大能够满足发明者的虚荣心。[67]

他认为，移动标准与计算机标准之间的差异正在耗光 W3C 的精力："这两个世界之间的互操作性并没有足够高到可以轻易开发出对两者效果都好的内容……Web 浏览器社区在与 Web 相关的标准方面并没有取得太大进展，因为它把所有时间都花费在了对抗更大的'移动网络'（Mobile Web）社区。"[68]

他补充说："大约在同时期，Web 开发社区的知名人士提出了对 W3C 内缺乏进展以及对 Web 开发人员的需要缺乏关注的担忧。"然而，

---

[66] WEITZNER (2007B)。

[67] BARON (2006)。

[68] 这尤其与推出了"候选推荐"（CANDIDATE RECOMMENDATION）规范的可缩放矢量图形（SVG）TINY 1.2 工作小组有关。他们受到了指责，指责称其复制了许多其它 WEB 标准的特征、未能澄清基本概念且未遵守 W3C 流程，在很大程度上复制了已经存在于 HTML+CSS 中的特征，以及提出的新脚本处理模型与 HTML 曾在 WEB 上使用的脚本处理模型不兼容。

那些参与美国网景公司和微软公司之间金融交易的人士声称，前移动标准是在更加和谐的环境下发展起来的，并且创造了一个从未有过的"黄金时代"。W3C继续收到一些批评意见。这些意见指出，某人可能认为自己是自身成功的受害者，可能因被其企业客户抓住把柄而受到指责，而且W3C非常不关注开发人员的需求。巴伦接受了让那些从W3C的活动中得出的标准进行竞争的要求：

> 我曾以为，W3C应关注那些可兼容的事物……以及那些已经出现在Web上和主要是为了改善Web而设计的事物……考虑到W3C中活动的范围如此之广，我们再也不能假定W3C的所有规范只是一个单项计划的一部分……这些规范应凭借它们自己的优势在实施者、作者和用户中进行竞争。

最终，市场采用情况决定W3C标准的命运；标准的效用和开发流程的技术严谨程度又决定了W3C标准的市场采用情况。随着W3C的发展，ETSI和其他标准组织的竞争标准所熟悉的竞争行为可能会变得更加常规。

ICANN 与寻址基础设施

自 2003 年以来，对于互联网和国家主权位置的关注已成为"信息社会世界峰会（WSIS）"和 ICANN 改革的重要话题。[69] 尽管 ICANN 掌握着互联网的"电话号码"，并且监督着 246 个 ccTLD（国家代码顶级域名，如 .de 和 .uk），但它已经放弃了早些时候作出的承诺：在 2002 年的选举之后，通过直接选举，由已注册的互联网用户进行民主控制以及取消由美国商务部通过其国家电信与信息管理局（NTIA）的治理。它曾尝试向实行自下而上参与制典范的 IETF 学习，像最好的政府治理机构一样进行大量公共咨询，但是却拥有加利福尼亚私营公司的正式法律机制和公司治理。[70] ICANN 通过自 1998 年起与美国商务部的一份合约[71]和 2009 年 9 月 30 日发布的一份"承诺确认书"（AoC）获得了其权威。AoC 取代了"联合项目协议"（JPA）。该协议规定，美国商务部在 1998—2009 年对 ICANN 进行单方面治理。正如帕尔弗里（Palfrey）所说，ICANN 本身就是一个混合产物，在其成立之初，责任问题就让人忧虑："用感觉最糟糕的词来形容就是，ICANN 的结构是个妥协的产物。它的设计者试图把一个公司、标准机构和政府实体最好的部分混合起来，但他们最后却得到了一个无法实现其任何一个组成部分的合法性、权威、效力的结构。"[72]

这一总结和批评并没有评估 gTLD（通用顶级域名）的整个根源体系（但却建立在这项工作的基础上），检验全球、区域和国家治理机制对日常使用寻址资源的影响。ICANN 的委员会结构以及它与 ICANN 指派

---

[69] 请参阅 PEAKE (2004)。

[70] MACSÍTHIGH (2010)，第 274–300 页，关于 .xxx 和非字母数字域。

[71] US GOVERNMENT (1998)。请进一步参阅 NGO AND ACADEMIC ICANN STUDY (2001)。

[72] PALFREY (2004)，第 425 页。

的分配 IP 地址的区域和国家 SRO（如 Nominet）之间的关系是复杂的，而且他们的改革充满了相互依赖性。ICANN 的历史发展情况已由缪勒（Mueller）进行了翔实的记录，[73] ICANN 的竞争性和欧洲政策挑战也得到了确定。ICANN 本身承认，其改革过程必然被迫在完成技术使命 [74] 和必须进行有效治理、国家主权以及内容治理之间寻求妥协——在 ICANN 董事会的会议中，就真实地持续上演了关于原则和实践的讨论。[75] 尽管人们对于一个单个民族国家（美国）控制着互联网名称的地址空间、因而能够为其它用户分配地址（虽然存在多种边缘性选择，但目前还没有相关的政策条款）的合法性有所担心，但 ICANN 在其短暂的历史中一直独树一帜。1998 年，美国政府建立了 ICANN 共治新形式的正式民主决策制度，但遭到了严厉的批评，并且有人提议用国际合法程序取代它。[76]

ICANN 与国家和地区注册机构（如 .eu）以及"地区互联网注册机构"（RIR）签署了协议。RIR 负责在特定的地理区域内配置和分配互联网协议（IP）资源。这些资源包括 IP 地址和自主系统号码（通常称为号码资源）。[77] 欧洲的 RIR 是欧洲 IP 网络资源协调中心（RIPE NCC）。尽管欧洲和东亚国家在互联网用户（尤其是启用宽带的消费者和那些使用 IPv6 新架构的用户）的绝对数量方面已经快速赶超美国，但这尚未体现在对关键寻址空间的多边结算上。新的进展承诺将会使 IP 地址的使用较少地受稀缺性约束。第一，由东亚领导的替代方案。这些方案执行 Unicode 和 IPv6 寻址。第二，存在使用子目录的现象，其原理是将许多台计算机连接到一个 IP 地址，如在中国广泛使用的情况。第三，有其它推荐的非 DNS（非域名系统）替代选择，用于非营利性目的。第四，新的 gTLD（如 .union 或 .xxx）和区域 TLD（尤其是 .eu），有或多或少成功的尝试。如果要更深层次地了解和分析 DNS 空间的未来潜力方向，这些

---

[73] 请参阅 MUELLER (2002)。

[74] 另请参阅 LSE PUBLIC POLICY GROUP AND ENTERPRISE (2006)。

[75] 请访问一位董事针对该问题撰写的博文。网址为：HTTP://JOI.ITO.COM/ARCHIVES/2007/03/31/ ICANN_BOARD_VOTES_AGAINST_XXX.HTML。

[76] COLLEGE OF EUROPE (2005)；FROOMKIN (2003B)，第 1087–1102 页。

[77] WWW.ISOC.ORG/NEWS/2.SHTML。

会是有趣的案例研究。[78] 域名系统（DNS）的一个有争议的方面是 IP 地址的 WHOIS（域名查询服务）数据库内在的与隐私相关的问题。2007 年，这个数据库被重新设计。

世界共同信赖组织（One World Trust）2007 年对 ICANN 作出的评价称："2006 年，JPA 问责制和透明度方面成果突出……本协议规定了那些会影响将互联网域名和寻址系统转移到私营部门的机制和步骤。"该协议指出：

> 当以其它全球机构做基准进行比较时，ICANN 董事会的整体透明度也很高；ICANN 应改进其实践的地方是：需要更明确地说明在决策时如何采用利益相关者的意见。为了确保"自愿的"董事们能够有效且高效地参与到决策中，他们需要得到 ICANN 员工提供的额外支持。[79]

国际商会（International Chambers of Commerce）称："ICANN 应避免通过非公开讨论作出决策。ICANN 还应该透露谁参与了讨论、在哪些方面达成了共识，并且提供关于如何以及何时作出决策的预先通知……ICANN 的新政策应当只通过明确的自下而上的流程加以制定。"[80]

ICANN 最近已经作出了一些尝试以提高其问责制，[81] 所有这些尝试

---

[78] 参与的受访人员包括：基兰·麦卡锡［KIERAN MCCARTHY，ICANN 的公共参与经理（PUBLIC PARTICIPATION MANAGER）］、艾米莉·泰勒（EMILY TAYLOR，.uk 非营利注册机构，NOMINET 的董事）、威廉·德雷克（WILLIAM DRAKE，学术专家）、马丁·博伊尔［MARTIN BOYLE，当时的"英国贸易工业部（DTI UK）"人员］，以及杰里米·比尔［JEREMY BEALE，"英国工业联合会（CONFEDERATION OF BRITISH INDUSTRY）"人员］。

[79] ONE WORLD TRUST（2007）。

[80] 对于国际商会于 2007 年 6 月 21 日给 ICANN 的非正式建议，可在 ICC 文件中作者或 AYESHA HASSAN（阿伊莎·哈桑）的文件中获得。

[81] MUELLER（2010B），第 8–10 页中给出了一个极好的简短总结。另请参阅 LYNN (2002)。对于"问责制与透明度框架与原则 2008"、2008 年和 2009 年的"增强制度信心（IMPROVING INSTITUTIONAL CONFIDENCE）"讨论会，以及于 2010 年 7 月 14 日结束的"问责制与透明度审查小组（ACCOUNTABILITY AND TRANSPARENCY REVIEW TEAM，ATRT）"讨论会，请访问：WWW.ICANN. ORG/EN/REVIEWS/AFFIRMATION/ACTIVITIES-1-EN.HTM。

都是由该董事会和运营该机构的管理人员发起的。ICANN 章程要求对"每个支持组织（Supporting Organization）、每个支持组织理事会（Supporting Organization Council）、每个咨询委员会（除政府咨询委员会，Governmental Advisory Committee 之外）以及提名委员会（Nominating Committee）进行定期审查"。ICANN 章程的第四部分第四条详述了董事会领导的流程。每项审查都是由董事会选出来的外部审核人员遵照征求意见书（RFP）的出版材料、根据参考条款（ToR）执行的。直到 2006 年经过修订之后，该章程才允许对董事会进行自我审查。随后，波士顿咨询公司（Boston Consulting Group）于 2008 年对该董事会进行了单独审查，[82] 但在为期十五个月的审查过程中，"该董事会决定，它应该能够审查自己的审查。不出所料，该董事会认为，它的工作情况比 BCG 评估的要好，[83] 而且无视了许多最重要的改革。"[84]

为应对人们对 SRO 过程中利益相关者参与不足的批评，ICANN 建立了董事会的"调查专员"（Ombudsman）、"复议委员会"（Reconsideration Committee）和"独立审核评判小组"（Independent Review Panel，IRP）。[85] 2006—2009 年任"公共参与"部总经理的麦卡锡[86] 在卸任时留下了一份报告，建议做出一些变革，允许更具有建设性的公共参与。[87] 尽管麦卡锡的总体观点是 ICANN 比以前工作得更好，但他指出 ICANN 的问责制机制（包括"调查专员"）、董事会复议程序和"独立审核评判小组"却没有规定有意义的问责制："如果它们正在破坏任何事物，那是因为它们没有给出任何问责制，但却让人产生它有问责制的幻觉。"他详细说明了这些问题：

[82] BOSTON CONSULTING GROUP/COLIN CARTER & ASSOCIATES (2008)。
[83] ICANN (2010)。
[84] MCCARTHY (2010A)。
[85] KOMAITIS (2010)。
[86] 麦卡锡之前曾是一位科技记者，他调查并报道了 ICANN 和域名注册机构。请参阅 MCCARTHY (2007)。
[87] MCCARTHY (2009)。

该"调查专员"的权利由 ICANN 的员工非常明确且有目的地限制着，而且不遵守标准的"调查专员"规则。实际上，调查专员在产生或促进改变方面的权力极其有限。在每一步，"董事会"都有权忽视"调查专员"的建议，但遗憾的是，无论调查专员在任何时候提出意见，所提出的恰恰是董事会所不同意的。[88]

调查专员提供了一个解决方案：给予"那些其他'调查专员'毫无疑问应拥有的额外权力"。他继续考虑"董事会复议委员会"（Board Reconsideration Committee），"遗憾的是，这也失败了，而且其作用仅仅是强化了董事会内部不好的态度——即他们作出的决定是正确的，对他们进行质疑的尝试来自于隐藏的议程。"他总结说："董事会长期以来存在着一种以消极的眼光来看待对其决策产生的质疑的文化和传统。其结果是，董事会复议程序实际上是一个对否定问责制的破坏过程。"在他看来，IRP：

仅使用过一次，并被证明是极度耗时且代价极高……而且，令人难以置信的是，当最终结果对 ICANN 董事会的决策至关重要时，其第一反应是强调 IRP 声明（IRP Declaration）是不具有约束性，即董事会认为，如果它不喜欢这个最终结果，它就能够忽视整个最终结果。如果你阅读 IRP 声明，这些小组成员相当明确地指出，这一不受约束性的本质已由 ICANN 员工有目的且刻意地写入了声明。对于 ICANN 的员工和董事会这一方来说，他们精心打造了一个明确的可以在最大程度上避免 IRP 流程带来责任的工作模式。从这个角度而言，这也是一种非常糟糕的问责制机制。[89]

---

[88] McCarthy (2010b)。

[89] ICANN 章程的第三部分第四条规定了"独立评审程序"（Independent Review Procedure）。该程序仅使用过一次，由 ICM Registry（美国的一家域名注册服务机构）在与 .xxx 顶级域的争议中使用过。在写本书时，这次争议的结果仍是未知的。

通过在最后一刻进行咨询并把政策埋藏于连篇累牍的大量文件中，ICANN 保持着透明度很高但不负责的咨询方法。"最大的问题是文化问题——ICANN 员工一直以来的做法是，在默认情况下不提供'可立即获得的'信息。该社区在过去五年中一直要求每份报告都要附一份执行摘要——这是大多数行业的标准做法。"[90] 当提到更广泛的公共参与时，ICANN 好像是在请求过多的评论，[91] 但又忽视了许多评论："没有根据基准来查看公众建议的文化，对于公众建议的重视程度也是微乎其微——这看起来更像是一件令人讨厌的事物，而不是至关重要的审查和平衡工作。"[92] 审查状态已经在公司信息披露方面导致了一些严重的问题，一些批评者（包括前任董事会成员）称，ICANN 不仅未能为其更广泛的公众提供服务，而且实际上也未能向治理它的董事会披露正确信息。总的印象是，ICANN 是一个穿着公民社会参与的外衣、但没有做到有效互动的官僚机构。

和麦卡锡一样，米勒（Mueller）也对 ICANN 流程进行了直接的批评。他认为："主张新型参与制的人似乎更愿意为人们提供参与的机会，而不是向他们提供真正的可对决策施加的权力或影响力。'让你的见解为人所知'与'让你的见解起到作用'之间存在重要差异。"[93] 他们特别针对 ICANN 的过程进行了批评，没有目的和问责的透明度和咨询是他们抨击的核心。他们通过参考其混合模型，确定 ICANN 的问责制问题。[94] 缪勒称，"ICANN 对公共参与的大力强调可以理解为一种对过分缺乏问责制的'直接'（Direct）、'退出'（Exit）和'外部'（External）形式的过分补偿"[95]，因为是一家规避了所有混合问责制模型的私营企业——如果没有规避的话，它在检查中就会被抓住把柄。没有参与的透明度绝不是私人治理的灵丹妙药，正如我们可以在表 4.2 中看到的那样。

---

[90] McCarthy (2010b)。

[91] 对于当前的咨询，请访问：www.icann.org/en/public-comment/。

[92] McCarthy (2010b)。

[93] Mueller (2010b)。

[94] Klein (2001); Koppell (2005), 第 94–108 页; NAIS (NGO and Academic ICANN Study) (2001); Weber (2009)。

[95] Mueller (2010b), 第 8 页。

表 4.2 改编缪勒的 ICANN 问责制模型——斜体字表示改编部分

问责制	组织模型		
	公司	共识非成员标准（如 IETF）	政府
直接	股东（营利）；成员（非营利）	工作小组主席选举	公民权与投票；代表
退出	竞争性选择（营利）；拒绝支持（非营利）	自愿采用标准（在非成员组织内）	*移民；无政府状态*
外部	与国际公法一致；政府治理	*忽视或不采用标准*	法律规则；司法审查
意见	*对等生产；众包；Web2.0 与其它客户反馈机制*	开放参与	游说，公众听证会，抗议，等

里克特认为，ICANN 在将企业和客户的社会企业方法整合方面，设计和结果都很糟糕，股东的支持也不足。[96] 他的确认为，尽管混合模式可以共存——巴西和英国的"知识共享组织"或英国的 Nominet 便实施了混合模式——但混合模式总是容易面临无法处理司法审查、缺乏宪法权利以及跨国仲裁的指控等麻烦。这也是一个基于慈善途径却无社会创业元素的问题。[97]

就政府咨询委员会（GAC）而言，麦卡锡认为：

在我看来，该问题不在于 GAC，而在于 ICANN 董事会。ICANN 董事会对政府的态度像是精神分裂般——有时不公平地攻击政府，有时畏缩和顺从政府。这种关系的最佳例子（目前已失效）就是 .xxx 问题——ICANN 董事会好像把 GAC 当作挡箭牌，因为它不希望自己批准或拒绝这种应用。[98]

[96] Richter (2010)，第 409 页。
[97] Nicholls (2010)。
[98] McCarthy (2010b)。

.xxx 问题展现出 ICANN 问责制中最糟糕的一面。这是一个非常有趣的问题，特别是因为在这个问题上，就公共注册机构而言，内容控制的政治关注符合 ICANN 在运营 DNS 系统方面所维持的垄断。这个问题是 2007 年春天我以观察员身份在葡萄牙的里斯本参加的 ICANN 会议的主要议题。在该会议中，我采访了 ALAC、GNSO 和 GAC 的几位核心成员。.xxx 的批准将为家庭在线安全协会（FOSI）提供资金流，因为 .xxx 域名将能提供非常明显的标签，家长可以用来过滤掉成人内容，而且未来的注册机构只需用可预期的数百万美元年收入的一部分就能为 FOSI 提供支持。然而这一进程不断受到阻挠，在撰写本书时（2010 年 11 月），仍在等待 GAC 的咨询意见。尽管这一进程可能在本书出版时已经结束，但在 2008 年起草 EC 报告（本书所基于的报告）期间，该过程看起来似乎就要结束了。在程序上延期如此之久，当然会严重阻碍预期注册机构、ICANN 本身和 FOSI 的经营计划。

国家注册机构 Nominet

国家注册机构的一个有趣的"最佳实践"示例是英国非营利注册机构 Nominet，它是一个公认的、由多个利益相关者治理的领先机构。[99] 它也是这种机构的一个特别明显的例子，这一点很重要——因为它的功能在战略上很重要，而且它也是一个国家级"自然垄断"的机构。[100] Nominet 是一家非营利的担保有限公司，它拥有扮演股东角色、但无权参与企业利润分配的成员。Nominet 比 ICANN 的成立时间要早（成立于 1996 年）。从那时起，随着英国域名市场的发展，Nominet 的工作或多或少地有所成效。它为注册机构间接分配地址，并针对每次注册收取少量费用。Nominet 是全球第四大注册机构，至少已分配了七百万个地址。这带来了巨额的盈余，注册机构想通过对 Nominet 进行改革，来使其成为一个能支付红利的营利性企业，而政府明确表示，也希望保留这些盈余，来用于教育和慈善。[101]

为了保护其公共利益使命免受其域名注册机构商业利益的侵害，ICANN 做出了翻天覆地的改变。这些变化体现在《数字经济法案》中关于 Nominet 是否应受制于政府治理的争论中。[102] Nominet 通过实施重大改革并在 2010 年召开非常股东大会（EGM）而避免了受制于注册机构的

---

[99] 请参阅 MARSDEN 等人 (2008)，第 37–43 页；BOYLE (2007)；CLAYTON (2007)；HUTTY (2007B)；SWETENHAM (2007)；TAYLOR (2007)。请注意，2008 年之后，博伊尔加入了 NOMINET，泰勒（TAYLOR）离开了 NOMINET。

[100] 例如，通过推进其最佳实践挑战，由议会的政府部长发起：WWW.NOMINET.ORG.UK/ABOUT/BESTPRACTICECHALLENGE/CATEGORIES/。

[101] 对于定义，请参阅 COMMUNICATIONS ACT 2003，第 124O(7) 节。

[102] 请注意，这指的是它会向私营注册机构分配 CO.UK、.NET.UK、.LTD.UK、.PLC.UK、.ME.UK、.SCH.UK 这样的域名，因为它不负责十一个政府域名和其它非营利性域名（如 .AC.UK、NHS.UK 和 GOV.UK）。

命运。这些做法改变了其组织章程，并保证了它独立于其成员注册机构。政府对改革很满意。但在此过程中，为确保 Nominet 在面对许多注册机构反对的情况下做出的这些改革，政府的治理威胁从中发挥的重要作用不应被低估。[103] 这场狂热的改革活动恰逢 2008 年 9 月在政府内形成"数字英国"（Digital Britain）任务小组，以及 2010 年 3 月 16 日下议院初读"数字经济法案"（Digital Economy Bill，DEB2009）。[104]

相关政府部门的信息经济主管大卫·亨顿（David Hendon）[105] 解释道："这是在自治方面的进步，这样也更负责。它遇到的问题是，互联网发展得如此迅速，以至于政府没有跟上进行有效治理。这个职位在政府中并不炙手可热。许多部长对于互联网的工作机制并不是太了解。"[106] 换句话说，尽管部长们打算接管 Nominet 的职能，但被亨顿劝阻。他进一步解释道："很难再找到一个像 DNS 这样能彰显国家关键基础设施的至关重要部分，落在一个未经许可且未被治理的私营公司手中的例子了。"当 DEB2009 于 11 月 20 日发布时，政府解释道："一直有滥用域名系统的报告……例如域名抢注、域名狙击、域名压迫式销售、用于网络钓鱼和分发恶意软件的域名，还有国外所有的（以及国外服务器托管的）网站拥有并使用 .uk 域名来欺骗人们相信他们是英国人的情况。"[107] 这增加了需扮演域名私人警察的额外压力，并且还要确保剩余现金未退还给注册机构（某些注册机构当然会将域名分配给那些有着政府讨论的恶意行为的恶意参与者）。亨顿在 2010 年 2 月 2 日写给 Nominet 的信中解释道："我非常高兴地看

---

[103] GARRATT AND GARRETT (2010) 在第 4 页中称："我的'董事会评估研究'（BOARD EVALUATION STUDY）于 2008 年 12 月进行了采访，并于 2009 年 1 月中旬结束。这些 12 月的被采访者包括一位最近辞职的主管。截至 2009 年 1 月末，另一名主管也辞职，一名新主管被委任。董事会做出的这些小变动使得我本来的分析结果不再有效。"

[104] "《数字经济法案（2009）》【HL】"（DIGITAL ECONOMY BILL 2009 [HL]）出版于 2009 年 11 月 20 日。对于"《数字经济法案（2010）》"（DIGITAL ECONOMY ACT 2010），请访问：WWW.STATUTELAW.GOV.UK/CONTENT.ASPX?ACTIVETEXTDOCID=3699621。

[105] 2007 至 2009 年，该部门称为"业务、企业与治理改革部"（DEPARTMENT FOR BUSINESS, ENTERPRISE AND REGULATORY REFORM，BERR），随后它被称为"业务、创新与技术部"（DEPARTMENT FOR BUSINESS, INNOVATION AND SKILLS），这个称呼在 2010 年的大选后保持了下来。

[106] WILLIAMS (2008)。

[107] WILLIAMS (2009A)。

到有了一个能对组织章程进行修订、以体现 Nominet 公益目的的具体建议。"[108] 实施加勒特（Garratt）审查建议书，并且阻止会员试图把剩余现金分发给他们自己。特别决议 1（b）（c）将条款 1（a）（b）插入到了"组织章程"中。[109]

表 4.3 2008–2010 年 Nominet 治理改革时间表

日期	文件	作者
2008 年 10 月 15 日	来自 BERR 的信件	BERR 的大卫·亨顿
2009 年 3 月 31 日	1. 治理审查	鲍勃·加勒特（Bob Garratt）教授
	2. 与 2006 年的公司治理联合准则（Combined Code of Corporate Governance）的对比	附加于加勒特报告
	3. "墨脱报告（Mutuo Report）"：报道了关于成员与股东方面的问题	墨脱——互助社活动的特别顾问
	4. 墨脱议会报告	墨脱对政治意见的审查
2009 年 4 月 16 日	Nominet 致 BERR 的信件	发给 BERR 的大卫·亨顿
2009 年 5 月 12 日	BERR 的回信	来自 BERR 的大卫·亨顿
2009 年 5 月 21 日	塑造 .uk 的未来	2009 年 5 月 21 日至 8 月 21 日，首届讨论会
2009 年 11 月 23 日	塑造 .uk 的未来	2009 年 11 月 23 日—12 月 15 日，第二届讨论会
2010 年 1 月 12 日	请求关于意见书的反馈	2010 年 1 月 12—25 日，会员评论

---

[108] HENDON (2010)，2010 年 2 月 2 日，致 NOMINET 主席鲍勃·吉尔伯特的信件，网址是 WWW.NOMINET.ORG.UK/DIGITALASSETS/45073_BIS-BOBGILBERT020210.PDF。

[109] POPULARIS LTD (2010)，第 1–2 页。

2010 年 1 月 26 日	主席致 BIS 的信件	Nominet 主席鲍勃·吉尔伯特（Bob Gilbert）
2010 年 2 月 2 日	BIS 的回信	BIS 的大卫·亨顿
2010 年 2 月 24 日	特别股东大会	Nominet 修订组织章程

来源：NOMINET GOVERNANCE REVIEW (2010)，网址是 WWW.NOMINET.ORG.UK/GOVERNANCE/ REVIEW/。

1a 要行使职责来推进企业取得成功，让全体成员获益，主管们应特别考虑公司活动对公众的影响。

1b 公司的目标是开展活动——尤其是（但不限于）企业先前已经开始的活动、公司章程以及为了公众利益而开展的活动。

决议 1（c）要求采取投票通过率为 90% 的绝对多数投票法，而实际投票通过率为 94.85%。

当处于改革高潮时，主席[110]和法律与政策主管[111]各自继完成其五年和十年的任期后退休。新任主席弗里奇（Fritchie）男爵夫人解释道："我希望让政府对 Nominet 给予信心，但我不代表政府，我代表的是 Nominet。"[112]巧合的是，Nominet 于 2010 年 9 月 30 日宣布万维网联盟进驻 Nominet 办事处，成为各办事处的主人。[113]弗里奇男爵夫人在位于南安普顿大学（Southampton University）的 Web 科学研究倡议（Web Science Research Initiative）中担任主席，W3C 的主席伯纳斯－李也在其中。

《数字经济法案》包括要求 Ofcom（英国通信管理局）报告域名分配情况，第一章要求对《通信法案 2003》（CA 2003），第 134（c）章进行修订：

---

[110] WILLIAMS (2010)。
[111] WILLIAMS (2009B)。
[112] MCCARTHY (2010B)。
[113] NOMINET (2010)。

（1）Ofcom 必须（如果国务大臣要求这样做）——（a）准备一份国务大臣指定的、与互联网域名相关问题的报告；并且（b）在切实可行的范围内尽快把该报告发送给国务大臣。

（2）《数字经济法案》的第 19 章根据 CA 2003 的新章节"124O"为政府赋予了政府保留权力：

（3）本章适用于国务大臣——（a）已确认与具有资格的互联网域名注册机构相关的严重相关故障正在发生或已经发生，以及（b）希望行使 124P 或 124R 两章中的权力。

（4）国务大臣必须通知该互联网域名注册机构，具体说明该故障，并指定一个该注册可以有机会向国务大臣提出申述的期限。

（5）如果具备以下情形，那么存在与具有资格的互联网域名注册相关的关联故障：（a）注册处，或其任何一家注册机构或最终用户参与了规定的不公平的、或者牵涉到误用互联网域名的实践，或（b）由该注册处做出的、处理与互联网域名相关的投诉的安排不符合规定要求。

第 20 章解释了如果政府接管了 Nominet 的职能，该互联网域名注册机构经理的任命程序。[114] 第 21 章进行了进一步的修订，说明了政府如何通过根据 CA 2003 新增的第 124R 章的法院命令来作出修订：

（1）本章适用于——（a）国务大臣已根据第 124O 章向具有资格的互联网域名注册机构发出通知，具体说明了其故障，（b）超出了允许提出申述的期限，以及（c）国务大臣已确知该注册机构没有采用国务大臣认为适用于补救该故障的步骤……

---

[114] "（1）在《通信法案 2003》的第 124O 章后插入'124P 互联网域名注册机构经理的任命（1）本章适用于——（A）国务大臣已根据第 124O 章向具有资格的互联网域名注册机构发出通知，具体说明了其故障，（B）超出了允许提出申述的期限，以及（C）国务大臣已确知该注册机构没有采用国务大臣认为适用于补救该故障的步骤。'"

（2）该法院可能下达了一项命令——（a）对注册机构的章程做出变更，以及（b）要求注册机构未经该法庭许可，不得对其章程做出任何变更，或任何指定的变更。

（3）基于本章的命令可能仅包含这类条款——法院认为适用于确保注册机构根据第124O章的告示中所明确提出的故障采取了补救措施。

需要注意的是，CA2003的新章节124R（5）明确解释道："对于公司来说，章程意味着公司的章程；对于有限责任合伙企业，章程意味着有限责任合伙协议。"

从这类注册机构的治理安排中总结出的经验教训可能会形成推荐规范，不仅适用于其它国家注册机构，而且对于其它与互联网相关的SRO，也是透明度的典范。现在，Nominet由《数字经济法案》正式共治。

"纯自治"与不断变化的层级

本章中的案例研究倾向于行业自我标准化的"纯粹"形式，尽管 EC 已启动并且一直在支持 W3C。ICANN 是个例外，不仅因为它是从美国政府脱离而出的，而且因为它的存在与合法性都依赖于政治默许。因此，它试图强调它的参与性民主制度和透明度，同时又不愚弄任何人。它们在蒲福风级量表上的大概对应位置如表 4.4 所示。然而，需要注意的是，Nominet 和 ICANN 的等级都是"不断变化的"。

表 4.4 自治机构与政府

治理方案	自治的公司	等级	政府介入
事后自我标准化	IETF	2	对标准进行后续批准
自我认可	W3C #	5	认可主体——非正式的政策作用
批准强制共治	ICANN	9	事先与政府进行原则性讨论——通过制裁 / 批准 / 过程审计
独立主体（具有利益相关者讨论会）	Nominet	11	政府通过征税 / 强制征税，强制执行并共治（作为改革）

对于我对 IETF 的分类，布拉德纳（Bradner）做出了如下评论：

政府在 IETF 中的唯一参与形式是作为个人参与。我们不会把我们的标准提交给任何人以进行后续批准。也就是说，IETF 更接近于

0（仅限非正式互换）——有时会与一个政府或另一个机构（请注意，IETF 并不把它自己当做一个美国标准机构）进行一些信息互换；对于 W3C 也是如此。在这两个案例中，尽管各个政府都可能采用这些标准，但在任何一个案例中，政府都没有在标准批准流程中起作用。[115]

| 主题标签表明由政府全额或部分资助 |

尽管他对 IETF 的评估是正确的，但在该表格中的分类不是二元维度。对于 0—5 的选项，美国评论人员可能会叫作"零"或无政府参与。政府自愿选择认可 IETF 标准表明了政府对这些标准的信心，以及对这些标准组织本身的内存信任，而不是 IETF 讨好"国王和总统"。

作为促进者，政府在某些方面已经在线上取得了巨大的成功。先前的历史记录了 20 世纪 90 年代政府参与互联网治理中的许多悲惨失败——从由道德恐慌驱动的糟糕立法，到考虑不周的治理介入，再到彻底放手不管。但那只是对故事所进行的不完全的、陈词滥调式的说明，本章讨论了政府在互联网的发展过程中的作用。

接下来的第五章将讨论非互联网问题与互联网交融时的情况（尤其是媒体内容标准）。在第六章的最后一个案例研究中，我们将讨论互联网服务提供商（ISP）的作用，尤其是它们在"通知与删除"（NTD）制度中的作用。

---

[115] BRADNER (2008)，2008 年 9 月 28 日，发给克里斯·马斯登（CHRIS MARSDEN）的邮件沟通内容。

第五章

内容治理与互联网

本章将对 ICSTIS、IMCB、ATVOD、NICAM 和 PEGI 等共治机构进行分析。手机、在线视频和电脑游戏内容的评级方案来源于纯粹的互联网自我治理[1]，但这些方案却变得越来越制度化，而 ICSTIS 和 NICAM 都是基于法规建立起来的共治机构。

尽管标准和关键互联网资源（至少在一定程度上）是独特的自我治理或共治体系，但通过互联网提供内容、应用程序和服务的示例也有很多，可以说互联网上正在形成"融合"之势。然而，相比早期的媒体（治理制度是设计好的），这却引发了由互联网的不同特性造成的治理问题。以前的媒体主要是英国国内的，不受外国干扰，因此，内容的认证和保护必须遵守文化标准、规范和主权法律。[2]此外，这些纯粹的国内"接收者"（而非用户）本身不能进行内容生成和混合，不能通过 P2P 网络发送内容，不能匿名沟通，也不能不计成本地批量发送信息。广播、大众印刷出版服务和互联网之间存在着巨大差异。

就大众媒体（本章的核心内容）而言，治理体系是众所周知的，它们在互联网方面的应用相对简单，内容提供商就是与固定或移动的封闭互联网服务提供商签订合约的大众传媒公司。长期以来，固定或移动电话的高级通信内容一直受到自我治理组织的治理（就英国共治机构 ICSTIS 而言，治理长达 15 年之久；最近进行的治理审计引发了很大的争议，为此实施了严格的审查）。尽管互联网广告局可以制定互联网广告标准，但从任何角度来说，将其称为自我治理组织都是不准确的，因为其主要功能是促进贸易。因此，就已知的线下示例（而不是值得重新进行研究的发展动态案例）而言，广告治理在该研究中起到了一定的作用。柯里（Currie）爵士曾进行了这样的描述："对于纯粹通过互联网发布的内容，很难看出如何实施许可控制，更难看出如何实施制裁。即使采用共治方案这一首选

---

[1] 参见作者在 TAMBINI, LEONARDI AND MARSDEN (2008) 中进行的案例研究，第八章"电子游戏行业自我治理"第 190–209 页，以及第十章"通过移动电话提供互联网服务和行为准则，以保护未成年人免收成人内容侵害"第 216–268 页。

[2] 请注意 20 世纪 80 年代的卫星电视出现了许多问题，问题的新奇程度不亚于互联网。参见 MARSDEN 和 VERHULST (1999)。

治理手段，问题也会出现，而在共治方案中，行业始终反对治理机构最后采取强制措施。"[3]

表 5.1 互联网内容的共治方案

治理方案	自我治理机构	等级	政府参与情况
经过讨论的自治	IMCB	4	事前原则性讨论——但未进行审批、许可、流程审计
经过批准的强制性共治	PEGI Online	9	与政府进行事前原则性讨论——进行审批、许可、流程审计
经过仔细审查的共治	NICAM# ATVOD	10	进行年度预算、流程审批
独立机构（设有利益相关者论坛）	ICSTIS#	11	通过税收、强制征税，政府实施并参与共治

主题标签表明由政府全额或部分出资。

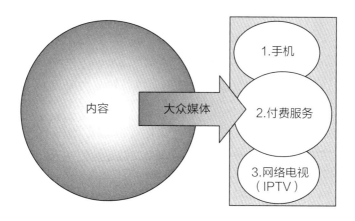

图 5.1 大众媒体内容分类

---

[3] Currie（2005）。

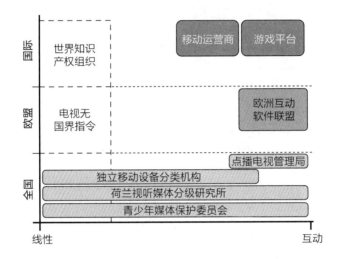

图 5.2 从线性到互动，从全国到国际的内容治理

自我治理组织的范围和规模非常重要，原因有两点：第一，要治理所在行业，自我治理组织如何适应法律和政治压力？第二，自我治理组织是否向新的行业（如移动互联网）或新的国家（如涉及泛欧洲协调行动的国家）拓展？最后，自我治理组织模型是可复制的还是其他治理形式的例外？

欧洲委员会的一份独立报告对欧洲的在线内容市场进行了调查。[4]洛贝克（Holoubek）和达米亚诺维奇（Damjanovic）阐释了线下到线上内容的具体分类（在图 5.2 中进行了引用）。[5]这些分类对各中介机构有着不同的要求。

----

[4] Screen Digest Ltd, CMS Hasche Sigle, Goldmedia GmbH, Rightscom Ltd (2006)。
[5] Holoubek and Damjanovic (2006)，第 8 页。

电话信息服务标准
监督独立委员会（ICSTIS）

ICSTIS 于 1986 年由英国电信主导运营商 BT、治理机构 Oftel（2003 年后更名）及英国政府（英国贸易与工业部）共同成立，以共治付费语音信息服务（PRS）。广告和付费语音信息服务基本上都是先于万维网出现的，而付费语音信息服务一直以来都是用户关注的问题，也是治理部门关注的问题。[6] 1986 年，有 16 个服务提供商使用 BT 的网络。继早期发生的丑闻之后（尤其是在 1992 年禁止，并在 2003 年开通的聊天热线），英国竞争委员会的前身于 1989 年建议此类服务应当制定强制性行业守则，并接受单个治理机构治理。Oftel 授权 ICSTIS 对该类服务进行治理。[7]

自 2002 以来，付费语音信息服务市场在其发展过程中经历了两次重大变化。第一次是移动服务，这类服务目前占该市场的 33%（总计约为 12 亿英镑）。第二次变化涉及付费广播服务，这方面的占比达 22%，市场规模超过 2.7 亿英镑（通常是短信投票）。2007 年，英国付费语音信息服务行业成为了全球最大的行业（市场规模达 20 亿英镑）。当时，许多选票被证明管理不当甚至出现了欺诈，从而引发了很大的争议。[8] 由于 0871 号段（全国范围内拨打电话按本地通话收费）不受 Ofcom 治理，市场被进一步引入到 ICSTIS 的治理范围内，该市场规模又增加了 3 亿英镑。[9] ICSTIS 携手媒体治理机构 Ofcom，将其规定应用于移动网络。该机构兼

---

[6] 有关详情，请参见广告共治，DACKO AND HART (2005)，第 2–15 页。

[7] ICSTIS (2006)，第 7–8 页。

[8] ICSTIS（2007）。

[9] ICSTIS（2007），第 15 页。

顾未成年人和成年人，目的是保护客户免受过高收费和欺诈的困扰。[10]
2007 年，ICSTIS 进行了一次战略审查，重点关注治理结构以及手机、广
播问答节目和 0871 号段的市场治理。

2007 年 10 月，ICSTIS 更名为 PhonepayPlus。[11] 不过，在本案例研
究中，ICSTIS 只用作参考，原因是它只存在了 21 年。该机构的资金来
源于对服务提供商征收的税款，而税款征收是由网络运营商完成的。行政
收费也是由服务提供商征收的。对于那些违反行业守则的企业，可以最高
处以 25 万英镑的罚款，或取消其服务资格。该机构的预算和战略最终由
Ofcom 批准，而 Ofcom 对机构每年进行一次评估。ICSTIS 确立了行业筹
资水平（2003 年开始对营业额征税）、补偿方案和行政裁决程序。2001 年，
上述举措得到了独立上诉法庭的支持。1995 年，ICSTIS 联合成立了付费
语音信息服务治理机构的国际俱乐部——IARN。

ICSTIS 要求其成员遵守行业准则（2007 年第 11 版）。该准则为
ICSTIS 的治理奠定了基础。如果企业未遵守该准则，可能会受到调查或
处以罚款。该行业准则适用于英国所有提供付费语音信息服务的企业。这
些公司有责任保证其提供的内容和付费语音信息服务符合该准则。一旦
发现有企业违反该准则，ICSTIS 就可以采取一系列措施对其进行制裁。
该准则还包括网络供应商协助 ICSTIS 治理付费语音信息服务提供商的一
般要求。对于付费语音信息服务，Ofcom 拥有法定的审批权。它负责批
准行业准则，并根据《通信法（2003）》121 节之规定，制定付费语音
信息服务提供商的经营环境。Ofcom 在共治方面的公开目标是："如果
Ofcom 能够履行上述法案规定的义务并取得令人满意的效果，那么，就
可以批准 ICSTIS 的行业准则和预算；利用其权力确保符合 ICSTIS 的指

[10] 参见 ICSTIS (2005)，要获取如何防止向骗子付款，请登录 WW.ICSTIS.ORG.UK/ICSTIS2002/PDF/STAKEHOLDERUPDATEAPRIL2005.PDF。

[11] PHONEPAYPLUS 前身为电话信息业务标准监督独立委员会（ICSTIS），是一家非营利性企业。地址：CLOVE BUILDING, 4 MAGUIRE STREET, LONDON SE1 2NQ。董事会由 10 个成员组成，包括一位董事长，其中 7 名成员独立于付费语音信息行业。继 2007 年 1 月 4 日第七版行业准则实施后，取代委员会正式更名为董事会。每两周开一次会。非行业成员对于裁决和特殊许可服务承担更多责任。行业联络小组成立于 2006 年。15 个成员包括一个 ICSTIS 成员。预算：2007 年为 345.9 万英镑；2006 年为 361.2 万英镑。

令；进行充分监督，并利用其审批权（如有必要）确保治理可行有效"[12]

Ofcom 根据《通信法（2003）》向 ICSTIS 授权的依据是："如果有人执行行业准则且取得的效果令人满意，Ofcom 就会批准该准则。因此，批准一项行业准则就意味着批准一个执法机构去治理付费语音信息服务。"

Ofcom 对 ICSTIS 的做法进行了首次审查，并提出了加强 ICSTIS 的权力的几点建议：给客户退款；对 ICSTIS 进行调查；修改 ICSTIS 行业准则；调整罚款金额；[13] 完善客户服务和客户信息；强化 ICSTIS 治理，明确 ICSTIS 和 Ofcom 的作用。对于后者而言，建议上述两个机构应达成谅解备忘录（MOU），阐明两个机构 PRS 治理的角色，并保证对 Ofcom 的适当问责。2004 年，政府开始对 ICSTIS 进行审查。2005 年 8 月，随着审查的结束，Ofcom 宣布了 ICSTIS 行业准则的修订版。根据规定，网络运营商在收到支付款项后必须将其保留 30 天。[14] 这一变化是 Ofcom 向英国贸易和工业部（DTI）提交的完善付费语音信息服务治理报告中的一项重要建议。报告中还附带了谅解备忘录，该谅解备忘录的条款中包含了 ICSTIS 的最新关键绩效指标（需要与 Ofcom 达成一致并每年发布一次）。请注意，就规则变更而言，必须根据欧盟和英国的法律规定，通知利益相关者并与其进行协商。ICSTIS 行业准则变更的公众意见征询包括根据欧盟技术标准指令规定，与欧洲委员会和成员国进行为期 3 个月的法定协商[15]，以及 Ofcom 根据一般条款 14 和相关指南，就要求变更进行意见征询。而后者旨在对电信企业提供的客户付费语音信息服务信息进行完善。2006 年，Ofcom 审核并批准了第 11 版的 ICSTIS 行业准则。

该法案第 121（1）条规定，如果另外有人为了治理付费语音信息服务而制定行业准则，那么，Ofcom 可以批准该准则。2003 年 12

---

[12] Ofcom 和 ICSTIS（2005）。

[13] Ofcom 建议对于违反 ICSTIS 行业准则的行为，英国贸易与工业部应考虑增加最高罚款金额。根据《通信法（2003）》第 121 条和 123 条的规定，目前最高罚款金额为 10 万英镑。如果网络供应商不能履行其义务，还应修改行业准则，这样 ICSTIS 不仅可以对服务提供商，还可以对网络提供商进行罚款。

[14] Ofcom (2006a)。

[15] 第 98/34/EC 号指令，其修订版为第 98/48/EC 号指令。

月 29 日，Ofcom 批准了《ICSTIS 行业准则》（第 10 版）。2005
年 8 月 4 日，Ofcom 发布通知批准了《ICSTIS 行业准则》（第 10 版）
的紧急修改法案。经修改的行业准则（第 10 版修订版）（"获批的
准则"）目前仍然有效。[16]

互联网"流氓拨号器"未经客户知晓和同意擅自改变互联网连接，
将其连接到用户付费特服号码，这引起了英国贸易和工业部越来越多的关
注。在英国贸易和工业部的正式要求下，Ofcom 开展了审查活动。

2006—2007 年，ICSTIS 对打给联络中心的 131,089 个电话进行了处
理，其中有 11,000 个是投诉电话，而且有一半的人都有给英国电信（BT），
而不是该治理机构打电话的印象。ICSTIS 也授权用户检查用户付费特服
号码，2006—2007 年，用户检查次数达到了 785,183 次。2006—2007 年，
ICSTIS 网站的独立访客人数达 326,040 人。[17] 新的在线服务注册使 617
个服务提供商进行了在线注册。此外，ICSTIS 每季度举办一次共治论坛，
与用户进行广泛接触。2006—2007 年，在曼彻斯特和伯明翰举办了共治
论坛，并在伦敦召开两次会议。除了网站业务之外，该行业支持团队还负
责消费者和行业拓展。

ICSTIS 的策略发生了从响应模式（等待投诉）向主动模式（监控
授权服务和开启主动调查）的转变。2003—2005 年，ICSTIS 收到了
20,000 多次投诉，主要与"流氓拨号器"问题有关。[18] 投诉案件增长最
多的就是成人、短信和约会服务以及电话诈骗。[19] 由于采取了新的积极策
略，2006—2007 年，ICSTIS 进行了 1,759 次调查，调查次数创历史新
高，而此前的最高纪录有 500—1,100 次之多（2000—2006 年）。通过调
查，131 个案件接受了正式裁决，其中有 128 个违反行业准则。这些违规
案例中，40% 是与手机相关的。有 9 项服务通过应急程序被关闭，这阻

---

[16] Ofcom（2006a）。

[17] ICSTIS（2007），第 8—9 页。

[18] ICSTIS（2006），第 14 页。

[19] ICSTIS（2003），第 7 页。请注意，相比 2001 年，投诉案件数增长了 60%，达到了 11,552 例。

断了网络运营商的收入，而网络运营商得到指示，不得将收入损失转嫁给服务提供商。与 2005—2006 年的应急使用情况相比，这次的降幅十分巨大（高达 90%）。由于裁决数量有 73 项之多，多家服务提供商被取缔，并有 112 起违规事件受到了处罚。ICSTIS 将服务提供商的营业税税额从 0.3% 降至 0.2%。ICSTIS 税款的调整表明成本在不断上涨。罚款收入与税款收入比例从 45%（2007 年）到 265%（2006 年）不等。从历史上看，ICSTIS 的处罚金额共超过 1,250 万英镑。[20] 付费语音信息市场的增长意味着 ICSTIS 预算约为整个市场的 0.25%，而 2000 年这一比例约为 0.5%。

ICSTIS 和 Ofcom 之间存在复杂的相互依赖关系。服务提供商和电信运营商在其网络运营中都对 Ofcom 负责。付费语音信息行业很复杂，其价值链中有多方参与其中。客户向电信服务提供商支付所有通话费用，[21] 电信服务提供商继而向其他网络支付费用，以连接客户所拨打的呼叫方（个人或机构）或一些特殊服务（如付费语音信息），而付费语音信息服务提供商则会从网络提供商那里收取一定的费用。作为付费语音信息服务提供商的批发商，电信运营商将对 ICSTIS 负责。价值链中包括以下各个环节：

- 广播机构作为高级电话投票的服务提供商（对 Ofcom 负责）；
- 网络运营商维护网络的完整性（对 Ofcom 负责）；
- 网络运营商是服务提供商的批发商（对 ICSTIS 负责）；
- 服务提供商作为广播公司的转包商（对 ICSTIS 负责）。

在 2006 年之前，毫无疑问，首先作出反应的治理机构是 ICSTIS，对于违反行业准则的行为，它有权一次处以 5 万英镑以下的罚款。如果治理机构连续地从事欺诈行为，ICSTIS 还可以向伦敦市警方举报，如果是网络运营商，可以向 Ofcom 举报，取消其资格。[22] 2006 年，通信法进行了修订，以允许 Ofcom 对服务提供商持续滥用网络的行为最高处以 5 万

---

[20] ICSTIS（2006），第 4 页。

[21] 要获取 ICSTIS 客户指南，请登录 www.icstis.org.uk/icstis2002/pdf/consumer guide.pdf.

[22] 2007 年初，有代表性的案例公告显示 ICSTIS 支持对 Zamano 和 Atlas Interactive Group Ltd 分别处以 4.5 万英镑和 5 万英镑的罚款。

英镑的罚款，但其对广播许可证持有者的罚款权力仍然不受限制。[23]

2007 年春夏，ICSTIS 和 Ofcom 面临空前的危机。公共服务广播机构及其分包服务提供商普遍弄虚作假，操纵竞赛结果，甚至向未入围的选手颁发奖品。这两家机构对广播许可证持有者进行了高额的罚款，如对英国最大的早餐电视运营商"早上好电视台（GMTV）"处以了 200 万英镑的罚款。其他广播机构也暂停了竞赛活动或邀请审计员对其活动进行审查，以纠正行业不正之风。此外，这两家治理机构还将他们的治理理念提交给议会进行审议：

> Ofcom 认为，详细的法定规则一般不适用于内容治理……基于流程的规则可能并不适用于所有案例。尽管这些案例符合一定的规则，但不管内容有多详细，都无法达到预期结果。编辑过程等合规性问题无疑应由广播机构来负责。[24]

他们解释称，根据 2005 年的《谅解备忘录》，Ofcom 已批准其行业准则、预算和年度活动计划，包括对其绩效进行评估以及按轻重缓急对其战略进行排序（参见第 32 段）。他们指出："该委员会没有形成一致的观点，即投诉最符合消费者的利益"（参见第 34 段）。Ofcom 对 GMTV 处以 200万英镑的罚款，而 ICSTIS 对一家运营商的罚款为 243,000 英镑，这表明它们执行了权力。这些治理机构表示，为了恢复公众对这些服务的信任和信心、确保消费者权益得到保护，ICSTIS 采取了一系列的行动，包括：

• 要求所有广播机构及其合作伙伴对当前和即将参与的电视节目制作进行评估，以确保不会损害消费者的利益；

• ICSTIS 进行系统性监控和检查，以确保服务正常运行。[25]

ICSTIS 还为所有参与经营电视服务的付费语音信息服务提供商引入

---

[23] 根据《通信法（2003）》第 130 条的规定，Ofcom 的最大金融处罚金额为每次 5 万英镑（连续滥用网络或服务的最高处罚）。

[24] Ofcom 和 ICSTIS（2007），第 16 段。

[25] Ofcom 和 ICSTIS（2007），第 9 段。

了一套许可制度。2007 年秋，有人建议对 ITV 处以更高额度的罚款（此前对 GMTV 的罚款金额为 200 万英镑）。[26] 当时负责此事的政府官员詹姆斯·波内尔（James Purnell）要求 Ofcom 负责人报告他们在通信治理方面采取了什么方式、在哪些方面可以对用户加强保护。[27] 波内尔写道："今天我给埃德·理查兹（Ed Richards，Ofcom 的首席执行官）写信的目的就是，希望他能对该机构所掌握的权力够用与否、政策框架的结果如何，以及该制度是否稳定等向我们提供一点意见……必须把用户放在首要地位。"同时，由于电脑游戏和互联网安全不断引起人们的关注，2007 年 9 月 20 日，塔尼娅·拜伦博士（Dr.Tanya Byron）对此进行了相关审查。审查主要是看 Ofcom 是如何帮助家长和孩子从新技术中获取有用的东西，以及保护孩子免受不当或有潜在危害内容的伤害。[28]

听众热线智力竞赛丑闻充分暴露了 ICSTIS 共治模型的漏洞。有人注意到，Ofcom（作为治理机构）已将其权力下放给共治机构。共治机构认为，为确保行业自身的行为得到更有效的审计，之前就应该更积极地介入其中。共治机构邀请利益相关群体与 ICSTIS 董事长和首席执行官会面，就未来行业治理的种种可能性进行自由讨论。讨论的内容包括，如何有效地遏制广播等领域出现的大范围欺诈行为。[29] 很明显，由于市场的快速增长，广播机构及其服务提供商开始广泛从事非法活动。结果，电话互动问答市场受到了严重破坏并大幅萎缩。尽管如此，过去的 21 年已经证明，随着行业的放开和快速发展，ICSTIS 已成为该行业的一家"低干预度"的共治机构，并迅速跃升为全球最大的治理机构。"低干预度"作为一种有效的治理理念，受到了英国国内外 ICSTIS 管理层的公开质疑。针对与 Ofcom 进行的持续性审查以及对部分市场进行的部级和议会级调查，预计 ICSTIS 可能还会有所变化。

---

[26] GIBSON 和 WRAY（2007）。

[27] TRYHORN (2007)。

[28] 参见 MARSDEN（2010），第 125–128 页。

[29] 邀请马斯登研究员参加一次类似的会议：2007 年 6 月 25 日，会议主席：ICSTIS 董事长阿利斯泰·格雷厄姆爵士（SIR ALISTAIR GRAHAM）。

独立移动设备分类机构（IMCB）

欧洲最发达国家对移动运营商施加了巨大压力，要求对其或其合作伙伴提供的互联网媒体内容进行自治，这成为了 2005 年欧洲委员会互联网安全论坛的主题。[30] 2003 年，ICSTIS 和沃达丰（Vodafone）委托他人进行调研，考察用户对额外收费的移动服务持何种态度。结果发现，绝大多数人支持对儿童和自己使用该服务进行限制。[31] 2007 年的欧洲委员会关于儿童保护和手机的磋商会议指出："由于技术环境不断发生变化，自治可能是保护儿童最合适的方式。但是，有些国家还需要进行有效的自治……"，移动网络运营商也提出（通过其欧洲的协会 GSM Europe）："要在欧洲范围内，建立国家自治共同框架"。[32]

随着移动互联网市场的发展，英国移动网络运营商（MNO）于 2004 年 2 月宣布了一项行为准则。本案例研究至关重要，因为它涉及多个泛欧洲移动网络运营商（鉴于移动网络运营商的封闭式垂直整合）。该行为准则要求委托评级机构对成人（18 岁以上）内容进行评级。为进行招标，ICSTIS 成立了子公司 IMCB。[33]。这是一家自治机构，是 ICSTIS 出于行政目的而成立的。IMCB 没有与 Ofcom 建立正式关系。另外，在其他司法管辖区内，还推出了更多的欧洲自治模型（KJM 是德国共治机构）。尽管运营商行为准则表面上受国家范围的限制，但由于移动性和漫游等原因，

---

[30] HTTP://EC.EUROPA.EU/INFORMATION_SOCIETY/ACTIVITIES/SIP/SI_FORUM/MOBILE_2005/AGENDA/INDEX_EN.HTM。

[31] BEAUFORT INTERNATIONAL（2003），第 5 页。

[32] 参见 EC（2007）。

[33] IMCB：PHONEPAYPLUS 法律形式的子公司；地址：CLOVE BUILDING, 4 MAGUIRE STREET, LONDON SE1 2NQ；主任：PAUL WHITEING（ICSTIS 政策与创新部主任）。董事会：4 位成员全部来自 ICSTIS 董事会，至少每年开一次会。

其治理内容很可能在连续的语言区域发生重叠（如爱尔兰、奥地利和瑞士）。治理的法律基础依然是电子商务指令（ECD）和各国行为准则。治理结构如图 5.3 所示（不包括付费语音信息服务）。这些行为准则涵盖了与移动网络运营商签约的成人内容运营商。Ahlert、Marsden 和 Nash 得出的结论是：“合法的网络和内容所有者需要保护‘网上’品牌，限制色情和 P2P 侵权行为。而 P2P 侵权行为则是由‘网外’用户和不可靠的网站运营商实施的……他们的所作所为都是从之前的固定互联网上学会的。”[34]

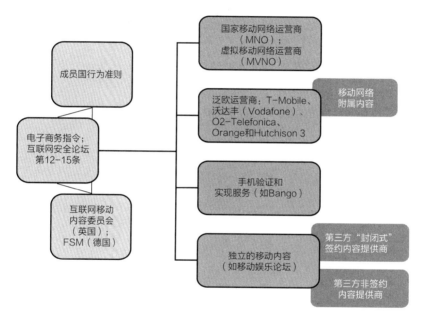

图 5.3 欧洲移动互联网内容自治结构

　　在本案例中，我对英国的首个此类方案（由泛欧运营商推动），以及泛欧框架的启动和起草工作进行了研究。随后，爱尔兰市场开始效仿英国，在 2008 年成立了 RegTel（高级治理机构）来负责此项工作。IMCB 和英国的做法被视为“黄金标准”，并未与“伞式”的国际机构建立关系。博斯威克（Borthwick）建立起了干预的依据：“当你试着提供商业内容时，

[34] AHLERT 等人（2005）；WRIGHT（2005）。

有一部分内容只适合提供给成人……一般的商业定位会引起更广泛的社会和利益相关者的互动"。[35] 当然，有些国家的公共政策或市场比较发达，或者是这两方面都很发达。他给我们列举了英国、德国、爱尔兰、新西兰和澳大利亚的例子。他确认了一个重要的设计问题以消除搭便车者："基础产业的结构是怎样的？移动领域的自治以一系列国家垄断为特征，相比更多元化的行业（如拥有成千上万参与者的固定 ISP 市场），该领域是很有前途的。而且，移动网络的策略都十分类似：语音和短信的发展方向是封闭式的"多媒体内容服务"。以市场为导向的观点认为："如果合法，即使不是什么品牌主张，我们也希望能够出售服务。"Carr 是一家有代表性的儿童安全慈善机构。该机构表示，行为准则就是企业与利益相关者长期讨论的结果。卡尔解释称，准入壁垒产生的治理成本微乎其微："这都归因于面向消费者的长期寡头垄断，围绕这一问题有很多争论，我们不必在此进行讨论。"[36] 对于移动网络市场和奖励机制是否具有独特性，他表示："如果你能让 MSN、谷歌、雅虎、美国在线（AOL）、戴尔和惠普全部对互联网的治理方法达成一致，你就会对整个互联网产生决定性的影响，但由于他们自身的竞争性质和对反垄断诉讼的恐惧心理，他们本身不会施加影响。"他认为，互联网服务提供商的计划受到了协调问题的阻碍。

英国行业准则是由当时的 6 个网络运营商和虚拟运营商（Three、沃达丰、Orange、T-Mobile、Virgin Mobile 和 O2）组成的委员会起草的。该委员会还与内容提供商、基础设施与手机供应商，以及英国和欧盟政府进行了非正式协商。[37] 该行业准则是在 2003 年出现"治理真空"时起草的，当时正在筹建 Ofcom，移动网络对此进行游说。在《通信法（2003）》辩论期间，议会对自治进行了施压。因此，在 2004 年 3G 宽带网络推出前，治理承诺（由 2002—2003 年的合作促成的）和政治压力共同促成了一项

---

[35] BORTHWICK (2007)。

[36] CARR (2007)。

[37] 行业准则发布后，对话还在进行：2004 年 1 月 29 日—30 日，欧洲各大网络、内容提供商、用户团体和监管机构在伦敦齐聚一堂，参加"负责任地发布成人移动内容"大会。大会由我主持，TOTAL TELECOM 出席了本次大会。网络运营商也于 2 月 6 日出席了"欧洲互联网安全行动计划"的互联网安全日活动。

切实可行的制度。在 2004 年 1 月行业准则发布前，该准则进行了公示，以征求民意。

　　该行业准则本身并不起眼，但事前所采取的行动体现了该行业对潜在危害和自治价值的高度认识。对于非法材料（如适用于固线 ISP 的非法材料），该行业准则遵循相同的"通知与删除"的要求。因此，该准则的第三节指出："移动运营商将与执法机构合作，处理报告的违法内容。"准则的覆盖范围受到多种限制：行业准则涉及新的内容类型，包括视觉内容、在线赌博、手机游戏、聊天室和互联网接入，但不包括传统的付费语音信息服务（该服务的共治依然由 ICSTIS 负责），[38] 也没有涉及到不直接由第三方提供给移动运营商的更广泛的互联网内容。这里的责任反映了固线互联网服务提供商的责任。然而，移动娱乐论坛（聚集了大西洋两岸 70 多家内容提供商）发布了自己的移动行为准则。该组织主要负责处理额外付费内容。这可能是规范成人内容准则的先例。[39] 另外，手机拍照和蓝牙技术使用等引起媒体关注的问题也不受该准则的管辖。手机拍照和蓝牙技术主要用于本地内容的制作和发行，或其他形式的 P2P 文件共享。

　　博斯威克指出，通过向提供额外付费内容的合作伙伴支付费用，移动公司可以设置销售点。Jamba 等服务提供商也加入其中。对于为何贝宝（PayPal）等第三方交易专业公司未能参与，其实也没有什么原则性的观点。没有加盟费用，但有守法成本，很显然，创始成员将这些作为了入会条件。所有治理都会提高准入壁垒，但自治本身就是一种低成本的选择。其条件是面向成人的，旨在尽可能地降低成本，这与其他方法有着广泛的相似之处。在他看来，自治与治理有着相同的认定原则，但具体实施却留给了动态、灵活且以市场为导向的行为体。6 家运营商中包含 4 家最大的泛欧运营商。[40]

---

[38] TAMBINI 等人对该准则进行了完整翻印（2008），第 229–253 页。

[39] 该准则（英国版）于 2005 年 1 月 19 日发布，而国际版于 2005 年 3 月 15 日发布：参见 WWW.M-E-F. ORG/NEWS032005.HTML。

[40] 2000 个欧洲用户中，O2、VODAFONE、T-MOBILE 和 ORANGE 的用户占 56%。TIM 和 TELEFONICA MOVILES 对海外市场的兴趣不大，因此在欧洲的份额较小。参见 AHLERT、MARSDEN 和 NASH（2005），第 4 页。

该准则需要自治机构来决定内容是否为成人内容，并对其进行年龄分类。2005 年 2 月 7 日，随着 IMCB 的成立，该准则的实施细则得以公布。[41] 经营 IMCB 的合约是移动网络以公开招标的形式来授予的。IMCB 影子董事会与牵头 ICSTIS 招标的保罗·怀特宁（Paul Whiteing）谈判，以成立一家独立公司。在 IMCB 的独立性方面，一开始还出现了一些有意思的摩擦，这主要是因为 6 家移动互联网运营商有 6 个独立的法律团队。怀特宁解释称："作为 ICSTIS（拥有黄金股）的子公司，它只不过是出于行政目的而设置的自治机构。"[42] 他表示，IMCB 将坚决捍卫其独立性，不依附于政府。他还指出，这是实现移动网络共治的一种"保证"。董事会独立成员就是消费者。英国的内容行为准则并没有指定针对纠纷的中央仲裁机构："为了其符合准则各个方面规范，各移动运营商可以选择或者需要使用不同的组织和技术解决方案。"内容方案是一种选择性加入的自我分类方案，受独立分类机构的治理。[43] 内容被分类为等级 18（成人内容）或非等级 18，对儿童的临时评级也是可选择的（参见第 7 节）。该准则的执行主要依赖于个体运营商。每个移动运营商都会通过其与商业内容提供商签订的协议来执行该准则的条款。到 2007 年末，IMCB 未强制执行任何评级决定。2006—2007 年，该机构收到了 49 个来自行业内的分类请求，其中 11 个与用户原创内容、额外付费广告或准入管控有关，所有这些都在 IMCB 的范围之外。

根据合同要求，针对第三方"商业"内容的标识系统应发挥作用，因为在网络运营商和提供商之间的"网关"应过滤掉不当内容。[44] 这种方法涵盖了家长可能关注的大多数问题，也向政府表明该行业已认真考虑其企业责任，但仍有一些重要问题没有得到解决。该准则严重依赖于年龄验证程序，而年龄验证程序仍然不能确保万无一失，很容易发生欺诈行为。显然，移动行业应用的年龄验证程序只适用于购买手机或签订新合同的情

---

[41] 要参阅"分类框架"，请登录 WWW.IMCB.ORG.UK/ASSETS/DOCUMENTS/CLASSIFICATIONFRAMEWORK.PDF。

[42] WHITEING (2007)。

[43] 参见 WWW.IMCB.ORG.UK/。

[44] 例如参见 WWW.ORANGE.CO.UK/ABOUT/REGULATORY_AFFAIRS.HTML。该准则是页面中间的第一个下载项。

况。许多孩子可能使用家人和朋友淘汰下来的手机或从他们那里借用。与通过个人电脑访问互联网的类似措施一样，代码和儿童保护措施也应被广泛宣传，这一点至关重要。

要确保品牌意识不受负面新闻和宣传的影响，运营商不能只关注小的合规预算（如手机和儿童接触辐射），而是要增加预算（作为其庞大营销预算的一部分）。博斯威克认为，提供成人服务的成本是多媒体内容成本的一部分且数额巨大（每个运营公司可能有几百万欧元，占内容营销总成本的几个百分点）。这可能会引起一些问题，因为这些属于固定成本，对于小型运营企业和市场（如马耳他、爱沙尼亚、塞浦路斯）非常重要。难道答案是不支持成人服务？为了保护大品牌（如沃达丰），这是不可行的，即使对于小型的、品牌识别度不高的企业来说，情况也是如此。然而，独立的小型公司不总是喜欢放松管制。马耳他的 GO Mobile 公司希望能纳入到欧洲框架内，从而避免自己在与全欧洲移动互联网运营商竞争中处于劣势。

2004 年 5 月到 12 月的这段时间都在进行 IMCB 合约谈判。因此，在 2004 年 1 月推出行业准则后的一年内成立了 IMCB。在 IMCB 成立的前一年，移动网络提前对内容进行了自我分类。事实上，在推出该准则之前，就已经对内容进行自行分类了。此后，移动网络与 IMCB 和自我评估领域的专家不断进行合作，只是偶尔会出现一些问题。

保罗·怀特宁解释称，该方案使用了两个重要的例子：BBFC 和 PEGI，尤其是前者。IMCB 聘请了 BBFC 评审人员对其内容分类员工进行培训。IMCB 标准涉及许多关于决定材料适用性的环境（尤其是教育环境）的内容。问题包括：如何在移动运营商和商业内容提供商（尤其是非移动娱乐论坛（non-MEF）成员）之间建立一种合作关系；行业准则意识的不断提高；以及零售商的角色。

2006–2007 年，移动网络运营商和欧洲委员会之间建立了行业准则的泛欧框架，这是本案例研究的第二部分。来自 DG INFSO 的理查德·斯威腾汉姆（Richard Swetenham）确认了欧洲贸易协会 GSM 欧洲的协调作用。[45] 尽管在 2005 年互联网安全论坛之后，沃达丰公司的罗勃·博斯威克（Rob Borthwick）才牵头制定了欧盟行业计划，并于 2007 年 1 月完成民意征询。在经过三次筹备会议后，成立了高级别小组。2007 年 5 月，该协议签署，并委托签约企业于 2008 年 2 月前，在 27 个成员国内实施。制定框架的问题涉及本地运营商，以及一些波罗的海国家（市场规模有限）的内容关注度下降问题。此外，在这一协调层面上的儿童保护可以被视为"盎格鲁－撒克逊法规"，很少有基层民间社会或消费者团体为这项活动进行游说（甚至有人认为相关活动可能是欧洲委员会在 SIAP 的资助下完成的）。

协议谈判中的问题似乎包括竞争的法律问题，认为这是一种串通行为，在爱尔兰，最初建议父母检查子女的账单，这可能与此相反人权和数据保护立法。博斯威克指出，从欧洲的角度来讲，"应当承认催化剂就是 DG INFOSOC"。在他看来，引起人们对竞争关注的原因仅仅是，在商定的框架中没有提到互联网接入，而互联网接入却在好几个国家行为准则里都有所涉及。"原因是，业界无法就互联网接入是否可用，或设备能力等问题达成一致。"可以预期在实施过程中将会出现"竞争分歧"，高级原则可以实现不同的竞争地位和差异化，而框架组的作用是就这一原则达成一致。请注意，尽管框架计划来自欧洲委员会，并在其制定的过程中进行了不断的讨论，但该框架就是一个自治工具。这种方法可以描述为"开明的治理解除"，因为一旦欧洲委员会确认该框架实现了其成立宗旨，那么，委员会就可以以观察员身份参与各成员国及网络运营商级别的框架实施，而不用直接参与其中。

有人认为，泛欧框架的激励措施无所不包，其关注的范围远超 SIAP 和建议，尤其是修改后的视听媒体服务指令（AVMS）。[46] 根据该指令，移动媒体视频内容的共治从 2010 年起实施。博斯威克指出，移动运营商

---

[45] SWETENHAM (2007)。

[46] 第 2007/65/EC 号指令（AVMS 指令）对欧盟理事会第 89/552/EEC 号指令进行了修订，内容是协调成员国法律法规或行政行为规定的涉及电视广播活动的某些规定。《欧盟公报》L332，布鲁塞尔，2007 年 12 月 18 日。

的目标是"将该框架用作 AVMS 的实现工具，我们认为二者的联系非常密切。很显然，各国立法机构和治理机构需要决定……我们希望在有效性得到证明后再实施 AVMS。"然而，他指出，欧洲框架使用的时机是在欧洲机构就修改后的 AVMS 提案达成最终协议之前，他还证实这一议题成员国和欧委会从未讨论过。英国受访者也讨论了从事自治的"跨媒体内容信息小组"。这是一项由宽带政策顾问组（BSG）发起的标注计划，BSG 的资金来源于英国政府，由多个内容提供商构成，包括：广播机构、ATVOD、互联网服务供应商、BBFC、MySpace、雅虎、视频游戏、移动网络和互联网服务供应商。该机构没有公共网站，因此信息并不透明。它的作用显然是制定一个单独实施的行为准则。在博斯威克看来，PEGI和移动网络之间内容治理的区别在于，移动接入依赖于各国的分类情况。应该尊重不同国家（如德国和英国）之间在移动网络方面的区别。跨国家监管的规模经济节省，将被不同的市场类型和使用（计算机）描述符标准（descriptor standards）的商业偏好所抵消。"如果没有合理的治理和有效的实施，出于对中断风险的治理，移动网络运营商就会停止出售内容。"因此，人们认为，有效自治的价值是对整个市场规模的直接补充。

共治的实践：
英国电视台点播协会（ATVOD）

　　这篇共治介绍性案例研究是由欧洲法律规定，并由英国政府、Ofcom和前"波特金"式的自治机构 ATVOD 共同实施的例证。在英国，根据《通信法（2003）》，英国政府决定不将视频点播或网络电视纳入 Ofcom 的治理范围。为此，当时从事视频点播的 5 家企业于 2003 年成立了私人担保责任有限公司 ATVOD。[47] 业内人士认为，此举是政府采取的先发制人举措。直到 2009 年，才可以自愿加入 ATVOD 成为会员。ATVOD 的资源有限，它的成立没有法律要求，仅仅是大型通信公司的企业责任，是一种"虚拟式的存在"。其主要功能是通过视频点播服务的投诉程序，提供一种消费者保护机制。2007 年，与 ATVOD 的联系仅仅是通过邮寄进行的。政府通过非正式途径了解 ATVOD 的各项活动情况，但 ATVOD 没有义务通知文化、媒体与体育部（DCMS），或者必须就所开展的活动获得其批准，这种情况一直持续到 ATVOD 根据视听媒体服务指令（AVMS）成为共治机构。尽管 ATVOD 成立了秘书处，但人员配备不足。2004 年，ATVOD制定了行业准则（2007 年进行了更新）和实践手册。

　　为了执行 AVMS，废止了拥有自治权的"老旧的 ATVOD"。一个拥有共治权的"新的 ATVOD"于 2010 年 3 月 24 日诞生，并阐释了与之前的"波特金"式治理机构的区别。[48] 为了加强管理、担负起新的责任，ATVOD 进行了重组，以确保其不受商业利益的影响。共治的变化就是政

---

[47] 要了解 ATVOD 早期作为"波特金"式的治理机构时期的情况，参见 Woods（2008）。要了解情景广播治理，参见 Feintuck 和 Varney（2006）。

[48] ATVOD (2010a)。

府继续"重视治理"。

Ofcom 的指定权是根据 2009 年和 2010 年通过的条例，在《2003年通信法案》第 4A 部分（点播节目服务）的修改案中被授予的。[49]根据《通信法（2003）》第 368B(9) 条，Ofcom 在指定共治机构时，要求其必须使用如下标准：该机构必须合适且恰当；必须同意指定；必须拥有足够的财务资源；必须不受服务提供商的影响；必须遵守一系列原则（透明度、问责制、相称性、一致性以及"只关注需要采取措施的案例"）。这些原则得到了 Ofcom 此前声明的支持。该声明指出了在适当情况下，采用自治或共治时的决策流程。[50]这项工作的部分原因是为了应对更广泛地采用欧洲共治的做法，但主要还是为了在 2009 年前改变 AVMS 的共治要求。[51]这是英国向共治迈出的重要一步——牢牢掌控共治的重要原则。

尽管 AVMS 治理着一些互联网视频，但它并不是互联网视频治理的唯一手段。例如，有害和不适宜的通信、种族主义和仇外心理都有一系列法律措施来应对。[52]欧盟的一份报告明确指出了表达自由、种族主义和仇外心理之间的界限，并对国际法所处的复杂法律环境进行了说明。[53]互联网视频公司并没有处于法律真空状态，但是，刑事或其他一般法律的强制执行并不常见，而且比治理和自治更昂贵。英国已建立了一套有效的共治解决方案来屏蔽源于英国的儿童色情（见第 6 章），而美国等其他国家还依赖于刑事诉讼。[54] Horlings 等人指出："只有使用辅助的自治、科技等工具保护观众，治理才有效。"[55]

AVMS 的前身《电视无国界指令》（TVWF）只对有执照的广播机

[49] 要了解《视听媒体服务条例 2009》第 2979 号，请登录 WWW.LEGISLATION.GOV.UK/UKSI/2009/2979/CONTENTS/MADE；要了解《视听媒体服务条例 2010》第 419 号，请登录 WWW.LEGISLATION.GOV.UK/UKSI/2010/419/REGULATION/2/MADE。

[50] OFCOM (2008)。

[51] 参见 VALCKE 和 STEVENS（2007），第 285–302 页。另见 PROSSER（2008），第 99–113 页。

[52] 要了解对英国的国际评估，请参见《欧洲委员会：反种族主义和不宽容欧洲委员会（2005）》。

[53] 欧盟基本权利独立专家网络（2005），第 5 页。

[54] WILLIAMS（2003），第 469 页。

[55] HORLINGS 等人（2006），第 VI 页。

构产生了直接影响。[56] 根据 TVWF，每一个广播机构都只受一个成员国的管辖，该成员国需要对广播节目执行一定的最低标准，而其他所有成员国必须保证接受"原产国原则"。AVMS 将适用于结构比传统广播和电信行业更复杂多变的行业，这些行业的治理效果可能会对最终的行业结构产生重大影响。大多数广播和电信条例中的单点控制已逐渐被虚拟组织中的技能聚类、混合和聚集所取代。在某些情况下，市场对严重治理负担和（或）治理风险的自然反应可能是加快这种整合的速度，让市场结构变得缺乏竞争力和开放性。[57] 我协助完成了 2005 年欧共体对 AVMS 的影响评估，但同时也警告说，对非线性交付的影响缺乏证据。[58]

2005 年 12 月 13 日，欧盟委员会公布了 AVMS 提案。[59] AVMS 包含所有来自互联网、移动网络、电信网络、地面网络以及有线和卫星广播网，或者其他任何向公众提供运动图像的电子网络商业媒体服务。线性提供商将依照修订后的广播制度进行治理，并且将包括传统的广播机构和互联网协议电视（IPTV）提供商。因此，通过手机进行的流媒体直播电视将作为电视节目进行治理。无论观众实时观看节目，还是（利用个人录像机）录下节目以后观看，该制度都适用。视频点播的"非线性"服务受到的治理比传统的电视"线性"服务要少，但必须禁止违法和商业化内容（包括不当广告、种族主义和仇外内容以及某种形式的赞助）。这与《电子商务指令》（ECD）[60] 和第 98/560/EC 号建议 [61] 中的规则没有什么两样。AVMS 以共治取代了自治。AVMS 的第 1(a) 条（事实叙述 13—17）中给出了视听媒体服务的定义。

---

[56] 第 89/552/EEC 号指令，其修订版是第 97/36/EC 号指令。

[57] 经典文章当属 STIGLER（1971），第 3–21 页。

[58] HORLINGS 等人（2006），第 II 页。另见 BURRI-NENOVA（2007）第 1689–1725 页；COLLINS（2009），第 334–361 页；IBÁÑEZ COLOMO（2009）。

[59] 正式名称为 COM（2005 B）。

[60] 第 2000/31/EC 号指令涉及信息社会法律问题，尤其是欧盟内部市场的电商问题，向消费者明确了公司监管的领域以及提起投诉的机构。

[61] 第 98/560/EC 号建议是关于通过推动成员国框架，提高欧洲视听信息服务业竞争力，从而有效保护未成年人与人类尊严。

表 5.2 AVMS 定义的排除内容

定义元素	排除内容
条约第 49 和 50 条定义的服务	纯私人网站、博客等非经济活动
主要目的	视听元素仅为辅助内容的服务（如旅行社网站、赌博网站）
有声或无声移动图像传送	不涵盖音频传输、无线电或报纸电子版
目的是告知、娱乐或教育	未编辑的视听内容（如网络直播内容）
对于公众	私人通信（如电子邮件）
电子网络[62]	DVD 租赁、电影院等

第 1(b) 条将"媒体服务提供商"定义为负责编辑的提供商。第 1(c) 条将线性视听媒体服务定义为"媒体服务提供商选定传送节目和确立节目时间表的服务"。这相当于"电视广播"。线性服务包括通过传统电视、互联网或移动电话的预定广播（向用户推送内容）。另外，线性服务还包括所有录像内容，因此，不管是通过个人录像机还是其他手段进行的录像，内容都会出现延迟。非线性服务包括观众从网上获得的点播电影或新闻。最终，线性和非线性区别主要是看谁来决定节目传送的时间，以及是否有节目时间表。供应商推送内容或用户获取内容治理力度有所不同，这体现了用户内容选择和控制以及对社会影响的不同。他们也想将比例原则考虑进去：治理成本应与执行收益相匹配。[63] YouTube 和互动游戏等用户原创内容被排除在外。[64] 欧盟委员会 2006 年 2 月通过的指令（非纸质版）指出了实际应用情况："该定义旨在作为有关服务行业的重心，而非边缘案例来进行治理，其应对要达到具有约束力的结果，但各国政府可以选择实现的形式和方法。"[65]

---

[62] 暗含在第 2002/21/EC 号指令第 2(A) 条含义之中。

[63] HERONYMI（2006）。

[64] 参见：WWW.EUROPARL.EUROPA.EU/MEETDOCS/2004_2009/DOCUMENTS/DT/618/618091/618091EN.PDF。

[65] EC (2006)。

在 Ofcom 指定 ATVOD 之前，根据第 368B(3) 条，Ofcom 还是治理机构。2010 年 3 月 18 日，Ofcom 将 ATVOD 指定为为期 10 年的治理机构（两年后须接受正式审查）。Ofcom 在第一段中指出："为了执行本指定法案第 5 款规定的点播节目服务功能，根据该法案第 368B 条之规定，Ofcom 有权将 ATVOD 指定为适当的治理机构（参见该法案第 368B 条的定义）。"[66] 此外，Ofcom 还为英国广告标准管理局指派任务，要求其解决与广告有关的所有问题，而 ATVOD 将处理涉及体验、礼仪和赞助要求的消费者保护标准和指南的所有问题。[67] 第 6 款规定了 ATVOD 的执法权力：

> （八）如果 ATVOD 已确定服务提供商违反了该法案第 368BA 条，那么，它将根据第 368BB(1)(a) 条之规定发布执法通知；[68]
>
> （九）此类执法通知包括为弥补违法行为而采取所有举措的要求，这样，服务提供商便可以按照通知中可能指定的第 368BA 条之规定，提供点播节目；
>
> （十）（如果 Ofcom 决定根据该法案授予的权力采取强制措施，那就可以节省不少开支。）根据该法案第 s368BB(6) 条有关民事诉讼的规定，强制要求遵守执法通知。

法案第 7 款列出了 23 项独立的法律义务，以执行 Ofcom 指定的功能。第 18 款对 ATVOD 的执法权力进行了限制：

> ATVOD 只有权履行指定的职能，并执行本指定法案专门授予的权力。因此，对于本法案中规定的任何职能（尤其包括执行经济处罚和暂停或限制点播节目服务的权力），ATVOD 并不是合适的治理机构。

---

[66] Ofcom (2010A)。

[67] 参见 Ofcom（2009A，B）。

[68] Ofcom（2010A），"［根据第 368BB(1)(B) 条的规定，ATVOD 没有获得授权，这一情况除外］"。

ATVOD 在 2010 年 7 月的董事会会议纪要第 4.8 款中指出："董事会讨论了《通信法》中阐述的共治的实践意义及其定义。"由于需要更多关于法律定义的信息，丹尼尔·奥斯丁（Daniel Austin）同意为下一次董事会会议研究共治的法律定义。[69]人们希望，在 9 月份的董事会会议上，可以有一份初步的备忘录和条款草案。有关这项任务的规模，请详见第 7.2 款（因未进行通知，有 67 个项服务正在接受调查，最后一个月又增加了 30 项服务）。ATVOD 正在确定更多未进行通知的服务。预计 2007 年底，开放案例将达到 160 个。"在第 7.5 款中，"英国文化、媒体与体育部（DCMS）提醒 ATVOD，欧盟委员会对 AVMS 为期两年的审查即将开始"。在第 10.5 款中，"成人广播机构不上 Ofcom 牌照，而上荷兰牌照，这种趋势越来越明显，董事会也对此进行了讨论，这种风险可能会蔓延到点播服务中。"针对所有接到通知的英国视频点播提供商的服务，ATVOD 推出了每年 2900 英镑的固定费率资费标准。[70]

对于潜在的司法审查，ATVOD 从 Ofcom 得到的反馈是"指导原则应明确指出规则和无约束力的指导之间的区别"。从这一点上来看，ATVOD 的各种程序几乎都在 Ofcom 的审查范围内，包括投诉和申诉程序。投诉程序自 2010 年 9 月 20 日起开始生效。[71]第 21.2 款指出，"ATVOD 应聘请一位儿童保护方面经验丰富的人士担任独立董事"。ATVOD 的职能（根据 AVMS 的调换要求）必须可随时接受审查，特别是鉴于 Ofcom 大力推进自身改革（还有待验证）。

---

[69] ATVOD（2010b）。请注意，这些是截至 2010 年 11 月 1 日网站上公布的最新纪要。

[70] Ofcom（2010b）。

[71] ATVOD（2010c）。

荷兰视听媒体分类研究所（NICAM）

　　荷兰视听媒体分类研究所（NICAM）[72]是"Kijkwijzer"计划的协调机构。通过"Kijkwijzer"计划，媒体提供商应根据固定类别对其节目进行评级。有2200多家公司和组织隶属于NICAM（直接或通过其行业组织）。[73] NICAM的成立是共治取代国家治理的共识式决策，它由议会授权，并向议会报告工作。NICAM是透明且被广泛采用的系统，也被誉为企业分类审计培训系统。共识和行业或政治认可是荷兰长期政治协商的结果。这未必可以复制，但该系统也可以在其他地方使用。NICAM在泛欧洲游戏评级系统PEGI的形成过程中发挥了重要作用。本案例研究的重点是，NICAM的范围和可复制性。

　　通过录像带、多通道电缆和卫星节目，视听媒体供应呈现出了爆炸式的增长，这促成了第89/552/EC号电视无国界指令的出台，也促进了对荷兰自治议题的讨论。1997年的一份政府政策文件要求通过共同努力来应对有害内容，并建立一支独立的视听自治国家支持队伍。[74]因此，1999年成立了NICAM。贝克尔斯（Bekkers）所长指出，这一倡议符合"北欧学派"的思想。他们认为，要建立和培养保护儿童免受有害内容侵害的意识。[75] 1999年，NICAM在政府的密切配合下成立。NICAM制定了"Kijkwijzer"计划，这是一个分类系统，用于提醒家长和教育工作者，

---

[72] 地址：MEDIA CENTRUM, MEDIA PARK, HILVERSUM, THE NETHERLANDS；《2005年荷兰视听媒体分类研究所年报》。

[73] WWW.KIJKWIJZER.NL。

[74] 有关"NIET VOOR ALLE LEEFT IJDEN"（1997"并不适用所有年龄段"），请登录WWW.MINVWS.NL/KAMERSTUKKEN/DJB/NIET_VOOR_ALLE_LEEFTIJDEN.ASP。

[75] BEKKERS（2005, 2007）。

电影或电视节目可能会对不同年龄段的儿童造成的伤害。2001 年 2 月 22 日,新法规取代了《电影审查法(1977)》,这标志着电影审查的终结。荷兰教育、文化与科学部的政策官员范·戴伊克(van Dijk)(2007)解释称,通过刑法对违法行为进行制裁的手段有所增加。最初的想法是逐渐取消政府的参与,但对 NICAM 进行首次评估后,政府的结论是,建立一个纯粹的自治机构是不可取的。

因此,最终决定由荷兰媒体管理局进行封闭(动态)治理,而荷兰教育、文化与科学部继续提供资金支持。荷兰媒体管理局是独立的治理机构,充当 NICAM 共治计划的"安全网"。[76] 该机构对《媒体法》第 52d 条第 1 款中绝对禁止的广播内容进行治理,因为这些内容可能会对未成年人造成伤害。荷兰媒体管理局禁止非 NICAM 成员播放任何对未成年人有害的节目。每个广播机构如果想成为 NICAM 成员,需向荷兰媒体管理局提交一份书面声明,而 NICAM 会定期向管理局通报成员申请情况。荷兰媒体管理局进行"动态治理",在该过程中,NICAM 每年向荷兰媒体管理局进行报告,以通报 NICAM 是如何保障编码器提供可靠、有效、稳定、一致和精确的分类的。这一过程在双方订立的契约补充条款中进行了规定。作为"动态治理机构",荷兰媒体管理局检查 NICAM 分类系统质量(Betzel 2005):每年 3 月 1 日之前,NICAM 将所有必要数据提交给荷兰媒体管理局,并在 7 月 1 日前报告给国务大臣。[77] NICAM 的治理类别为共治,而非纯粹的自治(Bekkers 2007)。

"Kijkwijzer"计划从电视和电影拓展到视频和 DVD 领域,而且现在已应用于新媒体。对于互动游戏来说,将应用基于 Kijkwijzer 分类的国际 PEGI 系统(参见 www.pegi.info)。NICAM 是 PEGI 系统的所有者和执行机构,负责 PEGI 计划执行的日常活动,包括通过帮助台提供支持和监控履行情况。2005 年 4 月,NICAM 与 KPN、Mobile、Orange、Telfort、T-Mobile 和 Vodafone 等移动运营商签约。自治倡议是由要求加

---

[76] 有关详情,请登录 WWW.CVDM.NL/PAGES/ENGLISH.ASP?。

[77] COMMISSARIAAT VOOR DE MEDIA(2007)。

入 Kijkwijzer 系统的移动网络运营商提出的。此外，出版业也向 NICAM 靠拢，希望将分类应用于平面媒体。然而，由于法律原因，荷兰教育、文化与科学部不希望通过共治方式对平面媒体进行治理，但鼓励信息和技术方面的交流。Kijkwijzer 尚未对互联网内容进行分类，但作为保护青少年圆桌会议的成员，[78] NICAM 密切关注着这一领域的发展动态。保护青少年圆桌会议是一个提高互联网安全的国际合作计划，旨在形成和培养保护儿童免受互联网侵害的意识。此外，NICAM 成员提供需要分类的在线内容，在其网站上使用 Kijkwijzer 图标。这些网站包括公共电视、YouTube 频道以及在线主题频道（如荷兰 4 台）等。

NICAM 的职责是：建立和进一步发展其成员视听材料的分类；起草电视广播分类和时间的治理规则；受众研究；监督合规性（包括投诉处理）；以及在必要时处以罚款。次要目标包括：维护和传播防止有害媒体内容的专业知识；操作互动游戏的分类系统；作为对内容分类感兴趣的新部门的联络点；在国际决策中发挥作用。

NICAM 拥有一个董事会、一个执行局和一个办事处，其中执行局由来自公共和商业广播机构、电影发行商和影院运营商、分销商、录像出租店和零售商的代表组成。[79] "Kijkwijzer"计划的执行完全在视听机构和企业的掌控之中，由咨询委员会、投诉委员会和上诉委员会三个委员会具体负责 NICAM 的任务。咨询委员会的成员包括媒体、青年、教育和福利等领域的专家、家长工作单位和其他社会组织的代表，以及参与 NICAM 的公司的代表。另外两个委员会投诉委员会和上诉委员会是独立的。前者主要处理个人和机构的分类投诉案件，并执行不同程度的制裁（从警告到巨额罚款不等）。NICAM 每年的费用约为 100 万欧元，而政府旨在将 NICAM 的出资率从 2003 年的 73% 降至 2006 年的 40%（不包括附带项目的资金）。荷兰政府的承诺实际上是有道理的，因为 NICAM 履行了政府必须承担的某些职能。

---

[78] 有关 YOUTH PROTECTION ROUNDTABLE（2007），请访问 WWW.YPRT.EU/YPRT/CONTENT/SECTIONS，2007 年 7 月 30 日。

[79] BETZEL (2005)。

如果其他机构能够满足荷兰媒体管理局提出的条件，它们将有望成为自治机构。对于 NICAM 实现并保持加入行业组织的临界规模来说，这是一种隐性的激励手段。尽管加入 NICAM 对于电视、电影、DVD/ 视频这三个媒体行业的机构来说是自愿的，但没有加入的机构将归为荷兰媒体管理局管理制度之下，这是促进行业合作的一个强有力的激励有段。加入 NICAM 的音像业伞式组织包括：荷兰音像载体制造及进口商联合会（NVPI）、荷兰视频零售商组织（NVDO）、荷兰唱片零售商协会（NVGD）、荷兰摄影联合会（NFC）、荷兰广播公司（NOS）（代表所有国家级公共广播机构）以及卫星电视和广播节目供应商协会（VESTRA）（代表荷兰所有商业广播机构）。

隶属于 Kijkwijzer 的机构负责内容分类，并承担相关的费用。NICAM 通过罚款获得数万欧元的收入，可以覆盖其一部分支出。剩余支出费用由公共服务广播、商业广播、电影发行商以及 DVD 发行商和租赁机构等四个部门分担。荷兰教育、文化与科学部认为 NICAM 威名赫赫，不会受到行业利益的影响。为保证独立性而引入的制度要素运行良好。

任何公民都可以投诉，而大多数投诉都与对音像制品的不正确分类或节目播出过早有关。NICAM 办事处通常代表投诉委员会主席处理投诉案件。仅分类存在严重质疑的投诉案件会交由投诉委员会处理。投诉人和相关广播机构或其他团体会被邀请参加听证会，但不是必须参加。如果投诉得到投诉委员会的支持，受指控的机构可以向上诉委员会提起上诉。如果上诉委员会维持原判，那么，投诉委员会可以对参与机构处以罚款。到 2007 年，对于惯犯的最高处罚金额为 12,000 欧元。2003 年，在对 NICAM 的首次评估完成之后，荷兰教育、文化与科学部将最高罚款金额调整到了 13.5 万欧元，与荷兰媒体管理局采用的处罚标准持平。

原则上讲，Kijkwijzer 适用于任何地缘政治范围，因为其评级系统是以证据为基础的。在土耳其，有了政府的支持，Kijkwijzer 才得以实施。目前，Kijkwijzer 正在冰岛应用（Bekkers 2007）。如果其他国家使用 Kijkwijzer 时，NICAM 会要求补偿，但这不会影响其独立性和非盈利性地位。一个创新点就是 NICAM 实现了 Kijkwijzer 图标的"机器读取"。

对 NICAM 的外部评估包括：

（1）有关部委每三年对 NICAM 进行的定期评估，而评估事宜通常会外包给外部咨询机构来完成。

（2）荷兰媒体管理局每年对 NICAM 的运行情况进行评审。[80]

霍夫（Hoff）说："目前，政府运营的评级系统无法跟上新媒体的步伐，而 NICAM 从这一评级系统中分走了一部分权力，这方面干得确实不错。在我看来，尽管自治有其不足之处，但这个例子却可以证明自治是可以发挥其作用的。"[81]

---

[80] VALKENBURG 等人（2001），第 329–354 页。
[81] HOFF (2007)。

泛欧游戏信息组织（PEGI）

在欧洲，视频游戏产业的自治模型就是 PEGI 评级系统。该评级系统于 2003 年春季由欧洲交互式软件联盟（ISFE）推出。[82] 众所周知，自治制度是由坦比尼（Tambini）、伦纳迪、马斯登和汉斯•布立多（Hans Bredow）基于离线游戏案例分析得出的。[83] 请注意，对游戏进行法律评级和不评级的决策（即拒绝发放牌照）都存在，而 PEGI 则没有法律效力。法律研究主要集中在虚拟世界与法律的关系上，电竞国度（State of Play）会议每年举行一次。[84] 暴力游戏对青少年的影响最近在媒体上备受争议。[85] 澳大利亚根据共治方案确立了内容评级，而该方案是经《1992 年广播服务法》的授权并基于《1995 年国家分类法》创建的。2010 年，《广播服务法》第 5 条开始运作，从而将共治制度应用扩展到了互联网。[86] 最近，中韩两国又出台了共治措施，防止游戏玩家沉迷游戏，进而对自己和他人造成伤害。视频游戏市场是娱乐业中增长最快的部分。2009 年，市场规模达到了近 550 亿美元。[87]

PEGI 是一个由行业成立的独立的非盈利组织，其首要目的是保护行业利益。[88] 对于自治，PEGI 依靠的是全民自愿的原则。[89] 它制定了多种公

---

[82] 参见 CALVERT（2002）。

[83] TAMBINI、LEONARDI 和 MARSDEN（2008），第 190–209 页；HANS BREDOW INSTITUTE（2006）。

[84] 参见 WWW.NYLS.EDU/PAGES/2713.ASP。

[85] 美国心理学会（2005）。

[86] 参见 WRIGHT（2005）。

[87] 普华永道（2005）。也可参见经济合作与发展组织（2005），第 53–54 页。

[88] PEGI INFO NEWSLETTER NO.7，参见 WWW.PEGI.INFO/PEGI/DOWNLOAD.DO?ID=12。

[89] 基于其模型建立 PEGI 的电子游戏行业三大自治机构是娱乐软件分级委员会（ESRB，由美国互动数字软件协会成立）、英国视频标准委员会（VSC，由欧洲休闲软件发行商组织成立）以及 KIJKWIJZER（由 NICAM 成立）。

众宣传计划，阐明了评价系统是如何满足公众利益的。[90]为解决生产、发行和营销等环节的评级问题，PEGI开发了多个项目。它为评级图标在包装上的应用提供指导，不仅拥有评估和修改评级机制的非正式和内部程序，还拥有解决纠纷的正式投诉和上诉程序。

PEGI与政府合作，不仅成立了离线PEGI和在线PEGI两种不同的PEGI变异形式，而且还邀请政府官员加入咨询委员会。政府官员加入咨询委员会以及民间社会代表加入投诉委员会形成了一种有趣的治理结构，我们可以将这种结构看作是共治政策制定与自我治理实施的一种协调手段。[91] PEGI自称拥有更多的共治和自治权："PEGI系统的一个主要特征就是商业和政府的独特结合（按这个逻辑来讲，有些人可能将其称为共治，而非自治）。这可能是其成功的主要推动力。"[92]它拥有一个几乎完全由政府代表组成的咨询委员会，这也证明了上述诠释。[93]

2004年，PEGI委托进行了一项长达15个月的研究。该研究表明，玩家对泛欧体系评级的了解程度相比澳大利亚的评级系统高很多，澳大利亚评级系统是在2000年推出的。尽管PEGI系统的引入时间更晚，但在所有受访者中，有59%的人表示他们了解这个欧洲评级系统，而对澳大利亚评级系统了解的人数所占比例只有42%。[94]如果没有用户的了解、没有对零售商关于实行评级的培训，该系统就是一个空壳。沙泽朗（Chazerand）认为，该系统得以发挥作用主要有以下三个原因：

（1）2001—2002年，首次提出该系统，并在欧盟委员会和各成员国的敦促下，所有主要行业参与者都加入了该系统；

（2）该系统利用NICAM的分类系统知识、VSC上诉程序知识以及各国比较优势专长。

---

[90] CHAZERAND (2007)。

[91] PEGI的年龄段涉及3岁、7岁、12岁、16岁和18岁，所有游戏收到了多达6个内容描述符，并警告称游戏内容包括歧视、毒品、恐惧、脏话、性或暴力。

[92] 参见CHAZERAND（2007）。另见ISFE（2005A）。

[93] 参见ISFE（2005B）。

[94] 参见ISFE（2004）。

（3）该系统的最初成功形成了一个良性循环，并产生了完善的程序（如上诉程序）和泛行业的影响（如移动和在线市场）。

该评级体系为 IMCB 提供了一个模型，而代表消费群体或民间社会的独立委员会尚不存在。此外，投诉委员会部分是由心理学家和该领域的其他专家组成。[95]雷丁（Reding）指出："成立 PEGI 的目的就是整合各参与国的不同文化标准，而消费群体、家长和宗教团体等群体代表则参与了 PEGI 系统的制定，这两点我认为非常重要。显然，必须确保主要社会群体依然参与这一系统制定过程。"[96]欧洲议会非常关注《关于保护未成年人和人类尊严的建议（2006）》第 12 叙文中有关在线电脑游戏的功能，该建议涵盖了最新的技术发展动态，是对第 98/560/EC 号建议的一个补充。由于技术的发展，《建议（2006）》的内容涵盖了公众可以通过固定或移动电子网络获取到的报纸、杂志、特别是视频游戏等视听和在线信息服务。[97]

如果有关各方同意受《PEGI 在线安全规范（2007）》（POSC）的约束，则一旦将游戏注册到 PEGI 系统，他们将有权显示 PEGI 在线图标。该规范可以在网上获取。[98]2007 年，雷丁委员推出了新的"PEGI 在线"系统（该系统的开发由 SIAP 联合出资），[99]并解释称自 2002 年 PEGI 成立以来：

> 我们拥有大型多人在线角色扮演游戏（MMORPG）；"第二人生"等网络社区模糊了游戏和社区网站之间的边界；欧盟成员国已超过 12 个。我将拟定一份委员会报告，内容涉及自第 2002/952/EC 号理事会决议通过以来，根据不同年龄段对视频和电脑游戏标注的进展情况。[100]

---

[95] 参见独立移动设备分类机构（2005），第 6 页。
[96] REDING (2007)。
[97] COM (2004B)。
[98] PEGI (2007)。
[99] WWW.PEGIONLINE.EU/EN/INDEX/ID/235。
[100] REDING (2007)。

欧盟委员会的网络安全行动计划（SIAP）为"PEGI 在线"提供了部分资金，此举加强了 PEGI 与移动和 ISP 社区之间的联系。沙泽朗解释称，欧盟委员会的参与包括在 2007 年 1 月会见官员，以及在罗马召开的 PEGI 咨询委员会会议上，邀请欧盟委员会加入该咨询委员会。[101] 然而，直到其工作总结会召开，欧盟才加入起草委员会。这些提案都明确表明了 PEGI 拥有共治权。在项目联合资助情况审查中，欧盟建议应就规范草案广泛征求意见，因为该起草委员会只包含一个民间社会成员。咨询小组成员伊莎贝尔·法尔克 - 皮埃罗丹（Isabelle Falque-Pierrotin）7 月份表示，该法案需要进一步完善。但 PEGI 认为，要将这一想法在谈判期间公之于众可能过于"轻率"，商业敏感性意味着必须首先商定决策，因为重要的是让所有成员都参与进来。沙泽朗认为，移动内容提供商在法律规范方面受到的政治压力非常小。年龄验证是移动内容运营商和"PEGI 在线"关注的首要问题。

欧洲议会 2009 年 1 月关于电脑游戏的决议内容如下：

21. 欢迎 PEGI 在线系统，这是 PEGI 发展的结果，这一过程顺理成章。该系统主要涉及互联网上可以找到的视频游戏，包括本地和在线游戏；支持欧盟委员会根据互联网安全计划持续推进共同融资。互联网安全计划的目的是：解决与儿童安全使用互联网及新的在线技术有关的问题；在互联网安全计划方面，呼吁欧盟委员会促进关于视频游戏对未成年人影响的系统性研究。

……

24. 认为用于游戏评级的 PEGI 系统是一个重要工具，对于消费者（尤其是家长）来说，它提高了透明度。[102]

该决议还"敦促成员国应确保任何国家评级体系都不要发展到出现

---

[101] CHAZERAND (2007)。

[102] 欧洲议会（2008）。

市场分化的地步。"

在英国，视频标准委员会（VSC）的制裁机制是为惯犯准备的，因为 VSC 的政策首先是寻求行业合作来改进实践，以纠正违反规则的行为。一旦决定实施制裁，VSC 可以终结组织内的成员身份，这将造成利益的损失。VSC 会对 18+ 的游戏进行评级，他们如果不确定能否进行评级，将把这些游戏转交给英国电影分类委员会（BBFC）。以《侠盗猎魔2》（Manhunt 2）为例，由于这款游戏被拒绝评级，因此，BBFC 禁止了该游戏。此前，由于先前利用 BBFC 评级对视频游戏进行评级的政策迟迟未出台，英国只能根据 2011 年 4 月 1 日实施的《数字经济法案》执行 PEGI 评级。[103] 由于失去了对视频游戏的审查权，电影审查机构 BBFC 开始对 ISP 的过滤进行自愿评级，首个此类自愿评级方案是由 Tibboh 于2010 年 4 月实施的。[104] 在荷兰，如果 NICAM 独立投诉委员会受理的投诉案件胜诉，NICAM 有权进行警告或处罚。罚款和警告是公开的。原告或遭到投诉的一方可就投诉委员会的决定提出上诉。2005 年，欧洲各国提出禁止游戏审查的设想。丹麦和葡萄牙声称，在整个欧洲层面上这是不可能的，因为欧洲各国的宪法或法律禁止此类审查。

对于寻找泛欧自治协调方案的其他行业来说，PEGI 是最佳实践模型。德国 2003 年的未成年人保护法将视频和电脑游戏置于整个媒体共治的框架内。[105] 联邦自治机构与地方的州政府有着共同的责任。若采取这种国家方案，德国就无法依赖一个完全自愿的泛欧视频评级系统。[106] 德国决定不采用 PEGI 系统，这郑重提醒人们，即使是最成功的泛欧自治模型，都有可能无法满足所有成员国的法律要求。法国提出一个增加法语语言描述符的建议，但 PEGI 公开宣称属于非语言类（更谈不上多语言类了）。如果法规订立者认为文化特性重要，那么，就需要有一个完整的 PEGI 顾问委

---

[103] Hartley (2010a)。
[104] Hartley (2010b)。
[105] 《广播电信媒体州际条约》（JMSTV），有关英文版本，请登录 www.kjm-online.de/public/kjm/downloads/JMSTV2007-englisch.pdf。另见 Hans Bredow Institute（2006）。
[106] 然而，可以设想这样一个体系，即各国政府可以将评级责任委托给泛欧的自治机构。

员会来审查所有文化的内容。法国和意大利不断要求消费者协会进入投诉委员会，而非只作为咨询委员会的代表。沙泽朗解释称，泛欧洲计划的危险之处在于，西北欧与欧洲其他地区所采取的内容评级方法是有区别的，这就意味着评级标准的协调要比法律协调难得多。PEGI 在很大程度上不仅依赖其过滤系统，而且还依赖于国家的治理，但它并没有取代国家共治，而是作为这一系统的合理补充。

共治的实践：泛行业、泛欧洲

尽管 ICSTIS 在 2007 年的努力取得了一些成效，但 PEGI 和 NICAM 似乎已经证明，共治系统可以在快速变化和趋同的行业中取得成功。PEGI 利用电影和视频分类的事例，建立了一个泛欧系统（德国除外），该系统得到欧盟委员会的推崇，也被移动行业部分企业所采用。在荷兰，全行业都在使用 NICAM，将其用作拥有执法权的共治方案。PEGI 的影响力通过评级系统本身在不断扩大，现已扩大到在线和移动市场。然而，其成功与其说是规则，倒不如说是个例外，因为这一领域的治理缺乏制度上的继承和现有的技术，这样，相比更成熟的媒体，电脑游戏就必须采用一种更自律的治理方式。NICAM 共识的形成在荷兰可能是个例外。IMCB 利用的经验教训以及泛欧移动内容的自治都很引人注意，但是，与许多成熟行业之间的差异则意味着，将 PEGI 或 NICAM 视为所有内容管理的蓝图有些过于简单化了。

不断推进共治的趋势在 Dorbeck Jung 等人的一个研究案例中得到了很好的总结。该案例的内容是防止荷兰未成年人获取有害内容（与涉及未成年人的非法内容不同）。该案例中，几位作者认为："尚不清楚将硬法与软法、共治以及法律强制执行的自治结合起来是否对治理更有效"。[107] 保护未成年人免受有害内容侵害缺乏有效性，他们认为这一问题的产生主要有以下八个原因：

（1）工作人员对情况了解得不多；

（2）缺乏内外部管控；

（3）规则执行力较低；

---

[107] DORBECK-JUNG 等人（2010），第 154–174 页。

（4）公私利益重叠不足；

（5）荷兰媒体部门的社会责任欠缺；

（6）制度框架存在缺陷；

（7）治理策略不一致；

（8）负责治理机构响应不力。

在荷兰，国家对保护儿童免受有害内容侵害的干预是有限的，有人认为英国和世界其他国家同样存在这一情况。不变的范式就正如我们在第四章所了解到的那样，家长和学校必须通过过滤器承担起责任。作者认为，审计需要采用共治的形式，因为通过控制、纠正措施和规则执行进行的治理似乎对混合治理系统的良好运行至关重要。

微软公司利用全球最大的协同下载系统解决了其安全问题。在该系统中，4亿台电脑每月自动更新软件、重启以安装更新软件。如果各行各业和政客真的重视儿童保护，以克服个人的自主性，那么早就引入这种过滤系统了，就像电视广播那样。由于未被引入，该系统与其说能有效解决避免儿童获取成人内容（涉及性、暴力、药物滥用以及自杀等）的问题，倒不如说就是一种政治姿态。在下一章中，我们将探讨如何利用自治系统防止"意外"浏览网上的儿童色情作品（而不是从源头上删除这些内容）的政治手段。[108]

---

[108] EDWARDS (2009)。

第六章

私人互联网服务提供商审查

| 介绍互联网过滤和网站屏蔽 |

本章将探讨已经进行的互联网私人过滤和审查及其模糊的法律地位，以及大幅提高审查力度的政府举措（主要是通过鼓励私人互联网服务供应商对其客户的审查来实现）。[1] 这些信息大部分是从 2008 年欧洲委员会的研究中筛选出来的。[2] 我要特别感谢各位受访者和本研究有关的团队成员，感谢他们在讨论互联网审查和政府压力方面表现出来的坦率。[3]

表 6.1 过滤治理方案

治理方案	自治 – 共治	等级	政府参与
共同创立的自治	FOSI#	6	事先的机构谈判；没有结果
经批准的自治	PEGI# Euro mobile	7	机构确认——正式的政策（联络委员会 / 程序）
经批准的自治	Hotline#	8	与政府的正式讨论，但原则性不强——获得确认 / 批准

主题标签是指全部或部分由政府资助

如果互联网服务提供商和内容提供商之间没有直接的合同关系，那么就不可能实现大众传媒式的治理，互联网服务提供商只有在被告知内容具有潜在危害性或不合法时，他们才对内容负责，此时他们可以在投诉案件调查之前将此类内容撤下，这就是所谓的电子商务指令（ECD）下的"通知与删除（NTD）"制度。该制度一直被批评为是"先行动，再提问"的方法。在这一过程中，互联网服务提供商没有动力去调查涉嫌淫秽、诽

---

[1] 参见最新综合分析：MCINTYRE（2010A，第 209–221 页；2010C）；MCINTYRE 和 SCOTT（2008）；AKDENIZ（2004，2008）；EDWARDS（2008）；CLAYTON（2008）。

[2] MARSDEN 等人（2008）。

[3] 特别是 LORNA WOODS 和 IAN BROWN 等团队成员，以及 JOHN CARR、PETER ROBBINS、MALCOLM HUTTY、CORMAC CALLANAN、OLA KRISTIAN HOFF 和 RICHARD CLAYTON 等受访者。有关详情，请参见 MARSDEN 等人（2008）。

谤或侵犯版权（三大最流行的 NTD 类别）等内容的投诉。过滤的作用、效果以及对互联网服务提供商竞争力的影响也对"通知与删除"制度的作用至关重要。有人建议，搜索引擎和 P2P 系统等媒介物为用户提供共享潜在非法或有害内容的可选路径，这就涉及到了修订电子商务指令以包含此类内容媒介的问题。[4]

我在本章探讨的各种自治制度都得到了欧盟委员会和各成员国的支持，而获得部分资助的热线则属于混合类别。互联网服务提供商过滤源自欧盟资助的标注和反恋童癖的性图片报告热线。欧盟各成员国还在资助热线通过报警方式将可疑儿童色情内容删除，这一资助措施已持续多年。最有名，也是最早的例子就是英国互联网监察基金会（IWF），而这类机构欧洲各国都有。其他欧洲政府已经建立了更正式、直接向警方报告的共治结构。

鉴于对互联网服务供应商提供的用户体验的控制瓶颈，[5]涵盖这些关键参与者的共治和自治倡议将成为互联网内容治理的核心。[6]克雷默（Kreimer）重申了政府在互联网内容治理方面的困境："尽管讲话者理论上可能会受到制裁，但可以接触广大听众的讲话者的数量仍然呈指数级增长，这也增加了审查机构试图压制信息的难度。"[7]

保证过滤的程序有很多种，但都依赖于下列因素的组合：

- 内容创作者上游标注；
- 利用技术"锁"来防止越权使用内容；
- 将不安全或不想要的内容过滤掉（"黑名单"）；
- 仅访问受信任的内容（"白名单"）；
- 用户和互联网服务提供商对可能有害的网站进行标记；
- 互联网服务提供商的用户通过"热线"（旨在报告和调查投诉的联系中心）进行联系。

---

[4] Sutter（2000），第 338–378 页。
[5] Frieden（2010）。
[6] Braman with Lynch（2003），第 422–448 页。
[7] Kreimer（2006），第 13 页。有关更多内容，请参见 Stalla-Bourdillon（2010），第 492–501 页。

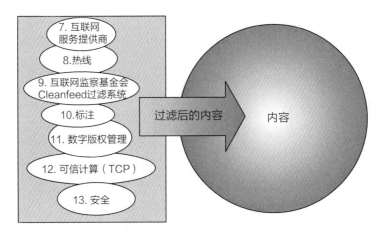

图 6.1 机器标注内容过滤

请注意图 6.1 中的标注手段，这些手段用于在用户访问屏幕上的内容之前，确保对内容的过滤。在固定互联网服务提供商领域，要评估和采访的不同类型的机构如下：

• 互联网服务提供商群体，包括欧洲互联网服务提供商协会（EuroIS-PA）和跨国互联网服务提供商（7）；

• 热线（8，如 INHOPE：欧洲热线协会）；

• 互联网服务提供商屏蔽技术（9，如 IWF 和 BT 的 Cleanfeed 系统）；

• 标注专家（10，如互联网内容评级协会[8]）和负责 PICS 流程的万维网联盟；

• 用户群（包括为欧洲网络作出贡献的用户群）；

• 共治和自治机构，例如，德国青少年媒体保护委员会（KJM）；[9]

• 用户代表（包括儿童安全与意识网络）；[10]

• 反审查群体。[11]

[8] 互联网内容评级协会是家庭在线安全协会（FOSI）的一部分，参见 WWW.FOSI.ORG/。

[9] 要了解德国青少年媒体保护委员会，请登录 WWW.KJM-ONLINE.DE/PUBLIC/KJM/INDEX.PHP?SHOW_1=54。

[10] 许多用户的资金部分来自政府和网络安全行动计划，有关详情，请登录 HTTP://EC.EUROPA.EU/INFORMATION_SOCIETY/ACTIVITIES/SIP/PROJECTS/INDEX_EN.HTM。

[11] 例如，CHILLINGEFFECTS.ORG、EDRI 和 BITS OF FREEDOM。

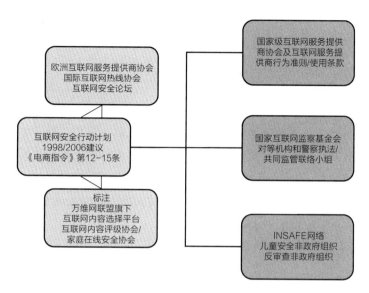

图 6.2 互联网服务提供商行为准则、热线和民间社会的欧洲政策和局部实施情况

图 6.2 显示了欧洲非法内容共治的流程图。支持网站质量标签的发展已成为 1999–2002 年《互联网行动计划》的一部分。[12] 欧洲议会于 2003 年 3 月 11 日决定将《互联网行动计划》延长至 2003—2004 年，并承诺将进一步鼓励网站质量标签的发展。[13] 请注意欧盟委员会互联网安全论坛、欧洲热线机构、国家级互联网服务提供商协会、用户感知节点（INSAFE），以及互联网内容评级协会等协调机制的重要性。无论是在欧洲还是其他地区，家庭在线安全协会的成立加强了这种协调。此外，还应注意到在防止对被认为有害的网站进行过分审查方面，言论自由和反审查的民间社会组织发挥了一定的作用。对互联网服务提供商内容进行屏蔽（声称侵犯版权）的实证研究表明，这种危险是真实存在的。传统标注和评级方法可能不适用于不适当的用户原创和发布的内容。然而，干预的合法性和可接受性会

---

[12] 参见牛津大学（2003）。

[13] 有关欧洲议会决议全文，请参阅：HTTP://WWW3.EUROPARL.EU.INT/OMK/OMNSAPIR.SO/PV2?PRG=CALDOC&FILE=981117&LANGUE=EN&TPV=DEF&LASTCHAP=6&SDOCTA=2&TXTLST=1&TYPE_DOC=FIRST&POS=1。

引发伦理和实际问题。谁有权判断某一具体内容是否应该被展示出来？干预到何种程度时就成为了不恰当或不道德的审查？欧盟各成员国还在资助热线，通过报警方式将可疑儿童色情内容删除。麦金太尔（McIntyre）将英国的例子和爱尔兰的作了对比，[14] 认为后者拥有一个类似的独立机构。

技术和社会标准是一把双刃剑。禁止访问内容（和通信）的屏蔽系统有利于审查和言论自由，而这种审查可以被意志坚定、精通技术的用户破坏掉。在这种复杂的背景下，有些公司强调他们不可能（甚至不希望）取代"网络警察"的角色。尤其是下列部门间出现职能不清时尤其如此：

- 立法机构（确定什么是可接受的，并在法律和规范中对其进行表达）
- 行政机构（通过预防和证据搜集，执行可接受的行为）
- 司法机构（根据证据解释法律和规范，并采取行动来实施制裁）
- 在技术、市场和管辖权方面职能重叠的部门

举例来说，在屏蔽非法图片方面，自治机构与警方之间就存在职能重叠或不明确的问题。图 6.3 显示了英国互联网服务提供商社区中的利益相关者。

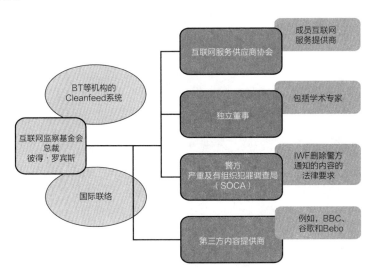

图 6.3 IWF（英国固定 ISP 自治机构）的利益相关者图

---

[14] McIntyre (2010b)。

互联网监察基金会（IWF）

IWF 成立于 1996 年，是英国互联网服务提供商行业删除儿童色情内容的慈善热线。[15] 热线是用户报告和互联网服务提供商删除非法内容的典范。就核心职责而言，热线是一个非常成功的案例：举报非法内容的案例不断增加；将儿童色情制品拦截在英国国境之外；参与英国政府和警方的计划；对 INHOPE 和协调警方行动提供国际支持。然而，言论自由和诉诸法律等问题反复出现，尽管最初会逐案发出撤下通知，但随后则撤除了 2002 年的专题讨论组、2007 年的计划以及 CAIC 黑名单。英国电信等机构根据该名单实施的自动过滤涵盖了 90% 的互联网用户。2007—2008 年，警察部长坚持称，如果不自愿接受过滤，就必须强制执行过滤。IWF 还扩大了其资金基础，将移动网络和搜索引擎等纳入其中，其最初使命的支持者与逐渐独立的高级管理层之间的关系日益紧张。IWF 在其发展的头十年里进行了一系列包括内部审查和政府审查在内的治理审查。

随着互联网使用的发展，显然，除了积极因素外，互联网使用还存在滥用的可能。尤其需要指出的是，尽管儿童色情始终存在，但人们认为互联网为此类内容的传播提供了更多的机会。[16] 1996 年 8 月 9 日，伦敦警察厅致信所有互联网服务提供商，要求它们对 Usenet 专题讨论组进行审查，威胁称否则要以涉及非法内容为由对其进行起诉。在英国贸易与工业部的推动下，伦敦警察厅、英国内政部以及安全网络基金会［由道伊慈善信托（Dawe Charitable Trust）创立］同意了《R3 网络安全协议》，

---

[15] 通信地址：5 COLES LANE, OAKINGTON, CAMBRIDGE, CB4 5BA, UK。IWF 是一家担保责任有限公司，2005 年 12 月获得慈善身份。IWF 持有 INTERNET WATCH LIMITED（IWL）的股份，因此有义务根据公司章程经营该公司。IWF 的收入部分来自 IWL。

[16] WWW.IWF.ORG.UK/PUBLIC/PAGE.29.HTM。

其中 R3 指的是评级、报告和承担责任的三重方法。[17] 1996 年 9 月，互联网服务提供商协会（ISPA）、伦敦互联网交换中心（LINX）以及安全网络基金会（后来更名为 IWF）之间签署了该协议。从行业角度来看，消费者保护问题（或公共利益）被视为一种附带利益，而不是 IWF 成立的推动力。

表 6.2 IWF 案例研究概要

最初有政府授权吗？	有政府授权，已经过英国内政部和贸易与工业部的批准
政府参与方式如何？	持续推进与内政部的密切联络，欧盟委员会提供部分资金
哪些其他利益相关者参与其中？参与方式如何？	咨询委员会，指出基金委员会发挥重要作用
如何确保透明度？	通过网络发布所有程序
执行机制是什么？是否有效？成本如何？	所有成员的黑名单，与警方和 INHOPE 的有效联络
相对而言，行政负担有多大？	对于特定社区而言，很低 从对 Usenet 专题讨论组等的屏蔽级别可以看出过度屏蔽的危险
财务独立有保证吗？如何保证？	继续依靠关键互联网服务提供商和欧盟
哪一个内部因素对成功的影响最大？	扩大授权会更加适合新成员（BT 除外）
哪一个外部因素会对成功或失败有影响（如竞争环境、技术等）？	政府因素：与英国内政部和 INHOPE 的关系 市场因素：采用 Cleanfeed 系统 技术因素：制定 ETSI 等新的过滤标准
欧洲政策的教训	扩大会员的方法有效 利用黑名单解决用户社区问题的新措施有意义 新过滤方法和泛欧洲提议中的市场分化风险

[17] 互联网服务供应商协会、LINX 和安全网络基金会（1996）对互联网上的儿童色情和非法内容进行评级、报告和承担责任。请登录 WWW.MIT.EDU/ACTIVITIES/SAFE/LABELING/R3.HTM。

IWF 是由行业组织以担保有限公司形式成立的一家旨在为被指违法的内容提供在线举报机制的慈善机构。目前，这一体系已得到立法机构的认可。IWF 的治理文件是其公司章程，该章程依次于 1998 年 10 月 30 日、2005 年 1 月 25 日、2005 年 9 月 16 日进行了修订。它指出 IWF 的目标是：

> （a）尽可能减少互联网上潜在的非法或有害内容，提高公众，特别是儿童及青少年的健康福利保障。（b）防止因接触互联网非法内容而导致违法犯罪的手段包括：（1）开通热线，这样公众便可以举报此类案例；（2）推出"通知与删除"服务，以提醒托管服务供应商，其服务器上出现了此类非法内容；（3）提醒相关执法部门注意这些内容。（c）根据英格兰及威尔士法律，促进该公司的慈善性质得到进一步认可。

IWF 成立一家子公司，其运行应符合 IWF 的主要目标。2005 年 12 月，IWF 获得了慈善身份。这一身份表明 IWF 的重心发生了转移。对于慈善机构而言，它必须以做慈善为目的，并接受慈善委员会的治理。[18] 它的任务是：

> 与互联网服务提供商、电信公司、移动运营商、软件供应商、警方、政府和公众合作，尽可能减少在线非法内容，特别是儿童性虐待的图片。

IWF 与警方、一些政府机构（如内政部工作组，Home Office Task Force）和服务提供商（如 CAIC 清单计划）进行协调。IWF 活动的核心

---

[18] 在 1601 年的《慈善用途法》序言中，法庭以类比法的方式制定了多个目的。参见 1891 年的"特殊用途所得税专员诉帕姆萨尔"一案（AC 531）。法院强调，慈善目的的界定不是一成不变的。现在普遍认为慈善有四种主要目的：扶贫、发展教育、发展宗教和其他造福于社会的目的。看一个目的是否符合第四点，英国慈善委员会可以采用两步测试法进行测试：该目的是否与以前的慈善目的类似？该目的是否造福于公众？有关《慈善法（2006）》的变化，请访问：WWW.CHARITY-COMMISSION.GOV.UK/ENHANCINGCHARITIES/PBANALYSIS.ASP。

就是"通知与删除"系统，该系统与英国儿童色情和涉嫌犯罪的淫秽或种族主义内容有关。IWF 活动的范围有限，涉及的内容类型也比较有限，主要是儿童色情、淫秽和仇恨言论。[19] 活动不包括恋童癖谈话等议题。恋童癖谈话又称为勾引幼童，按照《性犯罪法（2003）》是一种违法行为，旨在劝说儿童从事非法性行为。其活动也不包括 P2P 服务、在线游戏、"开心掌掴"[20] 以及酷刑网站。[21] 此外，尽管 IWF 最初打算开发一套标注和评级系统，但这后来却成为了 ICRA 的责任。

1998 年，英国贸易和工业部委托 IWF 进行治理评审，而具体执行是由毕马威（KPMG）和英国丹顿浩国际律师事务所（Denton Hall）负责的。[22] 卡尔（2007）指出，在 1997 年大选后，芭芭拉·罗彻（Barbara Roche）呼吁进行评审。在评审过程中，政府任命卡尔为评审负责人。[23] 此次评审赞同自治的概念，也因此确认了 IWF 的角色。毕马威和丹顿浩评审显示，只有 6% 的公众听说过 IWF。[24] 一份题为《通信新未来》的白皮书在第6.10.1–6.10.8 段中进行了概括称，英国互联网自治模型是以 IWF 的工作为基础的，并将 IWF 描述为一个"国际典范"。卡尔指出，此次评审后，英国内政部对自治的责任越来越大，[25] 并于 2001 年成立了内政部工作组。此外，还成立了网络犯罪论坛，该论坛在聊天室里还设有分论坛。根据卡尔（2007）、克莱顿（2007）、赫蒂（2007b）和罗宾斯（2007）的观点，1999—2000 年，IWF 董事会的治理工作主要是围绕对于屏蔽整个专题讨论组和 Usenet 的态度而展开的。2002 年 4 月，彼得·罗宾斯（Peter Robbins）被任命为首席执行官。正如他所说，他受命于 IWF 的危难之际，当时只有 12 家资助者（互联网服务提供商）。此时，IWF 开始撤下的不

---

[19] 要了解活动范围指导，请登录 WWW.IWF.ORG.UK/CORPORATE/PAGE.49.232.HTM，并同时关注可能对其产生影响的英国法律的变化。

[20] 这一术语是指用手机将对受害者袭击的画面拍下，并上传到网上。

[21] 勾引幼童、P2P 服务等属于 CEOP 的职权范围。请访问 WWW.CEOP.GOV.UK/。

[22] KPMG PEAT MARWICK AND DENTON HALL (1999)。

[23] 自 1996 年起，卡尔成为了 IWF 政策委员会成员，后来也被任命为评审负责人，这一职位一直担任到 2003 年。

[24] HTTP://NETWORKS.SILICON.COM/WEBWATCH/0,39024667,11008420,00.HTM。

[25] ANTELOPE CONSULTING, REGULATION AND THE INTERNET，要获取该文件，请访问 WWW.COMMUNICATIONS-ACT.GOV.UK/RESPONSES/ANTELOPE%20CONSULTING.DOC。

是个人帖子，而是所有专题讨论组，其首选是互联网服务提供商政策制定者。他们将此种做法视为开始扩大互联网审查的一个举措。在他们看来，每一条非法内容都应根据内容本身的情况来评判。IWF 撤下所有专题讨论组，不仅删除了违法信息，也删除了许多合法帖子。专题讨论组的投诉几乎为零。结果，IWF 分析师可以腾出时间来处理基于 Web 的内容。鉴于专题讨论组帖子数量激增，IWF 决定撤下专题讨论组，此举在罗宾斯看来既耗费资源又徒劳。在专题讨论组政策发生变化的同时，也出现了新的群体，他们的利益比原来的固定 ISP 更多元。随着五大移动运营商的加入，搜索供应商也加入了 IWF。[26]

在英国，IWF 是参与控制互联网内容的多家治理机构之一（ICSTIS 和 IMCB 也是）。IWF 确认了与 Ofcom 合作的需求，但在《通信法（2003）》的通过过程中，IWF 极力反对 Ofcom 参与互联网治理。[27] IWF 的资金来源于行业成员，[28] 会员数量已从 2001 年的 12 家增加到 2005—2007 企业计划中公布的 55 家和 2006 年报中的 76 家。此外，IWF 的资金还来源于 SIAP 和其他具体项目。[29]

《性犯罪法（2003）》对《儿童保护法（1978）》的儿童保护条款进行了修订。[30] 此次修订后，警察署长协会（Chief Constables' Association）与英国皇家检控署（Crown Prosecution Service）就此类违法行为的报告订立了一份《谅解备忘录》，其中尤其明确了 IWF 的角色，并指

---

[26] 服务提供商扩展其职权，使其超出了 IWF 的职权范围，在搜索领域就有一个例子：谷歌在搜索结果中屏蔽了涉及儿童色情的内容，但这属于非官方的过滤行为；参见 CHILLINGEFFECTS. ORG，该网站公布了英国政府的通知。很显然，投诉的网站被指控为"捉弄"谷歌；参见维基百科。关于如何从屏蔽名单中除名，也可参见谷歌问题指导。

[27] 互联网监察基金会（2002）。

[28] 有关捐助单位的完整名单，请登录 WWW.IWF.ORG.UK/FUNDING/PAGE.64.HTM。

[29] 年报可在 IWF 网站获取：WWW.IWF.ORG.UK/CORPORATE/PAGE.173.HTM。

[30] 对《儿童保护法（1978）》第 45 条进行了修订，这样拍摄、制作、传播、展示、企图传播而藏有涉及儿童的淫秽照片或合成照片，或为这些照片做广告等的违法行为将适用于该法律，而前提是相关照片涉及儿童的年龄为 16 或 17 岁。《刑事司法法（1988）》第 160 条［第 160（4）条沿用了 1978 年法案中给出的儿童定义］也作了同样修订，规定藏有儿童淫秽或合成照片也属于违法行为，而第 46 条规定，如果有人在世界上任何地方为了阻止、侦查或调查犯罪，或为了提起刑事诉讼而制作照片或合成照片，那就不属于违法行为。

出根据程序向 IWF 进行的报告将被视为为执行《性犯罪法（2003）》而向有关部门进行的报告。[31] IWF 认为，这在阐明 IWF 及其员工的法律地位和法律风险（根据英国刑事法律）方面意义重大。

IWF 由一个有十位成员的董事会掌管，其中有六位是非行业成员，三位是经公开遴选流程任命的，还有一位是独立的董事会主席。董事会可以设立其认为合适的小组委员会，通常会有一个由董事会的主席和两位副主席组成的执行委员会。IWF 董事会全体成员的职责和行为准则的治理是根据董事会成员手册的规定进行的，该手册可以在 IWF 网站上获取。[32] 手册规定经董事会决议可以进行修订，但前提是所做的修订不能与备忘录和公司章程相冲突。行业成员由筹资委员会（自行决定其自身的规则和程序）决定。

根据 IWF 的 2006 年度报告，其团队接受了警方培训，并根据英国量刑咨询委员会制定的标准应用了内容分类标准。内容的决定不是由董事会负责，但政策的范围是由董事会来制定的。伍兹（Woods）指出："内容的决定是由热线团队负责，他们每个人都有薪水，并根据董事会制定的政策行事。但在很多情况下，IWF 的角色就是向执法部门传递信息。"[33] 除了热线这个核心业务外，IWF 还提供具体服务。一般来说，这些服务是面向其成员的，主要是为了帮助互联网服务提供商确定非法内容。这些服务包括 CAIC 清单、关键词服务、打击恋童癖内容的专题讨论组服务、垃圾邮件提醒以及最佳实践指南。

就这方面来说，IWF 似乎会影响政府政策。民间自由团体对这一过程的开放性和问责性表达关切。热线依靠的是个人对潜在非法内容的报告。由于行业规则，对于互联网服务提供商协会的成员来说，与 IWF 的合作和配合具有强制性。加入互联网服务提供商协会不是强制的，但实际上，大多数英国互联网服务提供商都是互联网服务提供商协会成员。若该协会的成员不遵守通知（特别是当他们认为通知中存在着错误时），他们

---

[31] WWW.IWF.ORG.UK/POLICE/PAGE.22.213.HTM。

[32] WWW.IWF.ORG.UK/CORPORATE/PAGE.49.207.HTM。

[33] WWW.IWF.ORG.UK/CORPORATE/PAGE.49.207.HTM。

可以进行申述说明原因。行为准则中明确指出，内容合法与否仍然由执法部门来决定。对于在个体受到 IWF 决定的影响后如何进行申述，目前尚不清楚，而臭名昭著的"处女杀手"（Virgin Killer）案件也没有让这个问题变得更明确。[34]

IWF 首席执行官彼得·罗宾斯指出，很难对有效性进行量化，投诉的内容不一定质量都是最好的，但可以提供线索。[35] 此外，问题很明显，重复投诉者不断发现非法网站："有些人向我们举报高质量的网址，我们试图阻止他们，因为这样做显然既违法，又违反道德。"2006 年上半年，向 IWF 报告疑似虐待儿童网站的数量有 14,300 个，而只有 4,908 个可能涉及非法内容。2006 年年报显示，IWF 共处理了 31,776 份报告，有 10,656 个 URL 被纳入到 CAIC 清单上。在其网站上，IWF 评论称，由 IWF 评估的英国境内的潜在非法内容的占比由 1997 年的 18% 降到 2003 年的 1% 或更低。2006 年年报显示，这一占比仍然为 1%，基本上是稳定的。[36] 该报告指出，许多虐待儿童的网站长期存在，它们不断变更域名，从而改变司法管辖区以避免被起诉。2003 年的数据显示，域名位于美国的儿童虐待内容同比增长了 55%，而俄罗斯的增幅为 5%。在美国和俄罗斯发现的许多儿童虐待内容的域名地址也相对固定，IWF 最近的年报显示，82% 以上的儿童虐待内容都是在这两个国家发现的。

IWF 通过从 SIAP 获得资助，以及参与 CEOP 的计划［如虚拟全球工作组（VGT）[37]］来参与国际事务。CEOP 是一家比自治机构 IWF 大很多的企业，[38] 预算总计约为 800 万英镑。[39] 它是 VGT 的成员，[40] 而 VGT 是由多个执法部门组成，目标是建立一种使儿童免受在线虐待的有效的国

---

[34] 参见 EDWARDS (2009)；MACSÍTHIGH (2009)；MCINTYRE (2010C)。

[35] GRINGRAS（2003），第 328 页。

[36] 有关详情，请登录 WWW.IWF.ORG.UK/POLICE/TOOLS.5.20.HTM。

[37] 互联网儿童保护网络工作组，请登录 WWW.VIRTUALGLOBALTASKFORCE.COM/。

[38] CEOP (2007 A)。

[39] 其年度审查详细列举了各项支出情况：核心运营预算（英国内政部）450 万英镑；合作伙伴资源价值 309.8783 万英镑；自有资源（专业培训收入）30 万英镑；额外的政府资金支持（英国外交与联邦事务部，内政部）16.9 万英镑。

[40] HTTP://POLICE.HOMEOFFICE.GOV.UK/OPERATIONAL-POLICING/CRIME-DISORDER/CHILD-PROTECTION-TASKFORCE。

际合作关系。[41] 在 CEOP 首席执行官吉姆·甘博（Jim Gamble）担任 VGT 主席期间，VGT 推出了低成本、高影响力的举措，防止恋童癖者在网上剥削儿童。在英国，IWF 现在与多个部门合作。罗宾斯解释称，IWF 与许多国际研究机构合作，而这些机构通常会对共治方面的合作感兴趣。他还指出，美国对这方面的合作也很感兴趣。

英国内政部提议互联网服务提供商进行反恐、反仇恨审查，对此，互联网服务提供商给予了关注。在卡尔看来，尽管 IWF 是消费者和行业的代表，但并不总是这样。IWF 必须密切关注行业的需求和敏感性，这就产生了利益冲突的问题，尽管如此，IWF 的做法似乎很奏效。此外，卡尔还认为，英国的优势在于所有行业都在英国内政部特别工作组开会，该工作组建立了一个共治论坛以进行信息交流。在他看来，美国在儿童保护方面的协调问题部分是基于地理因素，部分是基于反垄断，但英国特别工作组的协调工作使争论超出了敌对关系的范畴。而这正是美国政府与互联网服务提供商之间关系的特征。正如 2008 年工作规划中指出的那样，IWF 进行了治理形式审查。慈善机构和运营组织现已分开。在克莱顿（2007）看来，治理改革意味着 IWF 对互联网服务提供商的控制力有所减少，而更多的是致力于"儿童保护游说"。对于这种观点，罗宾斯和卡尔表示赞同（他们实施或支持这一政策变化）。在某种程度上，来自移动服务提供商和搜索引擎的投资额度的增加改变了资助模式。这样一来，筹资委员会就将能够停止 IWF 将其授权视为令人反感的非法内容的行为。显然，互联网服务提供商屏蔽的主体是企业——即使有些移动服务提供商也是筹资委员会的成员。

在罗宾斯担任首席执行官的几年里，IWF 经历了从基于 ISP 的自治机构到共治机构（主要与警方合作）的转变，这一转变过程是透明且经过深思熟虑的。罗宾斯将其视为与政府合作的一种方法。克莱顿（2007）认为："IWF 已完成了其既定目标，消除了英国境内的儿童色情内容。目前，他们没有关闭，而是在试图拯救这个世界……任何头脑正常的人都希望尽

---

[41] VGT 的成员包括：澳大利亚高科技犯罪中心、英国儿童剥削和在线保护中心、加拿大皇家骑警、美国国土安全部以及国际刑警组织。

快将这些网站撤下，但 IWF 想要让它们受到制裁，因为其中涉及直接向警方（而非互联网服务提供商）报告的网站。"他表示，许多互联网服务提供商对 IWF 这种单方行动非常不满。卡尔和罗宾斯对于将 IWF 热线模式推广到其他国家这一问题，存在着严重的意见分歧。[42] 卡尔（2007）指出："英国政府依然坚定地奉行自治的原则……该原则还在发挥作用，这主要是因为英国的政治文化和传统……它是必然性与选择性的产物。如果没有了解互联网的公务员，"如果 IWF 运转良好，那么最好保持不变。到目前为止，人们对 IWF 还是相信的。"利益冲突是显而易见的——政府最初要求行业对互联网自治的运作方式做出解释，从价值链到技术，再到二者之间的各个环节。卡尔的观点是，这种模式不适用于许多其他的欧洲国家，在这些国家里"自律不是他们词汇的一部分"，取而代之的，是政府、警察和互联网服务提供商之间更加紧密的法律约束关系。针对 IWF 是一个只适合英国的"有利可图"的治理机构的说法，罗宾斯（2007）回应称："从两个方面（金融和技术能力）来讲，上述观点纯属无稽之谈。IWF 在欧洲具有可复制性……这没有什么特别的技术性。"他认为，有了欧盟委员会的资金支持和 CERT/ISP 的技术支持，INHOPE、欧洲刑警组织等机构就可以开展培训。他还认为，要更有效地打击儿童色情，就需要一个泛欧洲的非政府组织，即一种超级 INHOPE（见下文）。

司法审查可能是 IWF 程序的一部分，IWF 董事会要求法律顾问确认 IWF 在司法审查期间具有准司法能力。此外，尽管有上诉程序，但按照《人权法案》和《欧洲人权公约》第六条的规定，上诉程序是完全独立的。问题在于如果对删除通知有疑问，个人是否可以提起司法审查诉讼；受删除通知影响的个人（而非互联网服务提供商）能否在 IWF 框架内反驳该决定，这一点目前尚不明确。非政府组织曾多次就利用 ISP 执行刑法，以及对诉讼权和言论自由的影响等问题发表评论。[43] 英国政府在其 2000 年白皮书

---

[42] 两位主管在其他方面尤其支持对 1999–2002 年的 Usenet 辩论进行过多干预。

[43] 言论自由和互联网治理背景文件，旨在引出互联网治理和言论自由等方面最重要的问题，包括准入问题、内容治理与监督，2001 年 10 月 19 日。另见提交给上议院的文件：WWW.CYBER-RIGHTS.ORG/REPORTS/CRCL-HL.HTM。

中指出，行业治理可以改善传统治理，并假定行业利益与公民利益完全一致，而事实并非如此。2009 年的法律规定，观看涉及儿童色情的卡通形象为非法行为。[44] 这是否会扩大 IWF 活动的规模和范围，这是一个有待回答的问题。罗宾斯表示："总的来说，人们普遍认为这是错误的，但当涉及隐私、版权和恐怖主义内容时，很难讲（浏览此类内容是否合法）政府是否应该屏蔽此类内容。这就是我们工作不能出现差错的原因。"可以认为，强制自我审查比传统的审查更隐蔽，因为这种审查更难以察觉和质疑。鉴于上述两点原因，对那些权利受到 IWF 影响的人来说，诉诸法院的权利是一项要澄清的重要内容。我将在本章的后几节对 CAIC 清单进行探讨。

---

[44] 《2009 年验尸官与审判法》，第 2 部分，第 2 章

国际互联网热线协会（INHOPE）

INHOPE 成立于 1996 年，是一家泛欧热线协会，1999 年发展成为一家企业，总部设在都柏林。INHOPE 迅速扩张，在欧洲和全球吸纳了 28 个成员，[45] 但从未代表过所有欧盟成员国的热线。INHOPE 的主要任务是培训和协调，其资金主要由 SIAP 和微软提供。INHOPE 是继英国的 IWF、德国的 FSM 和荷兰的一个热线（NICAM 的一部分）之后成立的，它的作用相当于全国互联网儿童色情内容举报和删除热线的协调机制。全国热线和 INHOPE 的部分资金来源于欧盟委员会，这是欧盟委员会发挥软实力的一个例证。

表 6.3 INHOPE 案例研究概要

最初有政府授权吗？	有政府授权，欧盟委员会提供资金
政府参与具有可持续性吗？	欧盟委员会持续提供部分资金
哪些其他利益相关者参与其中？参与方式如何？	成员大会
如何确保透明度？	通过网络发布所有公报——网站很少更新
执行机制是什么？有效吗？成本如何？	除了将非付费成员除名以及对新成员进行审查，目前其他什么都没有
相对而言，行政负担有多大？	会员费低，目前没有实际的行政管理
财务独立有保证吗？如何保证？	继续依赖欧盟

---

[45] 有关详情，请登录 WWW.INHOPE.ORG。

哪一个内部因素对成功的影响最大？	扩大授权以创建泛欧黑名单（提高治理影响力的关键举措）
哪些外部条件会对成功或失败有影响（如竞争环境、技术等）？	政府因素：与欧盟和国家警察部队的关系 市场因素：采用 Cleanfeeed 型系统 技术因素：制定 ETSI 等新的过滤标准
欧洲政策的经验教训	扩大会员的方法有效 利用黑名单解决用户社区问题的新措施意义重大 新过滤方法和泛欧提议中忽视欧洲外情况的风险

利益相关者的参与情况如下：

（1）会员协会与政府、执法部门、业界及其他人士建立起了广泛的关系。INHOPE 员工进行两到三次实地走访，会见潜在成员的利益相关者。

（2）2004 年，INHOPE 与 EuroISPA 签署了一份谅解备忘录，这是国际拓展的例证。

（3）与消费团体没有直接的联系。

（4）微软提供免费软件，除此之外，还对 INHOPE 提供支持。

（5）作为国际刑警组织针对儿童犯罪小组的观察员，INHOPE 与欧洲委员会和欧安组织之间有着直接的关系。由于政策小组人员数量有限，这些组织的可持续性很难保持下去。

INHOPE 发布了三份活动报告，这些都可以在其网站上获取。[46] INHOPE 对荷兰几家审计机构提供的报告进行了全面审计，这些报告现已归档并分发给各成员。2005 年，INHOPE 的收入为 533,692 欧元，2006 年，其收入为 397,175 欧元加上 157,992 欧元的到期还款，总收入同比略有上涨。[47] INHOPE 开展的活动如下：热线、针对欧洲刑警组织和国际刑警组织等的培训、出版物发行、游说以及提出建议。

如果成员不能续签并缴费，将被强制取消其成员资格。卡拉南

---

[46] INHOPE (2006)。

[47] 还款来源：RAND EUROPE、阿姆斯特丹的 HORLINGS, BROUWER AND HORLINGS（2006）。

（Callanan）解释说，"巴西和立陶宛都退出了，因为他们没有续费。瑞典的热线已经不复存在，而取而代之的新热线选择不加入 INHOPE。"2006 年，会费总计为 6,000 欧元，其中有一半得上交欧盟委员会用于组建欧洲热线。在 INHOPE 及其成员内部，明显地分成了两个阵营：最低纲领派和最高纲领派。这是否有助于成立泛欧系统？对此，卡拉南解释称：

> 我认为自治已经失败，不是因为它不起作用，而是因为不再有人相信它。第一，各国政府在建立起各自系统之前，将其视为一种权宜之计。第二，自治富有戏剧性，因为目前成为自治机构（如 Bebo、微软以及沃达丰）可以拥有商业优势。自治已成为一种竞争力。

他概述了这样一个事实：公民在使用互联网时，关键对话者人数的增长意味着，随着系统对信息社会表达自由带来的巨大影响，互联网过滤和审查可能成为普遍做法。他指出的这种情况适用于谷歌、美国在线、雅虎和微软等内容和应用提供商，以及时下的互联网服务供应商。热线活动缺乏执法治理，而 INHOPE 作为热线协调者而非执法者，造成了政府和行业之间明显的紧张关系。

通过所有 SIAP 资助计划，INHOPE 促成了欧盟委员会互联网安全论坛的建立。除了英国的沃达丰、BT 和雅虎，行业企业很少参与该论坛。上述三家企业都建议在欧洲推出最好的做法。INHOPE 的第三份报告指出，在不同的国家（甚至是欧共体当时的十九个成员国）很难采用共同的标准："仅在欧洲，'儿童'的年龄就从 14 到 18 岁不等。在有些国家，私藏儿童色情物品亦属刑事罪行。有时儿童色情的定义包括计算机生成或修改的图片，甚至包括卡通人物。"[48] 2007 年 9 月的 INHOPE 调查报告显示："本报告是向根除互联网非法活动的全球行动计划迈出的第一步。对于政策制定者、政府和行业来说，这是一个具有里程碑意义的出

---

[48] INHOPE（2006）第 10 页。

版物。"[49] 2004 年 9 月—2006 年 12 月的统计数据显示，INHOPE 成员共收到 90 万份来自公众的报告，总共处理了 190 万份报告。约有 8% 的报告（160,000 份）转发了给执法部门处理，平均每月 5,800 份。在所有处理的报告中，有 21% 的报告涉及非法或有害内容（每月 20,000 份）。这样，仅根据收到的报告就可以断定，儿童色情内容每年增长 15%，而种族主义和仇外网站每年增长 33%。目前尚不清楚犯罪报告在何种程度上反映了使用互联网的广大人群，以及在何种程度上反映了热线在吸引互联网用户方面取得的成功。

在卡拉南看来，INHOPE 成员数在快速增长，而观点、主题和语言技巧的多元化会给僵化的决策带来潜在的危险。受访者认为，INHOPE 提供了极好的价值，但应比以往更加致力于透明度、宣传和问责，而不只是关注其欧盟委员会的资助者和利益相关者。它得到的支持是巨大的、一贯的，但也遇到了一些挫折：

（1）十年来，SIAP 作出的独特承诺，定期为其提供资金。

（2）作为非政府组织（而不是公司），INHOPE 在提交审计进行筹资的过程中，遇到了一些特有的困难。

（3）荷兰规则意味着每年只能保留 7,500 欧元。

（4）不允许使用电脑设备进行筹资，但服务器可以。

（5）剩下的 20% 的预算来自会费，还有一些来自微软的培训捐赠。

互联网服务提供商及其内容托管合作伙伴是连接内容和终端用户之间的重要纽带，因此对于想要屏蔽或过滤不适合终端用户的内容的各国政府来说，它们就是唯一可行的控制点。这也突显了成员国和欧洲的互联网服务提供商游说政策的重要性。在 2004 年与 INHOPE 签订的谅解备忘录中，EuroISPA 明确了欧洲非法内容删除热线网络的发展情况。[50] 时任 EuroISPA 主席的米歇尔·罗特尔特（Michael Rotert）宣布，该备忘录是支持热线的"正式声明"，也是 EuroISPA 与国际机构为合作打击非法内

---

[49] CALLANAN 和 FRYDAS (2007)。

[50] EuroISPA–INHOPE (2004)。

容所迈出的重要一步。EuroISPA 是世界上最大的互联网服务提供商协会（约有 1,000 个互联网服务提供商）。纳什（Nash）指出了自治的定位："EuroISPA 认为，保护用户最有效的解决方案应是尽可能接近终端用户。它强调了提高媒介素养意识的重要性。"[51] 很明显，广泛的治理可以提高公众监督的标准，增强封闭游说机构的包容性和透明度。EuroISPA 的任何新角色都面临着一个问题：如何在封闭的游说机构和开放的自治机构（采取多方参与和讨论会的形式）之间做出选择？显然，不同的目的将决定不同的设计，而 KJM、PEGI 和 IWF 等完善的治理机构也可以与 EuroISPA 类型的封闭式游说机构相结合。尽管 EuroISPA 是欧洲互联网治理的一个重要利益相关者团体，但我们也不能将其视为治理机构。

| 英国和欧洲黑名单 |

互联网的目的是实现全球网络间信息的有效传输。布朗解释说，要互联网服务提供商阻止访问特定网站，就得依靠三种粗暴的机制：IP 地址过滤、DNS 中毒和关键词搜索。[52] 还有一种可行的办法就是结合使用上述方法。最简单的过滤机制就是，互联网服务提供商屏蔽来往于网站列表（由 IP 地址指定）的通信。该网站列表中任何带有源地址或目的地址的数据包都将被互联网服务提供商网络内的路由器删除，特别是与海外网络进行数据交换的网络更是如此。落后和积极性不高的用户会发现，他们的访问受到了 IP 地址过滤的限制。由于网络服务器通常存储着许多（有时是数千个）单个网站，屏蔽其中的一个网站就意味着在该服务器上存储的其他网站也将无法访问。库拉维耶奇（Kulawiec）指出了网络架构师的共同观点：

> 你无法通过协议来进行屏蔽，原因是同样的协议会用在许多其他事情上（即使你这样做，也会有人创造出另一种协议）。你无法通过内容进行屏蔽，原因是没有任何软件方法是非常可靠的，所有

[51] Nash (2007)。
[52] Brown（2008），第 74–91 页。

涉及人类的方法要么偏颇，要么缓慢，要么两者兼而有之。此外，对通信进行加密也很容易。屏蔽产生的影响比较小，而且是暂时的。它甚至可以帮助有关部门追踪到一些愚蠢的罪犯。而罪犯的落网将被视为这些措施取得成功的"有力证明"。[53]

当网络用户访问信息时，其受过滤系统的影响最大。有些国家政府已经认可了这一点，并声称他们的目的只是为了阻止用户意外地"查看屏蔽信息"。美国前司法部长理查德·索恩伯勒（Richard Thornburgh）领导了一个研究委员会，该委员会的经费来自于美国国家科学院。该委员会撰写的一份报告得出的结论认为，媒介素养与自愿使用过滤工具相结合是保护用户免受不需要内容影响的最佳方法。[54]

| 英国 Cleanfeed 和 CAIC |

2003 年，英国电信（BT）开发出了一种名为"Cleanfeed"的系统，该系统可以阻止终端用户访问包含非法儿童色情图像的网页。[55] 该系统于 2004 年实施。[56] CAIC 清单是 Cleanfeed 系统的一个更通用的版本。[57] 它是英国的儿童虐待数据库服务，即互联网服务提供商根据一份向警方举报的 URL 列表，对相关网站进行屏蔽（网站所有者有权提出上诉，但实际上这并不确定，因为 ISP 零售商通常很难确定是否 ISP 批发商屏蔽了网站）。[58] 这些服务一般对其成员开放，目的是促进互联网服务提供商辨别非法内容。在英国，英国电信等大型互联网服务提供商会阻止客户访问已

---

[53] KULAWIEC (2007)。

[54] THORNBURGH 和 LIN（2004）。

[55] 参见 IWF（2004）6 月 7 日公告，请登录 HTTP://WEB.ARCHIVE.ORG/WEB/20090224191202/ 和 HTTP://WWW.IWF.ORG.UK/MEDIA/NEWS.ARCHIVE-2004.39.HTM。

[56] TRUMAN (2009)。

[57] HUTTY (2004)。

[58] 互联网监察基金会（2008）。

被 IWF 确定为含有儿童色情的网站。[59] 丹麦、挪威、瑞典等国也实施了类似的计划（包括警方之间相互协调，以完善和扩展已屏蔽网站的数据库），但却引发了巨大的争议，因为这些国家要应用电子商务指令（互联网服务提供商通常托管内容），而由于缺乏透明度，对内容提供商的吸引力会因此而大打折扣。[60]

2006 年 5 月，内政部大臣告知议会，要对互联网服务提供商执行 CAIC：

> 目前，所有 3G 移动网络运营商阻止其移动客户访问这些网站，而最大的互联网服务提供商（英国国内 90% 以上的宽带连接都由其提供）目前正在或计划在 2006 年底前完成屏蔽……如果我们通过合作仍不能实现目标，我们将对阻止英国居民访问 IWF 清单上网站的做法进行审查。[61]

内政部表示，过滤器可以延伸到其他主题（如鼓吹恐怖主义）："我们的政策是尽量采取自治的方法。然而，在必要时，我们的立法草案也规定了政府政策变化的灵活性。"[62] 有人认为，IWF 与警方的合作使 IWF 成为了一个共治机构，而非自治机构。[63]

2007 年，IWF 承诺："提供高质量的 CAIC 服务，并为部署清单的成员准备涉及验证和验证过程选择的讨论文件。"此外，IWF 还表示，它会：

（1）与成员和许可证持有人展开密切合作，根据经验和最佳实践升级 CAIC 服务，让其变得更强大、更安全。

（2）制定政策和程序，以支持服务的交付。

---

[59] Clayton (2005)。

[60] 参见欧洲数字权利组织（EDRI）代表在 2006 年互联网安全论坛上所表达的关切，请登录 HTTP://EC.EUROPA.EU/INFORMATION_SOCIETY/ACTIVITIES/SIP/DOCS/PROG_DECISION_2009/DECISION_EN.PDF。

[61] Hansard (2006)。

[62] Hutty (2006, 2007a)。

[63] 英国皇家检控署与英国警察局长协会（2004）。

（3）与美国审计委员会和外部专家的密切合作，并在 2007 年 12 月 31 日前，对热线和 CAIC 服务的流程和政策进行审计。

（4）在 2007 年 5 月 31 日前，设计并制定有关许可证持有人的 CAIC 服务核查和验证的预算。

IWF 计划"考虑选择一种新的入会筹款模式，并通过与筹资委员会协商，来将当前的入会方式、未来成员及客户群考虑在内，而目前客户群来源广泛，包括互联网服务提供商、电信公司、过滤公司和搜索公司等。"这样，IWF 就能够向互联网服务提供商提供低价 CAIC 清单，而且免费向"小型"互联网服务提供商提供 CAIC 数据也是可行的。而此前互联网服务提供商自称无法承担以成本为导向的价格，如果英国政府强制执行 CAIC 过滤，那么情况将尤其如此。

罗宾斯（Robbins）指出，英国 CAIC 数据库清单是一个动态的系统，每天会添加或删除大约 50 条左右。他认为，黑名单没有阻止恋童癖者，但却对公众访问网站形成了阻碍："该清单涉及英国国内 90% 以上的用户……"可以说，大约 10% 的用户有可替代的互联网服务提供商，但其中大部分涉及上游企业，[64] 尤其是英国电信批发公司（BT Wholesale）。IWF 试图通过制定一种自我认证的验证和审核方案，来减少不当的网站屏蔽行为，从而减轻针对黑名单的批评。合规经理向 IWF 报告称，他们检查了错误清单，并将制定审计合同要求。互联网内容提供商通过 Cleanfeed 系统屏蔽内容应尽可能客观透明。

尽管技术、法律和自然公正关注的是儿童色情的媒体环境，但克莱顿还是指出了持续扩展屏蔽系统的原因，因此，几乎不用施加压力就可以对屏蔽是否发挥作用（或屏蔽系统的扩展情况）进行独立审查。一般的互联网服务提供商不想进行内容屏蔽，而大公司则不然，它们能负担得起屏蔽所需的费用，也希望遵纪守法，尤其是遵守 AVMS 指令的相关规定。克莱顿解释称："世界上许多移动网络都进行了内容屏蔽，而 IWF 只是做了其中一部分工作。"到目前为止，移动用户还不希望访问整个互联网。[65]

---

[64] ROBBINS (2007)。

[65] CLAYTON (2007)。

克莱顿还指出，SIAP 以共同出资方式资助热线意味着互联网服务提供商的财务控制力在降低。他认为，"IWF 的资金很多，但要做的事情不多。当然，一个泛欧洲和英国强制执行的 CAIC 清单可能需要更多的资源。

IWF 2008 年工作计划对其外展活动进行了详述，包括与 INHOPE 合作推出 CAIC 数据库，以及扩展其活动以将双向报告功能纳入其中。然而，最后一项颇具争议，因为长期以来，EuroISPA 和英国互联网服务提供商协会对欧洲 CAIC 数据库一直持反对意见。这表明，在政策方面，IWF 高管与最初的固定互联网服务提供商背道而驰，而后者一贯支持采取过多干预和共治的方法。罗宾斯（2007）分析了泛欧热线合作存在的问题，具体如下：

• 资源（尤其是财务缺口）问题通常由微软和 SIAP 来解决，两家机构各承担 50%。

• 不同民间机构共享信息的合法地位。英国比较务实，而其他国家则担心跨国界共享儿童色情信息的宪法立场，尤其是在警方与民间机构之间。

• 对民间热线的文化态度不同——许多国家更倾向于让法定执法机构参与其中。因此，这种模式不可能取得成功，特别是热线规模小且不太受执法部门信任的情况下更是如此：专业警员和民间热线工作人员之间互不信任。

罗宾斯分析认为，这要看问题的严重程度。可以对所有报告的问题进行研究，但必须删除重复的内容："我们需要欧洲 URL 数据库，来查看问题是刚报告上来的，还是已得到解决的"，因为热线掌握的数据比警方多，而且目前热线之间存在大量的重复内容。他坚信，如果不在整个欧洲范围内进行合作，就无法准确衡量各国热线的有效性，他同时认为有效性的衡量标准应该是"破坏性内容"："这一点意义重大，但这需要国际间的协调。各国正在创建网站框架，等待人们加入……对付老练的犯罪分子，唯一办法就是减少数量、提高质量。"

| 欧洲 CAIC|

互联网服务提供商的自治是在 1988 年确立的《保护未成年人建议》规定的环境下进行的。该法案建议各国政府单独或共同就非法和有害的内容采用行为准则。电子商务指令的确立就体现了这一建议。几家主要的泛欧互联网服务提供商和有线或电信运营商（例如微软、美国在线、雅虎、法国电信、T-Online、英国电信以及 Tiscali）拥有根据市场需求，量身定制其政策的资源。在为行业成员设计最佳实践文件的过程中，ISPA 的组建对于实现规模经济意义重大。由于行业准则通常适用范围很广，当前做法采用以前的设计不会产生很高的费用。在这层意义上，可以说 ISPA 在自治政策方面对其成员大有裨益。[66]

布朗（Brown）指出："法国、德国、瑞士、芬兰、英国和意大利等国的法院和政府毫无章法地要求互联网服务提供商对用户的访问内容进行过滤……然而，对互联网服务提供商进行这样的限制有待电子商务指令的检验。"[67] 2002 年，德国杜塞尔多夫市勒令北莱因—威斯特伐利亚的 78 家互联网服务提供商屏蔽了两家美国托管的纳粹网站。芬兰政府鼓励互联网服务提供商实施一个用于阻止访问涉嫌含有儿童色情信息网站的 IP 地址列表（由警方维护）的"自愿性"系统。与邻国瑞典和挪威的类似系统不同，芬兰用户对于访问内容过滤与否别无选择，但根据芬兰宪法，政府强制执行公开的强制性制度也颇具难度。为了保护儿童，互联网服务提供商与丹麦警方开展合作，建立了网站黑名单，一旦警方确认有网站出现在该名单中，就会自动对其进行屏蔽，然后将这一情况告知互联网服务提供商。

为了让过滤的每个域名或计算机都在公开法庭上得到公平审判，挪威立法研究小组决定不采用使过滤受法律制度支持的解决方案。该研究小组的一位成员表示："如果上述内容成为法律，就意味着挪威不想参与互

---

[66] 参见 Tambini 等人（2008），第 6–7 章，第 112–189 页。
[67] Brown（2008）第 75 页。有关更多内容，请参见 van Eijk 等人（2010）。

联网经济，而是希望置身于信息社会之外。"[68] 桑德伯格（Sandberg）指出："这是一个不少大型互联网服务提供商都正在使用的自愿性解决方案。该过滤器由警方（挪威国家犯罪调查局）维护，主要针对的目标是有偿发布虐童内容的网站。这一提议将有助于降低该过滤器的干预程度，因为过滤的内容是由法庭（而非警方）决定的。"[69] 该研究小组一致表示，这种过滤既低效，也是他们不愿意看到的："这种过滤将不会百分之百有效，因为在技术层面上，这种过滤是完全可以避开的。与此同时，对于打击计算机犯罪的大多数举措来说，情况也是如此……如果人们可以通过过滤器阻止大多数非法通信，那么必将受益匪浅。"2007 年，挪威尝试对自杀网站进行过滤。根据挪威法律，这些网站实际上已经是违法的（这里指的是媒体描述的协助和教唆自杀的"自杀怂恿者"的做法）。霍夫（Hoff）认为："我们真正需要的是涉及具体屏蔽内容的白皮书、过滤的最佳实践和言论自由标准……如果我们从儿童色情内容扩展到宣传种族主义、自杀等内容的网站，那我们基本上是在以令人不安的速度削弱内部言论自由。"法国、葡萄牙和澳大利亚都出台了专门针对自杀宣传的法律，但这只是象征性立法，而不是诉讼或判例法。然而，澳大利亚已关闭这类网站。[70]

法国第 2004-575 号法律（涉及对数字经济的信心）的第六条第 1 款规定："如果有人为公众提供在线通信服务，那么他必须告知用户可以通过技术手段来限制对某些服务的访问，或者必须为用户至少提供其中一种技术手段。"[71] 本哈默（Benhamou）（2007）指出，从法国政府的角度看，有时自治是做不到的，公共利益必须得到保护，互联网本身并不需要受到治理。他指出民主国家和非民主国家在透明度、多方利益相关者行动和独立性方面的差异。他认为，必须将端到端、可互操作和中立的互联网设定

---

[68] 要了解挪威议会研究小组关于互联网过滤法律建议，请参见挪威官方报告（NOU 2007:2），网址是：WWW.REGJERINGEN.NO/NB/DEP/JD/DOK/NOUer/2007/NOU-2007-2/6/13.HTML。

[69] SANDBERG (2007)。

[70] 他指的是这轮发生在挪威、由媒体引起的立法热，最近召开了一次关于自杀和新媒体会议（互联网自杀公约等）。他最近受委托为奥斯陆大学撰写一份法律意见书，他在该意见书中指出，要阻止支持安乐死的信息在互联网上发表是不可能的。

[71] NAUDIN (2007)。

为发展目标。端到端的一个主要问题就是，互联网服务提供商（而非终端用户）的过滤行为。本哈默（Benhamou）认为，"这就是审查"。

欧洲有好几个国家出台了针对否认大屠杀的法律，但许多国家还是禁止散播加剧种族仇恨的内容。2003 年通过的《欧洲委员会网络犯罪公约（2001）》的附加议定书对各国的禁止做法进行了统一。[72] 缔约国必须对下列行为进行定罪：

> 任何基于种族、肤色、血统、民族或族裔以及宗教，或以上述任何因素为借口，反对任何个人或团体，主张、宣扬或煽动仇恨、歧视或暴力的书面材料、图像或思想或理论……以及……否认、最大限度地减少、批准种族灭绝罪和反人类罪或为这些罪行进行辩解的材料。

在欧洲范围内对 CAIC 型的热门网站列表进行统一的一个关键原因就是，儿童色情问题中对"儿童"的不同解释，以及对犯罪性质的不同解释。无论是观看、购买还是制作色情内容，都属于犯罪。克里斯琴森（Christiansen）（2007）认为，美国在线（AOL）是制定全国行为准则的最佳人选，它对德法两国之间的治理接口作出了特别的贡献。他指出，过去在反盗版方面存在着巨大的文化差异，例如法国的政策就截然不同。相比之下，英国在儿童色情方面拥有强大的游说团体（与斯堪的纳维亚国家共享），但德国在政治上几乎不对儿童色情施加任何压力，这与种族主义和仇外情绪等问题形成了鲜明的对比。因此，上述国家的框架条件差异很大。美国在线过去曾在全国市场方面做过地方决策，但现在越来越多地采用泛欧洲的方式。美国在线是一家内容提供商、一家没有访问业务的互联网服务提供商，这种背景为其新政策的产生提供了帮助。卡拉南也指出，不同国家有不同的道德标准：在英国，道德标准主要涉及儿童聊天室里的"勾引幼童"

---

[72] 《网络犯罪公约》的附加议定书涉及对通过计算机系统实施的种族主义和排外行为的定罪等内容，参见《欧洲条约汇编》，第 189 号（2003 年 1 月 28 日，斯特拉斯堡）。

行为；在西班牙，道德标准涉及青少年厌食症、暴食症；在德国，道德标准主要是关于纳粹言论和仇恨言论的；在爱尔兰，色情规则比英国更严格；在挪威，道德标准主要涉及自杀网站。因此，他认为，"不要选择同质化，要选择最好的做法。"他指出，斯堪的纳维亚国家和英国的区别在于，英国的过滤系统目前是不允许警方干预的，而斯堪的纳维亚国家的情况则恰恰相反。

人们认为英国模式是技术上最先进的模式，而国际上大多使用 DNS 过滤。为屏蔽儿童色情而进行过滤的话题引发了许多争论，而这一话题在爱尔兰则没有得到充分的讨论。卡拉南（Callanan）指出："过滤带来了问责制和透明度等问题。过滤急需审计。在有些国家，过滤是一项极为重大的政策和社会决策。"霍夫、克莱顿和卡尔（Hoff，Clayton and Carr）等其他专家尽管有着不同的政策观点，但他们也有着同样的忧虑。克莱顿解释称，尽管涉及儿童色情的国家立法都考虑到了 IWF 将"照片般逼真"的材料列为非法，但不同国家有着不同的规则。这一问题由来已久，之前在起草网络犯罪公约时就对允许发生性行为的年龄（欧洲为 14 到 18 岁之间）进行了几次统一。[73] 他认为："如果 IWF 进行屏蔽的话，那只是为了保持合法性及其作为公正调解人的角色。"

INHOPE 的咨询委员会提供行业投入。最近，该委员会迫于压力效仿英国和斯堪的纳维亚的 CAIC 清单，推出了一个泛欧洲的 URL 清单，并提供了所有欧洲语言版本的禁止搜索词汇列表。在卡拉南（Callanan）（2007）看来，相对于各国政府，移动服务提供商和互联网服务提供商似乎给 INHOPE 施加了更多的压力。他认为，INHOPE 不是运营机构而是协调机构，如果把这样的制度落实到位，INHOPE 将从根本上发生改变。自 2004—2005 年以来，特别是 BT 的 Cleanfeed 或斯堪的纳维亚黑名单发布以来，各方一直在共同努力说服 EuroISPA 改变政策。长期以来。

---

[73] 参见《欧洲委员会条约汇编》第 185 号，2001 年 11 月 23 日通过的《网络犯罪公约》，2004 年 7 月 1 日生效，详见 HTTP://CONVENTIONS.COE.INT/TREATY/EN/TREATIES/HTML/185.HTM；第 2004/68/JHA 号《欧洲委员会关于打击儿童性剥削和儿童色情的框架决议》，要获取该协议，请登录 HTTP://EURLEX.EUROPA.EU/LEXURISERV/SITE/EN/OJ/2004/L013/L_01320040120EN00440048.PDF。

EuroISPA 一直抵制这些建议，这主要有三个原因：

（1）坚决反对，理由是 EuroISPA 不是治理机构，成员国的互联网服务提供商协会也不是治理机构，因此，它们不会改变角色；

（2）反对内容审查，原因是言论自由，但严格意义上讲是因为电子商务指令第 15 条。该条款要求各国政府不要引入一般的互联网服务提供商审查法；

（3）技术问题：这些努力没有达到预期目的，也没有获得足够的关注，并且很可能还会屏蔽其他内容，同时也无法阻止用户采用技术手段来规避内容屏蔽。

对儿童色情内容的屏蔽极易扩展至对"仇恨言论"和"美化"恐怖主义的限制，从而引发人们针对少数民族权利、涉嫌诽谤、著作权侵权，以及科学论派[74] 等邪教经文的政治辩论和宣传。2004—2005 年，有人提出建立泛欧互联网服务提供商行为准则，而所需资金由 SIAP 和 SIAP 成员提供，但未能通过，这主要是因为资金问题，以及对这种方案和将 SIAP 纳入 ISPA 政策审议（通过资助、评估和政策讨论）的反对。2006 年，这一提议得以修订，并更名为"ISPNet"（SIAP 出资超过 50%）。EuroISPA 很可能已经接受了一个政策论坛，尽管该论坛既昂贵又耗时，但不需要额外的措施来控制其成员，并将其提供给所有的 SIAP 成员。EuroISPA 认为，整个计划采用的是共治（而不是传统的自治）的方法，而且该计划强烈支持欧共体的提案国，这可能会对互联网服务提供商协会产生不利影响（Hutty 2007a）。这与 PEGI 接受此类 SIAP 角色形成了鲜明的对比。

上述三个论点阐述得很详细，并且已应用于整个互联网公共政策史。电子商务指令进一步强化了这些观点。LICRA 诉 Yahoo! (2000) 案[75] 开创了根据法庭命令和成员国法律，屏蔽互联网服务提供商的先例，但行业方案方面并没有先例，从而对违法行为缺乏清晰的界定。最近发生的变化如下：

---

[74] 参见 BROWN（2008）。

[75] 参见 REIDENBERG（2001）。

• 增强互联网服务提供商热线的作用及其程序在公众和政治上的认可度；

• 英国电信等企业和过滤系统供应商提供了技术解决方案；

• 2000 年以来，对内容过滤和监督的政治动力来源于以下两个方面：警方和反恐法律要求；针对互联网内容托管及其用户不断提起的诉讼（主要涉及版权和名誉权）。

卡拉南（Callanan）（2007）指出："各国政府已不再负责治理互联网，而是转向指导私营企业，因为这些企业可能会违反人权，[76] 而政府不会公开违反。[77] 面对这些压力，EuroISPA 与各国互联网服务提供商协会一道，不断捍卫其反对的原则立场。EuroISPA 反对通过强制性的黑名单，来对互联网服务提供商的非法内容进行治理。接下来就是分析各国的执行方案、行业自治方案以及方案的成本和效益。克莱顿、卡拉南和霍夫（Clayton, Callanan, Hoff）指出，ETSI 正试图对儿童保护服务标准进行统一。卡拉南（Callanan）认为："大家都已看到英国电信的 Cleanfeed 系统所取得的成绩，该公司决定将其作为营销工具沿用下去。"ETSI 正在紧跟这一趋势，但由于主要的电信运营商已进行了投资并在技术上处于领先地位，ETSI 可能会遇到一些阻力。"对这一技术发展结果的审计对确定这一领域审计的成功（甚至是过度扩展）至关重要。

| 泛欧 CAIC 谎言会成为发展目标吗？ |

在终端用户收到内容之前，互联网服务提供商要对内容进行过滤，同时建立各成员国和全欧洲的屏蔽清单，此举是互联网服务提供商协会制定政策和确立治理角色的关键。可以想象有两种情况会使互联网服务提供商协会成为共治计划的一部分。

• 成员国互联网服务提供商协会要求其成员遵守过滤行业行为准则；

• 政府将此类协会的成员资格作为允许网络服务提供商在其范围内运

---

[76] 《欧洲保障人权和基本自由公约》（又称《欧洲人权公约》ECHR），于 1950 年 11 月 4 日在罗马签署，并于 1953 年 9 月 3 日生效，要了解概要，请登录 HTTP://CONVENTIONS.COE.INT/TREATY/EN/SUMMARIES/HTML/005.HTM。

[77] 参见 ALL PARTY PARLIAMENTARY COMMUNICATIONS GROUP（2009）；CALLANAN 等人（2009）。

作的法律要求。

在没有政策合作伙伴参与的情况下，此举的第一部分可被视为没有政府干预的自治。这一点从英国互联网服务提供商协会的要求上可见一斑。该协会要求其成员加入 IWF，并支持儿童色情热线的运作。正如英国政府和 IWF 高级管理层所说的那样，该热线的功能已延伸到新的领域，这可能会使互联网服务提供商协会成为更广泛的共治计划的一部分。然而，由于未强制要求互联网服务提供商加入互联网服务提供商协会，共治的形式会不牢固。事实上，英国的互联网服务提供商几乎都已加入互联网服务提供商协会、伦敦互联网交换中心（LINX）和 Nominet，这是他们进入行业并对相互之间的谈判表示诚意的最低要求。很难想象，一家互联网服务提供商既不加入互联网服务提供商协会，也不加入 NOMINET 会是什么样。

这个例子在欧洲并不常见。欧洲大多数国家的互联网服务提供商协会都没有加入 EuroISPA，政策的影响范围有限。在这些国家，警方将要求互联网服务提供商根据热线对内容进行过滤，以建立起直接治理，而热线的资金完全来自于非 ISP 合作伙伴（在东欧，资金一般来自 SIAP 和微软）。如果没有这种责任，互联网用户可以直接向热线举报。当然，互联网服务提供商仍然有义务向警方或此类热线举报潜在的非法网站。然而，如果行业内没有一个资金充裕、被广泛接受的热线，就需要互联网服务提供商协会进行游说。此外，有些国家的互联网服务提供商数量没有英国和荷兰多。[78] 这些国家为数不多的大型互联网服务提供商可能代表着政府和政策制定者（直接或通过国家电信和电缆协会）。因此，不能对互联网服务提供商与政府的关系一概而论。我们可以注意到以下三种模式：

（1）互联网服务提供商为各国热线提供资金，并代表行业游说政府；

（2）自治热线的资金来源于 SIAP 和很少涉足当地互联网服务提供商管理的跨国公司；

（3）互联网服务提供商须依法通过警方和热线进行直接过滤。

---

[78] WOUTER 等人（2009），第 254 页。

可能还有其他治理方式，但这三种关系是互联网服务提供商与政府共治的主要形式。

尽管 EuroISPA 表示反对，但鉴于 INHOPE 全新的管理方式、新的 SIAP，以及北欧大型互联网服务提供商及其政府针对屏蔽系统所采取的行动，泛欧体系将仍然可能会面临更大的压力。欧洲委员会最近支持 EuroISPA 抵制强制实施黑名单做法。[79] EuroISPA 认为，大型公司引入过滤和内容治理可能会导致监管俘获和门槛的提高，因为这会增加小型互联网服务提供商的运营成本，提高大型互联网服务提供商的潜在竞争力（他们可以根据自己的意愿，利用更多的政策和技术资源来设计这样的系统）。EuroISPA 会问，为什么小型互联网服务提供商"搭便车"（拒绝过滤）会成为问题？为什么英国内政部想采取一种通用的方法来进行过滤？这可能构成了欧洲政策评估的基础，而这种政策评估与霍夫（Hoff）在挪威进行的评估类似。

COM（2010）94[80] 是一项建议，其"影响评估"部分主要关注的是犯罪学和儿童保护，不涉及言论自由和成本效益的影响。[81] 该建议承认，第 21 条"屏蔽含有儿童色情内容的网站"[82] 未出现在《欧洲委员会公约》中，[83] 而建议的其余部分是为了充分执行该公约。屏蔽这方面内容成了争议的主要原因，有批评人士认为，这一做法成本高昂且毫无意义，与起诉违法者这一主要议题毫不相干。提议指令序文第 13 部分的内容节选如下：

> ……还应建立机制，屏蔽欧盟管辖范围内包含或传播儿童色情的网页。为此，可以恰当地采用不同机制，包括促进主管司法或警察机关进行此类屏蔽，或支持和鼓励互联网服务提供商自愿制定行

---

[79] 欧洲委员会（2008 年）；第 CM/REc (2008) 6 号关于促进言论自由并增进对互联网过滤器了解的建议。

[80] COM（2010），第 14 页。

[81] 影响评估 SEC（2009 A）和影响评估总结 SEC（2009 B）。

[82] COM（2010）第 8 页。

[83] 第 201 号 CETS。此外，还在全球范围内指出，主要的国际标准是 2000 年通过的关于买卖儿童、儿童卖淫和儿童色情制品问题的《儿童权利公约》之任择议定书。

为规范和准则，以屏蔽此类网页。为了删除和屏蔽虐童内容，应建立并加强政府部门之间的合作，特别是确保各国包含儿童色情内容的网站列表尽可能完整，避免重复工作。[84]

该部分还特别提到了 SIAP 资助的热线网络。

第 21 条"屏蔽含有儿童色情内容的网站"指出：

（1）成员国应采取必要措施，禁止其领土范围内的互联网用户访问含有或传播儿童色情内容的网页。屏蔽过程应得到足够的保障，特别是确保屏蔽行为仅在必要的情况下进行、确保用户了解屏蔽原因，以及确保内容提供商了解可能会对其带来的挑战。

（2）在不影响上述措施的情况下，各成员国应采取必要措施，以删除含有或传播儿童色情内容的网页。

然而，其中并没有详细指出具体的保障措施，再加上审查制度私有化以及之前屏蔽清单出现的不准确和错误，这十分令人担忧。

2010 年，政府实施的过滤软件似乎遇到了财政困难，澳大利亚政府主动放弃了强制过滤，这种状况一直持续到 2010 年年底举行的大选之后。[85]

欧洲和加拿大最近都在讨论互联网服务提供商是否需要根据最新的视听法律来过滤互联网视频内容。就欧洲而言，情况比较混乱，原因是 2007 年的《视听媒体服务（AVMS）》指令刚刚实施。在加拿大，联邦上诉法院对加拿大广播电视及通讯委员会提交的动议进行了裁定，决定作为中转机构的互联网服务提供商不能重新归类为视频广播机构，因此必须向加拿大文化基金提供资金。

---

[84] COM (2009 A)。

[85] MOSES (2010)。

　　由于互联网服务提供商唯一参与的就是提供传输方式，因此他们无法对互联网用户使用的内容进行控制。这样，他们无法采取任何措施来宣传《广播法》或其支持条款中所述的政策。只有那些"传播"节目的机构才能促成政策目标。[86]

---

[86] CBC (2010)。

共治能否持续

　　EuroISPA 的定位只是支持针对非法内容的自治，而个别公司会选择采取更多的措施。在公众和政府的严格治理下，最流行的搜索引擎在某些情况下也改变了排名。德国特别重视纯粹的搜索引擎结果所造成的潜在伤害。[87] 2005 年以来，该国根据 SRO FSM，推出了一种针对搜索引擎的新型自治方式。2006 年 4 月，搜索引擎自治计划得以正式实施。[88]尽管这种自治形式较新，但鉴于搜索引擎是欧洲互联网使用方面最大的市场，其影响力是深远的。这是独特的、跨内容类型治理的一次实验，因此需要不断的发展和完善。克里斯琴森（Christiansen）说："我认为每一个提供商都会说他们不做任何事情，但他们会偷偷做，这既是为了回避责任，也是出于基本的公关原因。"我建议欧盟在修订电子商务指令时赋予成员国更多的责任规则自由："责任规则显然是进一步发展的阻力。"[89]最突出的例子是，政府倾向采取与政府有松散联系的私人审查制度，但这种审查制度政策性很强且关系不正式。

　　多个利益相关者的参与也会使群体意志的失败变得制度化，我认为，有必要让所有利益相关者都参与讨论，以促进最终决议及其遵守方面的合法性。这种压力将执法责任移交给了托管方或供应商，采用的方式如同政府审查要求实施政治执法责任一样。尽管此类利益相关者不愿意承担这些责任，但他们可能无权抵制。针对这种压力，需要制定一个明确的基本策略，

---

[87] MACHILL 和 WELP（2003）。

[88] 参见 BREHM（2006）。在 2007 年在莱比锡召开的欧洲主席会议上，FSM 代表指出"VERHALTUNGSKODEX SUCHMASCHINEN"是唯一的纯粹自治计划。该计划由 FSM 于 2004 年提出。然而，是 KJM 让所有代表同意此计划。

[89] CHRISTIENSEN（2007）。

以避免由于个案处理方法的不一致或失败而导致各方反目。针对固定互联网服务提供商（拥有不同资源）和移动互联网服务提供商（公司规模较大）的市场结构和治理承诺进行测试，可以提供非常有用的案例研究成果。

第七章

案例研究分析

跨案例研究分析

在这一章，我将首先对比总结前面几章中跨自治机构的案例研究，并揭示导致成功、失败、可持续性和僵化的因素。我分别就路径依赖、资金和资源、改革流程、规模和范围拓展、执法权力和实践、报告、实现公众参与，以及提高用户媒体素养方面的工作进行了探究。这就引出了一个关于治理机制的总结。这些机制主要涉及行业独立董事及民间社会利益相关者的代表。第二部分探讨了《数字经济法案（2010）》中版权执法自治的失败，而引用这一案例是为了促成互联网服务提供商与版权持有者之间的和解。这部分还列举了实现共治的一些条件，同时论证了这些难以应付的行业利益相关者与政治意愿相结合，可能会否决这种安排并迫使达成治理解决方案。这就是互联网服务提供商对议会通过的治理解决方案的合法性提出质疑的当代意义，因此，我在第三部分讨论了《数字经济法案》相关规定的司法审查前景。第四部分和最后一部分对妨碍共治解决方案采用的各种问题进行了总结。在最后一章中，我将继续通过案例分析，得出共治的一般原则。

案例研究立足于先前观察到的自治机构实践，而且路径依赖也很明确（如图7.1中所示）。图7.2列出了各个自治机构的成立年份和预算。有些机构只公布了员工人数，没有公布年度预算。为了制作图表，我对这些公司的预算情况进行了预估。图表中显示的自治机构的成立年份对以后的预算没有太大意义，但自治机构与政府的关系及其在市场运作中所发挥的作用至关重要。融资是如何实现的？通常情况下，收入的主要来源是会费。另外，政府（包括欧盟委员会）以及公司的出资人也会为自治机构提供资金。此外，活动的赞助以及自治机构的其他活动也是收入的主要来源，例如 IETF 的会议费用。运营资金也是 PEGI、Nominet 和 NICAM 等自治机构的又一重要来源，其中他们的分类和其他活动按项目收费。

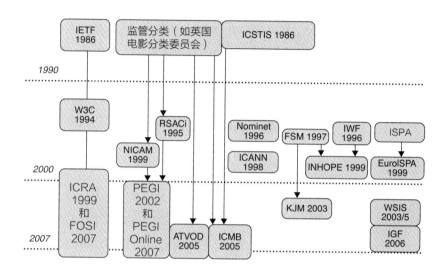

图 7.1 自治机构创立年份、发展及联系

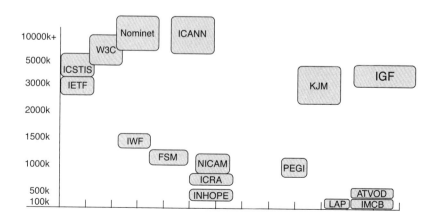

图 7.2 自治机构成立当年的预算

有两点适用于资金不足的自治机构。造市商是创造关键市场资源的自治机构，是为市场提供必要职能（历史职能）以获得消费者认可的自治机构，或者是资源充足的自治机构。这样的例子包括 Nominet、ICANN、IWF 以及标准机构。共治计划对行业的资源需求得到了法律的支持，因此形成了一个特殊类别，但可以将其视为政府宣布对市场形成至关重要的造市商的子类别，如 NICAM、ATVOD 和 ICSTIS 就是例子。市场筹资的自治机构根据不断成长的市场的产量情况获得资金，同时根据市场成长（而非会费）获得资源。诸如 Nominet、ICSTIS、FOSI、PEGI 以及标准制定机构 W3C 和 IETF 等机构的会员数量会随着市场参与度的增加而增加。

此外，一个重要的主题是"隐性资源"在自治机构方面发挥了巨大作用，而正式资源的作用要比直接的国家治理大得多。这些隐性资源的形式有三种：直接会员资源、个人会员的自我实施活动以及第三方公益活动。根据自治协议致力于自我实现的会员资源包括 BT 的 Cleanfeed 计划、AOL 热线与反虐待条款，以及 Bebo 活动（后者未进行治理）。通过公益活动进行自我实现的第三方资源，包括大学、IETF 独立基金、W3C 和知识共享组织。案例研究的企业受访者全部来自成功企业（有初创企业，也有老牌企业）。因此，他们代表了互联网商业的前沿，而非 Nominet 会员之类的泛泛之众。其中有丰富经验的受访者强调，许多互联网公司既没有资源，也没有激励措施来履行仅仅超出最低要求的合规职能。特别是对屏蔽有害内容不感兴趣的公司（尤其是采取激励措施确保访问量的公司）不鼓励向自治机构提供资金，而屏蔽有害内容却是自治机构的使命。自治机构的筹资范围很广，多家自治机构的资金主要来源于框架活动。评估自治机构资金的重点是确定自治机构的资金是否充足，以及筹资在多大程度上决定着形式和功能。在接下来对公司治理的分析中，我将探讨自治机构在多大程度上被独立筹资委员会所吸引，或采取措施扩大公司治理，将不是公司成员的非执行董事纳入其中（通过咨询委员会或某种形式的政府参与）。

许多互联网自治机构都创立过"神话"。因此，我在案例研究中指出了引用的自治机构的历史沿革，并将实证访谈的重点放在改革可能揭示的内容上，以重新考虑自治机构的使命和形式。同时，我也了解到了见证机构创立过程，或在机构改革关键时刻出现的人物。[1] 制度形成过程中得出的经验教训可以分成两大类：应急反应和市场形成。鉴于自治机构形成过程中通常会出现的动机问题，那么为什么除了现任者，所有人都愿意成为"先行者"呢？而现任者又为什么要冒风险去指控反竞争机制的形成呢？尽管存在被认为是反竞争的风险（尤其体现在 IMCB 和 INHOPE 的案例中），但市场形成的动机往往占据主导地位。

改革是如何进行的？自治机构通过内部协商和自我评价手段，自行确定许多改革要求。我们注意到，审查中的自治机构进行了实质性的改革，这些自治机构包括：

- 公共机构（PEGI、Nominet、FOSI 和欧洲移动运营商）
- 有政治背景的机构（ATVOD、ICSTIS、ICANN、IWF 和 INHOPE）
- 私人机构（"第二人生"、Bebo）

方法的选择是由自治机构的管理层和成员非常谨慎地做出的，而外部力量的关联也很密切，正如讨论改革时所选择的公共和政治相关机构那样。通过各种宣传进行改革的程度，决定着自治机构对其更广泛的政策环境的响应能力：一般来说，宣传力度越大，政策的影响就越大。有些自治机构的结构改革并不急迫，尤其是 W3C 和 IETF 等标准制定组织。还有一些自治机构近年来将改革视为唐突之举，他们没有机会将治理落实下来，尤其 IMCB 更是如此。这种情况下，最紧迫的似乎就是通过活动增加合法性和利益相关者的认可程度。在 2007 年进行改革的过程中，我确定了与范围、

---

[1] WEITZNER（W3C）、CLARK（IETF）、BOYLE（NOMINET 和 ICANN）、BENHAMOU（ICANN 和 IGF）、SWETENHAM 和 HOFF（ICRA 和 INHOPE）、CLAYTON、HUTTY 和 CARR（IWF 和 EuroISPA）、CALLANAN（INHOPE）、CHRISTIENSEN（KJM，FSM）、BORTHWICK 和 WHITEING（IMCB）van DIJK 和 BEKKERS（NICAM）、BEKKERS 和 CHAZERAND（PEGI）、MILLWOOD-HARGRAVE（ATVOD）、ONDREJKA（"第二人生"）。我也采访了与 SNS 形成有关的人士。值得注意的是，ICSTIS 这个"老牌"共治机构未在其中，该机构曾发布官方史料纪念其成立（ICSTIS 2006）。

利益相关者、治理结构、报告、媒体素养、政府关系和外部评估等相关的改革类型。这些内容涉及个案研究的评估框架，该框架指出了自治机构认为对于其改革至关重要的因素。为了重申这种方法，我们将在调查期间审查改革以重新讨论制度形成问题，因为改革回避了先前的制度设计问题。

自治机构的范围扩展涉及 PEGI、IWF 和知识共享组织。如果进行改革，范围扩展主要通过现有资源或增加与新活动（扩充成员）有关的资源来完成。PEGI 和 Euro-mobile 经历了规模扩张（国际化）。FOSI、Nominet、ICANN 和 IWF 重新进行了安排，将"第三部门"（慈善、消费者、志愿者和用户）的投入纳入其中，而这却被 PEGI 明确拒绝。在 PEGI 看来，终端用户的引入应被纳入到政府和会员企业的活动中。对于标准制定机构来说，这仍然是通过活动来完成的。一般而言，多利益相关方主义涉及基于网络的特别磋商程序，与正式的管理结构无关。如果自治机构决定采用委员会结构（包含 ICSTIS 和 IMCB 等大多数非行业成员），那么就可以认为，多利益相关方主义在选择的治理方法中实现了制度化。然而，在这一领域，许多组织都很"善变"，在利益方面扮演着商业、自愿、学术乃至政府的角色。因此，我警告，明显的排斥或固有的多利益相关方治理模型可能会隐藏许多包容性或排他性的做法。特别要注意的是，要使用自治机构网站、列表服务器和其他讨论列表，来促进对磋商和持续性活动以及即时报告工具（热线、虐待按钮等）做出多元化的响应。

取代早期方案的创新治理方案包括：

• NICAM 作为跨部门方案的范例，已被广泛采用；

• IETF 采用开放性的标准设置方法；

• Nominet 是以业务为导向的非盈利性基础设施提供商；

• IWF 是一个热线，通过与警方和互联网服务提供商进行合作，该热线在儿童色情内容外包方面取得了显著成效；

• ICSTIS 是一个有效的共治机制，该机制通过经济手段治理优质内容价值链；

• 知识共享组织作为创新型国际非营利性组织，为创意作品提供法律保护。

请注意，这些组织的开拓性努力在许多其他研究模式中已被沿用或调整。尽管我认为这些案例研究本身不能提供任何地理性人群聚集的例子，但正是这种案例，可能会揭示技能和人力资本集中的情况，使得某些监管方案选定了具体的位置地点，更可能的情况是，这些方案无法仅通过区域或国家资本确立起来。例如，技能说明了 W3C 和 IWF 的位置。此外，还要注意失败的自治机构的"范式"，在这种范式中，行业没有完全采取方案，或没有得到用户的完全信任。这样的例子包括 ICANN 和 ICRA/FOSI 等方案。许多方案终端用户几乎无法知晓，因此濒临失效或至少无法证明有效，尽管在新方案中这可能是不可避免的。

会员结构会影响改革的进程和方向。因此，IWF 筹资委员会对改革的否决，或对全体成员就 Nominet 根本改革进行的民调，都会对其最初使命的改变带来影响。相比之下，W3C 具有一种有利于快速改革的特别直接的领导形式。注意 PEGI 和 ICANN 的"政府咨询委员会"这一特殊情况以及理解这种委员会实际影响的难度。通常情况下，政府成员认为，非政府成员夸大了政府成员的实际影响力，而民间社会观察家认为，政府成员的影响力比他们自己的更大——这是互不信任的一个例证。

要执行规则就要持续进行审查。鉴于自治机构规范应用的微妙和灵活性，规则执行往往意味着道德谴责、解除或吊销会员资格，或者市场拒绝采用标准或过滤器。这些方法不应该被低估：在标准机构中，研究者或组织的不良信誉可以完全削弱其有效性，因为许多工作依赖于建立联盟并让他人相信自己的事业。开除成员、暂停或终止社交网络或虚拟世界的会员资格会使该成员失去在人脉、建议等方面形成的"声誉资本"。最终，市场没有标准，发行商忽略过滤准则，用户不相信治理技术，这些会使此类自治机构变得多余，标准机构和过滤组织一致认为这种情况很危险。案例研究和以前的实证研究对这些研究成果进行了指导。要对自治机构采用的方法和技术进行广泛的定量和定性研究，从而尽可能扩大市场和用户了解并采用提出的自治机构解决方案。

在自治机构的改革议程中，报告似乎越发重要。自治机构举办网络直播会议等公开会议，对其工作进行报告，并听取公众的意见。[2] 显然，互联网自治机构是报告和公众参与的范例。他们毫不令人意外使用互联网作为远程通信的主要来源，同时也不排除利用"现场"个人会议的机会。如果进行批评的话，批评内容往往涉及信息过多而非信息匮乏。特别是，民间社会利益相关者经常声称，仅仅是关注自治机构的工作内容就要全天工作，对于许多发展中国家和小国的专家来说，了解 ICANN 等机构的重要活动是不可能的。这种资源差距很明显，有些自治机构试图通过总结、月度简报和年度活动来弥补这一点，并且承认许多利益相关方无法保证自治机构活动的整体性。

受访者不断强调自治机构的活动，而媒介素养是其中的一个重要要素。因此，自治机构始终强调加大与公众的接触力度，这些机构包括标准机构（W3C）、标注机构（PEGI、FOSI、NICAM）、热线机构（INHOPE、IWF）以及自组织（Bebo、"第二人生"、知识共享）等。除了机构成员开展的活动以及上述报告类型的专家和利益相关者会议外，这些活动都有专门的资源。公众对这些机构及整个框架的了解很少。欧盟民意调查对公众认识和了解自治机构作出了重要贡献。[3] 批评人士认为，成熟的标准（IETF、W3C）和技术基础设施（ICANN）机构被行业支持者所把持，但这些机构可以向行业、政府和用户要求授权，而且他们的技术专长以及市场上广泛采用的互用标准也广受好评。评级计划除非强制执行，否则不会为公众所知，也不会被业界广泛采用。

当自治机构与政府接触时，应注意对 NICAM、ICSTIS 和 ATVOD 进行正式审查，并将要求提交给议会进行讨论。同时，各种类型的机构（如 Nominet、IWF 和 PEGI）还应与政治人物和政府受众进行接触。案例研究中涉及的自治机构的资金部分来源于 SIAP，并且已经过正式审查（还

---

[2] 2007-2008 年，MARSDEN 在项目启动前或项目期间出席了 ICSTIS、NOMINET、ISPA UK、PEGI、ICANN 和 FOSI 举行的公众集会，同时也与"第二人生"、知识共享组织、W3C、ICSTIS、IMCB、TRUSTE、ATVOD、FSM、KJM 和 NICAM 等机构的专家共同参加了受邀专家会议（最后四家全部出席了 2007 年 5 月在莱比锡召开的德国主席国媒体自治会议）。

[3] 参见 EUROBAROMETER (2007)。

有财务与项目报告和持续的非正式接触）。

表 7.1 显示了自治机构的董事会组成和治理。

请注意，此表不能体现 ICANN 的复杂性，而一些企业级自治机构就是私人企业的董事，因此，无需拥有独立董事身份，也无需成为民间社会团体的代表。无论如何，董事会都应行使良好的企业公民权，而在没有治理议程的情况下，企业社会责任可以进行有效的管理，并将环境（社会和可持续性）因素纳入其中。

对自治机构的评估仅限于已归类为共治的组织的评估，尤其是对 NICAM、[4] 英国媒体自治系统（Latzer）、Ofcom（Price 和 Verhulst）[5] 以及 ICANN 的评估。几个英国改革提案指的是：

- 英国"完善治理"框架（Nominet，ICSTIS）；以及
- 凯德伯里（Cadbury）公司治理改革提案（IWF，Nominet）。

---

[4] 参见 VAN STOEL 等人（2005）。

[5] LATZER M.、PRICE, M. E.、SAURWEIN, F. 和 VERHULST, S. G.（2007）。

表 7.1 各个自治机构的管理方法类型（2008 年 1 月 1 日）

自治机构	董事会董事	非执行董事	独立资金	咨询委员会	董事会高管
ICANN	15 名 +6 名（无投票权）	由提名委员会任命	无	有	总裁 / 当然 CEO
Nominet	2 名执行董事和 4 名非执行董事	董事会成员	执行董事为董事会制定预算	政策和咨询机构	CEO
IETF	行政监督委员会（AOC）	由 IAB 任命的 IETF 主席（也是 AOC 成员）		互联网协会理事会	AOC 任命的行政主管
W3C		大多数为非执行董事	无	由成员选举产生的咨询委员会	董事会董事
FOSI/ ICRA	16 名		无	咨询委员会：9 名成员	有，董事会 CEO
IWF	10 名	有	筹资委员会	理事委员会	CEO：由主席和两名成员组成的执行委员会

INHOPE	4 名，其中包括总裁及副总裁	董事会全部是执行董事	无	由 30 名成员组成的会员大会	无
ICSTIS	10 名		预算由 Ofcom 批准	由 15 名成员组成的行业联络小组	董事会主席兼首席执行官
IMCB	4 名	3 名	无	ICSTIS 增选委员会	主席和董事
NICAM	10 名理事兼执行董事		无	由 27 名成员组成的咨询委员会	独立于董事会的主席
PEGI	15 名			政府咨询委员会	有

ICANN 继续进行监察专员的实验，并任命了一位公众参与管理人员来负责外联活动。

案例研究的分析表明，如果不采取强迫手段或没有国家参与，多个领域就会出现私人或非营利创新：社交网络、虚拟世界、版权。政府和其他利益相关者通过自上而下和分层管理等方式共享全球最佳实践。由于非法和不适当内容等问题，私人部门对个别公司（如 BT Cleanfeed）和多个部门层面（移动领域的 IMCB 和视频点播领域的 ATVOD）发起了重要的私营部门倡议。多位权威互联网治理分析师突出强调了宽带 Web2.0 内容的互联网服务提供商治理。[6] 尽管内容提供商和网络所有者之间的"网络中立"和契约关系不在本书的讨论范围之内，但很明显，由于不同的业务模式和治理传承，紧张的关系仍然存在。[7] 网络所有者积极建立 AT-VOD、IMCB、IWF 等自治机构，而源于"初创"文化的内容提供商则依赖于其独特的基于使用和中介的自组织形式，"第二人生"、Bebo、知识共享组织等便是如此。

从治理的角度来看，主要的实质性问题仍然是利益平衡的问题（即一种政治等式）。[8] 这涉及知识产权所有者的权利和创新兴趣，以及在不断发展的用户原创内容环境中，争取版权和其他权利的权利平衡。第二种这样的平衡是：互联网用户言论自由方面的公共利益与各种安全问题（包括不适当的有害内容和垃圾邮件、病毒等"恶意软件"，以及犯罪活动宣传内容）之间的平衡。企业试图调整服务，以适应新的商业环境，而许多用户不愿向陌生人或商业企业公开个人信息，这进一步引起了人们的关注。如果不对公共利益进行持续性的影响评估和审查，就无法让这些政策领域进行自治。

---

[6] FRIEDEN（2007）；FARATIN 等人（2007）；BAUER 和 BOHLIN（2007）。

[7] 参见 MARSDEN（2010），第 3 章。

[8] BENHAMOU（2007）对三个问题进行了分析：需要提供技术接口的透明度。他真正关心的是反竞争优势，特别是频谱、编号空间以及主要搜索引擎的应用程序编程接口等稀缺资源。搜索引擎治理必须透明。在他看来，问题主要是将移动设备与网络垂直整合起来（如 Iphone 手机无 Wifi 或 3G 功能）。他关注的另一个问题是需要确立以公民为中心的方法，而由于没有全球性的网民权利观，这种方法并不存在。一个例子就是隐私权和信息控制。他以 SPOCK.COM 为例，来说明新的人物元搜索网站，该网站采用领英（Linkedin）的公开信息。同时，他还考虑了开放 ID，这是一种新形式的联邦身份，可实现互操作性，从而成为联邦数据级别的"老大哥"。

　　我发现，尽管自治机构进行了重大创新，但这也使他们受到了更大的资源制约。自治机构将用户利益纳入考虑范围，采用多利益相关者范式。此类多利益相关者讨论所涉及的政府监控和监督中的最低限度的共治，以及更正式的政策工具（包括资助和支持此类活动）使自治机构倍受鼓舞。不断引入正式上诉机制、监察员、正式沟通机会以及开放性协商。正如预期的那样，在线讨论论坛得到了充分利用，而通过这种手段（缺乏电子投票）的公众参与也在蓬勃发展。在确保最大程度地实现决策的透明度和有效性以及有效实现自治机构目标方面，政府和民间社会发挥了一定的作用。按照政府治理的标准，自治机构的预算通常很低，这可能证明：

- 私人部门的效率更高；
- 保障最大透明度和良好治理的资源缺口；
- 自治机构的实际费用都用在了个人和联合成员活动上（用在直接服务于自治机构和个别企业与服务采用的政策上）。

　　只有经过详细的研究和审查，才能说明自治机构的职能。在标准制定组织（以及 ICANN、IGF、知识共享、"第二人生"、SNS 等最佳实践）运营的聊天论坛中，关于参与者行为的调查随处可见，而这种调查可以更清楚地表明活动人士对当前问题的看法。对于具有代表性的用户样本来说，他们可能需要使用欧洲民意调查机构的资源。欧洲多个国家 [9] 代表 SIAP 和 DG INFSO 活动（包括隐私和标准制定政策活动）进行独立评估，除此之外，这些国家还通过独立研究实施影响计划。多个机构对 ICANN 和 ICSTIS（我们的调查主要涉及）的流程或委托研究进行了评估。本调查采用了多部门、跨学科的方法，一方面体现了 ICRA、NICAM、IMCB 和 PEGI 之间标注的联系，另一方面体现了 ICRA 与 ICANN（通过 FOSI 与 .xxx 域名的互动）、W3C 和 IETF 的联系。自治机构之间的互联性在精英访谈中得到了体现，而聚合分析可以对信息社会自治机构作出有意义的评估。

---

[9] 例如，奥地利 LATZER 等人（2006）；德国 HANS BREDOW（2007）；英国 OFCOM 的 LATZER 等人（2007）；法国网络权利论坛。

一个失败案例：
《数字经济法案（2010）》

由于指令的贯彻和实施，以及通信治理机构 Ofcom 将共治内部化，共治被引入到了英国法律中。《数字经济法案（2010）》（《数字经济法案》）是一项在缺乏行业协议的情况下，关于授权自治或治理的立法难度的案例研究。[10]《数字经济法案》规定的出现起因于版权持有者（尤其是音乐公司）与全球互联网服务提供商行业之间长达 10 年之久的"对峙"。

为了追踪非法文件共享，音乐行业需要互联网服务提供商根据实际用户确定共享者的 IP 地址（如 168.168.234.231）。这一过程需要不断重复，因为 IP 地址是动态的，并且可以在每次上网时进行共享和重新分配。2008 年，政府对互联网服务提供商施加了巨大压力，要求其进行合作，这在很大程度上违背了互联网服务提供商的商业利益，他们指出：

> 2008 年 7 月，政府极力鼓励互联网服务提供商与英国唱片业协会和其他权利拥有者签署谅解备忘录……互联网服务提供商承诺与其他缔约方进行合作，让互联网服务客户能够了解其账户何时被非法用于共享版权法保护的内容。索赔人将参加为期三个月的审判，并向音乐版权持有者确认的用户（曾从事非法的上传或下载活动）发出通知……该谅解备忘录为期三个月的试用期已于 2009 年 1 月到期。[11]

---

[10]《数字经济法案（2010）》（第 24 章）于 2010 年 4 月 8 日获得女王的批准。

[11] R．v．Secretary Of State For Business, Innovation And Skills Ex parte (1) British Telecommunications Plc (2) Talktalk Telecom Group Plc Claimants [2010] Statement Of Facts And Grounds，第 10–11 页。以后简称"Statement of Facts and Grounds"。

尽管互联网服务提供商的参与并不完全是自愿的，但这也是通过自治来解决问题的尝试。随后，政府起草了一份名为"数字英国"的政策文件，[12] 该文件促使音乐行业游说政府引入立法，迫使互联网服务提供商进行合作。事实上，"数字英国"的整个起草过程一点也不逊色于互联网服务提供商与音乐公司的谈判过程。我们可以将后者描述为一种对话。这种对话的目的不仅是为了游说通过"数字英国"法案，以实现双方各自期望的结果，也是为了体现最起码的诚意。2009 年 6 月，"数字英国"的最终报告结束了这场没有硝烟的战争。[13] 之后，双方努力说服负责起草《数字经济法案草案》（DEBill）的各位部长相信他们的选择。"数字英国"法案指出：

> Ofcom 有责任采取措施减少在线版权侵权行为。特别是，他们有义务要求互联网服务提供商：通知涉嫌侵权人（需要有权利所有者的合理证据）他们的行为涉嫌违法；收集侵权惯犯的匿名信息（来自他们的通知），这样，一旦收到法院命令，权利所有者便可以获得这些匿名信息及个人详细信息。[14]
>
> 此外，Ofcom 有权根据法定文件对互联网服务提供商的条款进行规定，以防止、阻止或减少网上侵犯版权行为，例如屏蔽（网站、IP 和 URL）、协议屏蔽、端口屏蔽、带宽限制（限制用户互联网连接的速度或限制用户可以获取的数据流量）、带宽整形（限制用户访问选定协议、服务的速度或限制选定协议、服务的数据流量）以及内容识别和过滤。[15]

---

[12] 《数字英国（2009B）中期报告》（CM 7548）提出立法，要求互联网服务提供商根据侵权的合理证明，通知版权侵权人其行为涉嫌违法；同时要求互联网服务提供商收集侵权行为严重的惯犯的匿名信息。一旦法院命令产生，权利持有人便可以获得这些信息。

[13] 《数字英国（2009A）：最终报告（CM 7650）》于 2009 年 6 月发表。

[14] 《数字英国（2009A）最终报告》第 24-28 段。

[15] 《数字英国（2009A）最终报告》第 4 章。

如果在一年之后，通知过程没有成功地减少 70% 的侵权行为，这一权力将被触发。[16] 文件共享的具体征询意见指出："Ofcom 有义务采取措施减少在线版权侵权行为。具体来说，他们应让互联网服务提供商拥有两项义务，而这两项义务在《数字英国中期报告》中进行了详细阐述……他们还应确立行为准则，来支持任何现有的义务。"[17]

该文档的第 4.39 款详细列出了指示性时间表，直到"零 +28 个月"之后，才对用户采取技术措施。其中，"零"指的是皇家同意关于 Ofcom 建立机制的日期。DEBill 证实了国务大臣曼德尔森的计划，该计划于 2009 年 11 月 16 日公布，并于议会举行大选最后期限前的六个月引入上议院。为了对 2010 年 1 月出台的 DEBill 提供一些详细的指导意见，政府发布了《最初义务规范》纲要。[18] 为执行相关规定 Ofcom 需尽快起草内容详细的《最初义务规范》。与著作权人不同，互联网服务提供商受 Ofcom 治理，须遵守《通信法（2003）》第 45 和 49 节。根据《通信法（2003）》第 96 节，Ofcom 可能对违规行为进行处罚。根据《通信法（2003）》第 124L(2) 节，处罚金额高达 25 万英镑。

2009 年，版权行业游说带来了变化，即不惜巨资对疑似盗版行为进行大力监控，要求互联网服务提供商推出"三振"制度，切断涉嫌侵权人的联系，并修改《通信法（2003）》的第 124 节。这是版权游说的一次重大胜利，却是互联网服务提供商的一次巨大失败，也可能是为盗版私设的法庭。之前通过的类似立法被法国宪法法院否决，并由法国参议院进行了修订（HADOPI 法案是一个管理局的名字，成立的目的是审理三振法案上诉）。法国宪法委员会裁定，根据 1789 年的《人权宣言》，[19] 只有

---

[16] 《数字英国（2009A）最终报告》第 31 段。

[17] 英国商业、创新和技能部（2009），第 1.3 段指出："这提出了《高尔斯知识产权报告》的第 39 条建议，而该建议是英国商业、创新和技能部最近就《数字英国中期报告》第 13 条和可能的治理方案的征询意见。"

[18] 英国商业、创新和技能部（2010）。

[19] 《1789 年人权宣言》，参见法国宪法委员会网站：WWW.CONSEIL-CONSTITUTIONNEL.FR/CONSEILCONSTITUTIONNEL/ROOT/BANK_MM/ANGLAIS/CST2.PDF。

法官才能对互联网接入作出决定。[20] 这是为了回应之前颁布的一项旨在切断涉嫌多次侵犯搬迁的互联网用户接入互联网的法律。这与《数字经济法案》的提案类似。欧洲委员会部长会议回应特别版权法庭时称："只有法官可以决定是切断互联网接入，还是要求充分尊重基本权利和自由。"[21]

《数字经济法案》使用了终止议会的"清洗"条款，这意味着英国政党前座议员对议会事务的控制权越来越大，[22] 而保守党反对派官员的默许，对于《数字经济法案》在两天内通过下议院的三读程序至关重要。《数字经济法案》的有关章节简要内容如下：

(1) 负责通知用户举报的侵权行为；

(2) 负责为版权所有者提供侵权名单；

(3) 批准初始义务行为规范；

(4) 在行为规范没有获批的情况下，Ofcom 制定初始义务行为规范；

(5) 初始义务行为规范内容；

(6) 进度报告；

(7) 负责限制互联网接入：评估与准备；

(8) 负责限制互联网接入；

(9)Ofcom 制定义务行为规范，限制互联网接入；

(10) 限制互联网接入的义务行为规范内容；

(11) 用户上诉；

(12) 义务履行；

(13) 费用分摊；

(14) 解释性和继起性的法律规定；

(15) 有权对禁止访问互联网做出规定；

(16) 协商和议会审查。

---

[20] 2009 年 6 月 10 日出台的第 2009–580 DC 号决议，2009 年 6 月 13 日发布的法国官方公报，第 9675 页，第 16 节，要获得英文版本请登录：WWW.CONSEIL-CONSTITUTIONNEL.FR/CONSEILCONSTITUTIONNEL/ROOT/BANK/DOWNLOAD/2009_580DC-2009_580DC.PDF。

[21] MCM（2009）021，第 5 页。

[22] 前座议员涉及公共法律和政策制定的立法程序。参见 Le Sueur 等人（2010）。

下议院双方的辩论因政客缺乏技术和市场专业知识而出名。发展铁路、运河和高速公路定期需要通过议会法案来保证和维持土地的使用权，而与此形成鲜明对比的是，发展互联网主要依赖于对电缆特许经营和英国电信或英国铁路基础设施的使用治理。因此，自《电信法（1982）》和《有线电视广播法（1984）》出台以来，议会很少参与其中。大多数电信立法过程均执行欧洲立法决议，这意味着议会已经很少讨论电信问题。由于商业互联网的兴起，尽管广播法于 1990 年出台并于 1996 年修订，但几乎没有对互联网治理进行立法审查。而《通信法（2003）》和《数字经济法案》则是例外，在这两个案例中，议会议员对电信问题的无知暴露无遗。新议会的早期动议要求废除引起特别争议的第 9—18 节，但在四个月内只收到了 37 个签名。[23] 议会可能会在 2011 年重新审议《数字经济法案》，以批准 Ofcom 的《最初义务规范》。[24]

《数字经济法案》的第 3—8 节要求向用户发送一封警告信，以说明其互联网订阅被非法用于下载受版权保护的材料。相比中断用户互联网接入的第 9—18 节，上述规定的争议性要小很多，人们认为《数字经济法案》的第 9—18 节相当糟糕。多克托罗（Doctorow）指出，反对的主要原因是警告信不会起作用，因为警告信实际会助长下载者采用规避手段：

> 如果非匿名、非加密下载存在重大风险，下载者可以切换至匿名加密选项……只是如果网络连接被娱乐迷断开，偶尔下载的初级用户及其家人或室友都会受到影响……如果法案迫使下载者使用难以监控的 SSL 加密服务，则要留意娱乐大厅以要求使用英国网络防火墙进行大范围的互联网屏蔽。[25]

---

[23] 《第 17 号早期动议（2010）》："本院认为上届议会在届满之日匆忙通过了《数字经济法案（2010）》第 9-18 节；本院还认为，这些法律条款对消费者、公民自由、信息自由和访问互联网等产生了巨大影响；本院呼吁政府尽早立法废除这些规定。"

[24] ISP 评论指出《数字经济法案》是"第二年上议院二次审议的首要备选法案，并建议授予上议院议员后立法审查之权"。参见 Mark（2010）。

[25] Doctorow (2010)。

警告信只能吸引无知的互联网用户。

2010 年 5 月—7 月，Ofcom 详细阐述了《最初义务规范》草案征求意见稿，该意见稿于 5 月份发布。[26] 这与时间表一致，这就要求 Ofcom 在该法案通过一年内，经由有关部委负责人将《最初义务规范》呈交给议会。该时间表非常简短地给出了更好的治理实践，它允许每个征求意见稿都有 12 周的时间。首个征求意见稿于 2010 年 7 月结束。针对首个意见稿，互联网服务提供商对 Ofcom 的《最初义务规范》草案征求意见稿提出的批评部分是切实可行的，其他批评也是基于行政法进行的。互联网服务提供商认为，按照《最初义务规范》草案的要求，需要对其商业模式进行变更，但这会产生市场扭曲效应。出于防止将全部成本转嫁给小型利基和区域互联网服务提供商，以及由于技术原因排除移动网络运营商的目的，Ofcom 提出了一个 40 万用户的门槛。互联网服务提供商认为，他们必须为了权利持有人的利益而开发、安装和实施新的大型系统，这具有重要的工程意义。[27]

联合科研网（JANET）准确地指出了将互联网服务提供商归类为积极过滤参与者将导致的"渠道"问题。[28] Ofcom 的征求意见稿中最具争议的用户提议就是，为明确版权侵权责任，公共互联网接入（图书馆、即付即用 WIFI 和移动服务提供商）需要确认身份。JANET 认为该建议与议会意愿相矛盾：

> 实际上，如果身份不首先得到证明，便无法在英国访问互联网。而法案的影响评估和议会辩论中都未考虑这一重大的政策变化（直接与扩大互联网接入的其他政策相矛盾）。在恐怖主义和严重犯罪的背景下，当议会讨论数据保留提议时，这一想法引发了激烈的讨论，并遭到了强烈反对。因此，在没有进行议会讨论的情况下，将这一建议引入到处理属于或低于民事不法行为水平的版权侵权的法案中，这似乎令人感到吃惊。

[26] OFCOM (2010c)。

[27] 有关更多内容，请参见 HORTEN（2010）。

[28] 联合科研网（2010）。

JANET 认为，Ofcom 的失误在于对"互联网服务提供商""通信提供商"和"用户"进行了诠释。第 3.22 款指出，开放无线网络提供商必须是互联网服务提供商或用户，这与法案中的定义不符。提供开放无线网络的企业很明显是通信服务提供商（因此不是用户），这在《通信法（2003）》中进行了界定，并在《数字经济法案》中得到了引用。如果企业与用户没有达成一致，那么企业就不是互联网服务提供商。JANET 还认为，根据《通信法（2003）》第 124N 节，互联网服务提供商的用户应归类为"通信提供商"而不是"用户"，原因是企业帮助个人实现连通，而任何人都可能会非法获取受版权保护内容。许多大型企业很可能会切断网络连接。截止到本文撰写时，《最初义务规范》征求意见稿还没有进入最后的草案阶段。然而，在司法审查方面，征求意见稿可能会被 BT 和 TalkTalk 的联合申请所超越。

对《数字经济法案》互联网服务提供商的司法审查

2010 年 7 月初，BT 和 TalkTalk 提出了司法审查申请，[29] 根据该申请，双方认为《数字经济法案》违宪。这两家申请机构都认为《数字经济法案》是针对非法 P2P 文件共享作出的巨大反应，原因是《数字经济法案》对"无辜"的互联网用户产生了巨大影响，并侵犯了互联网用户的隐私，同时用户期望保密。他们宣布索赔的原因是《数字经济法案》在以下四个方面违反了欧洲法律：

10.1. 在技术标准指令中，[30] 有争议的条款构成了技术法规或服务规则。这些条款本应通报给欧盟委员会，而实际情况恰恰相反，因此这些条款无法执行；

10.2. 有争议条款与电子商务指令不一致；[31]

10.3. 有争议条款与隐私和电子通信指令不一致（PEC 指令），也与妥善解决问题的要求不一致。[32]

最后一个方面是 BT 和 TalkTalk 用户的人权，这一点在下文进行了详细说明。他们也对代表版权所有者放弃执法职能的前景感到不安。[33] BT 和 TalkTalk 认为，在上诉过程中使用了错误的术语，用户将对指控（而

---

[29] STATEMENT OF FACTS AND GROUNDS (2010) 第 1–14 页。

[30] 第 98/34/EC 指令规定了技术标准和法规领域提供信息的程序 OJ [1998] L No 204, 21.7.98, 第 37 页。其修订版为第 98/48/EC 号指令，OJ [1998] L No 217, 5.8.98, 第 18 页。

[31] 第 2000/31/EC 号指令。

[32] 关于电子通信部门个人数据处理和隐私保护的第 2002/58/EC 号指令，OJ[2002]L No 201，第 37页。

[33] STATEMENT OF FACTS AND GROUNDS（2010）第 2 页。

不是对定罪的上诉）进行抗辩。上诉只能在有法律效力的法庭作出决定后才能进行，在法律上，这种法庭既不是权利人也不是互联网服务提供商。上诉程序是政府确保遵守欧盟法律的方法。

首先，欧盟委员会本应在 DEBill 草案发布时接到通知。事实上，欧盟 2009 年曾委托一家律师事务所，对各成员国在实施在线版权方面存在的差异进行研究。[34] 很显然，由于技术特性和泛欧主要互联网服务提供商和版权所有者的数量，这是一个泛欧利益的话题。值得注意的是，无论有什么好处，各国政府并不会总遵守技术标准指令和电子商务指令（官员私下向我表示，事实上愿意遵守的政府寥寥无几）。[35] 以行为广告公司 PHORM 和 BT 为例，[36] 由于未能全面执行 PEC 指令第 5 条，政府已经受到欧盟委员会的强制执行（包括非法通信拦截）。基于这些理由，人们可以尝试对政府的电信法规进行司法审查，这并不是说这些都是虚假的或微不足道的理由，而只是说这些指令在违反时也同样得到了遵守。在这些技术层面上，观察法院基于这些更技术性的理由作出的决定会很有趣，但最终的结果会更重要。

最后，由于《数字经济法案》对互联网服务提供商、企业和消费者产生的影响不成比例，他们认为该法案侵犯了：

• 《欧洲联盟运作方式条约》第 56 条（前第 49 条 EC）、第 61 条（前第 55 条 EC）和第 52 条（前第 46 条 EC），这对互联网服务提供商的活动带来了很大限制；

• 电子商务指令第 3（4）条；

• PEC 指令第 15（1）条；

---

[34] HUNTON & WILLIAMS，布鲁塞尔（2008）。

[35] 然而，种种原因都引述了 C-42/07 LIGA PORTUGUESA DE FUTEBOL PROFISSIONAL v. DEPARTMENTO DE JOGOS [2009] ECR I-0000, [2010] 1 CMLR 1, ECJ PER ADVOCATE GENERAL BOT AT [53] 案件："因此，第 98/34 指令对系统进行了规定，每个成员国都必须利用该系统向欧盟委员会通报各自提出的技术法规，这样，委员会和其他成员国都可以通报各自观点，提出对贸易限制较小的标准化。本系统也可以让委员会有必要的时间，提出具有约束力的标准化措施。"就《数字经济法案》而言，这种限制性解释的影响可能会在措施落实前，推迟三个月至两年。

[36] 有关更多内容，请参见 MARSDEN（2010），第 3 章，指出违反《2000 年调查权规范法》的情况很严重，但委员会的行动未能确保足够的执法权力。

• 《欧洲人权公约》第 8 和 / 或 10 条，生效途径：《欧洲联盟条约》第 6（3）条、[37] 欧盟法律总则、经修订的框架指令要求、[38]《欧洲联盟基本权利宪章》第 7、8、11 和 52 条及《欧洲联盟条约》第 6（1）条同等权利和 / 或 1998 年《人权法案》。[39]

这里主张的是，《数字经济法案》违反了其声称要追求的权益（尤其是英国公民使用互联网的权益）以及互联网服务提供商提供这些服务的自由。特别是，互联网服务提供商的"非礼勿视、非礼勿听、非礼勿言"角色，让他们可以针对用户的版权侵权和诽谤等行为采取"三不猴"策略。[40] 正如该诉求所说："整个体系认可了互联网服务提供商的中立和被动的角色。互联网服务提供商只是在互联网上传输数据的渠道……在诽谤等方面，这种被动角色也得到了普通法法院的认可。"[41] 2010 年 11 月 9 日，所有四条理由都给予了申请许可，该案将于 2011 年 2 月至 4 月期间审理。[42]

《数字经济法案》司法审查将成为决定互联网治理未来的重要因素。但我们应该注意到，这里的利益相关者指的是互联网服务提供商、版权所有者和政府。因此，就共治而言，这种治理完全忽略了《机构间协议》（IIA）。无论是消费者个人，还是消费群体都应能够对 Ofcom 的实践守则的意见征询进行回应，就像他们对"数字英国"评论进行回应一样。但事实上，消费者参与进来的真正原因是，由于违反了版权规则而切断他们的网络连接，他们却无法向法院申诉，而只能向规则不健全的法庭进行申诉。

---

[37] 《欧洲联盟条约》，《官方公报》[2010] C No. 364，第 1 页。

[38] 第 2009/140/EC 号指令，修订了第 2002/12/EC 号关于电子通信网络和服务共治框架指令、第 2002/19/EC 号关于电子通信网络和相关设施访问和互连指令以及第 2002/20/EC 号关于电子通信网络和服务授权指令，《官方公报》[2009] L No 337，第 37 页。

[39] STATEMENT OF FACTS AND GROUNDS（2010），第 3 页。

[40] 参见 MARSDEN（2010）第 4 章。

[41] STATEMENT OF FACTS AND GROUNDS (2010)，第 7 页，引用了 METROPOLITAN INTERNATIONAL SCHOOLS V. DESIGNTECHNICA CORPORATION AND GOOGLE UK LTD [2009] EWHC 1765 (QB) 案件；[2009] EMLR 27 PER EADY J。

[42] BBC (2010B)。

完善治理与共治

对案例研究的分析表明，如果不采取强制手段或没有国家参与，多个领域(社交网络、虚拟世界、版权等)中就会出现重大的私人或非营利性创新。政府和其他利益相关者通过自上而下和分层管理等方式分享全球最佳实践。由于非法和不适当内容等问题，单个公司（如 BT Cleanfeed）和部门层面（移动领域的 IMCB 和视频点播领域的 ATVOD）实施了重大私营部门倡议。案例研究似乎呈现出了两难的困境：私人组织和公司级别的治理安排不适合独立自治机构的经典模型。问及的自治机构和专家的问题表明，自治机构的角色和改革与政府干预之间存在着巨大矛盾，但通常具有建设性。很明显，成员国、欧盟和全球倡议之间的相互作用，以及这项调查中所采取的多部门和跨学科的办法，必须纳入到自治机构的影响评估中。

《数字经济法案》的事例表明，消费者很少参与共治安排的运作，也没有正式参与自治。这就是一边遵守 Mandelkern 报告和《机构间协议》，一边违反这些规定。这也表明，政府要更多地参与共治的形成，以使行业认真对待消费者和其他利益相关者权利，这一点我在其他地方也谈到过。[43] 2010 年 Nominet 和 ATVOD 的改革可能会成为效仿的榜样，但相比 NICAM 的最佳实践，这些改革还有很大的差距。英国最典型的例子就是 PhonepayPlus，该机构于 2007—2008 年进行了改革。然而，在任何情况下，对治理安排进行正式审计都有强有力的论据。2001 年的《治理白皮书》指出："欧盟必须进行改革，以填补其机构的民主赤字。这种治理应制定并实施更好、更一致的政策，将民间社会组织与欧洲机构联系起来。"[44] 受欧盟委托，我在 2004 年提了一些建议：

---

[43] MARSDEN (2008)。
[44] EC (2001)。

针对透明度、问责制以及正当程序和上诉，尤其是影响言论自由的通信治理，欧盟委员会应制定并公布相关标准。共治机构应遵循透明度和获取信息的指导方针，并根据国际最佳实践，获得公共和政府机构的信息。至少自治机构应在其网站上，根据行为准则条款、判决数量和判决结果提供投诉摘要。不遵守透明度的基线标准应被视为共治失败。[45]

我依然秉持这种观点。在最后一章，我将进一步探讨共治的中期发展情况，并把重点放在互联网治理的宪法合法性问题上。

[45] MARSDEN（2004A），第 195 页。另见 MARSDEN（2004B），第 76–100 页。

第八章

网络空间共治是
更广泛治理讨论的一部分

多中心还是偏离中心

在本书中，我描述了一个越来越多中心化的治理环境，在这种治理环境中，网络化的政府机构与网络化的私营部门行为体进行互动，网络化的非政府组织与其他民间社会行为体则积极干预各流程、谈判活动和最终的治理活动。当在线活动为个人用户提供极大的自由时，也带来了巨大的风险。因此，正如布莱克（Black）所说的那样，这是一种多中心化的治理范式。[1] 互联网一直是以这种方式进行治理，协调不同行为体间的需求变得越来越便利，而由于创业公司和金融家在互联网创业中起到了重要作用，风险投资得以不断追加。自上而下的共治形成了这一错综复杂、有些新颖的共治环境。自下而上的治理模式常见于许多标准机构和内容（尤其是报刊新闻业）与技术治理机构中，而自上而下的治理模式则常见于其他较为传统的标准机构中，而且后者的治理安排继承了电信和广播的风格。无论每项安排的基础如何，几乎所有案例的发展方向都是共治。谨慎起见，我使用"安排"这个词，这是因为在某些环境中没有治理机构或自治机构，治理活动只能依赖于用户生成的自治（这在许多地方的确存在）、自组织、占主导地位的服务提供商强加给客户的合同规定以及技术架构（这些架构将治理行为体的运作限定在了封闭的空间中）。请注意，治理可能会改变这些架构，反之亦然。[2]

传统的线下儿童保护、广播治理或赌博治理不太适用于考察网络治理，在线治理并不是为了实现相同的结果、有效性或合法性。在线治理主

---

[1] BLACK (2008, 2009)。

[2] DOMMERING（2006），第 6–17 页。

要由"波特金式的治理机构"构成。[3] 从表面上看，它们像真正的治理机构，配备有办公室、监督委员会、申诉机制、企业章程，也确立了慈善地位等，但实际上，它们只是电影布景，徒有一些虚无缥缈、华而不实的外表。可能还会有人将此比作《绿野仙踪》，站在多萝西（Dorothy）立场的学术评论人士认为，她敲敲鞋跟便能回到以前的治理更严格且更安全的非网络世界。我并不是要重申"失乐园"的解决方案（广播治理并非如此），但切利（Cherry）说得很对，我们以社会成本为代价，放弃了以前的通信政策（如公共运输等）。[4] 布莱克（Black）断言："合法性构建的制度环境、问责关系的辩证性质，以及实行问责制的沟通结构等都已经形成。"[5] 我承认我的立场并不规范，但我的观点很务实。我认为"批评橙子不是苹果"的行为毫无益处。布莱克认为，我们需要尝试构建一个更加现实的基础，并在此基础之上提出一些更宏大的解决方案。如果不掌握最新的动态，宏大的规范性理论很可能只是一句空话，并且最终会收效甚微。"[6] 在从宪法角度出发，再回到线下问责制和治理标准的辩论中，许多人都犯了"白日梦"的错误，他们主张的立场并不被主要的跨国行为体和控制其行为的政府所认可。在本书中，我不会主张这种错误的立场。正如布莱克所描述的那样，我认为应根据"波特金式"和其他治理机构本身的情况，对其角色进行审查。波特金式审查并非互联网治理所独有，鲍曼（Bowman）和霍奇（Hodge）从纳米技术领域行为守则中得出了极其相似的结果，该纳米技术与互联网治理辩论一样有着同样的技术活力，也发挥了关键的道德作用。[7] 他们指出，"自愿性的纳米规范存在着一些漏洞，缺乏进行独立监控的明确标准，也没有针对不合规行为的制裁措施"[8] 然而，尽管这些准则只是纸老虎，但"在不确定以及与政府共治的条件下，它们却突显了

---

[3] CAVE 等人（2008）。

[4] CHERRY（2008），第 274 页。

[5] BLACK（2008），第 137 页。

[6] BLACK（2008），第 138 页。

[7] BOWMAN AND HODGE（2009），第 145–164 页。

[8] BOWMAN AND HODGE（2009），第 145 页。

这些治理机制的潜力。纳米规范很可能将成为纳米技术新治理机制的第一步"。[9]尽管这些准则一边被遵守一边被违反，但对于互联网和纳米技术而言，它们只是这类技术治理初步措施。[10]我们可能会向传统的治理分析师补充一点："多萝西，你现在已经不在堪萨斯州了。"

金马（Kingma）认为，再治理政策的趋势已经超出了儿童保护的范围，延伸到了在线赌博领域（人们认为风险治理对赌博市场的控制过于自由化）。[11]斯科特（Scott）对美国尝试禁止赌博，[12]以及英国在《博彩法案（2005 年）》中承认直布罗陀多家关键公司行为体的离岸地位等案例进行了分析。[13]他指出："在国内制度中实现治理目标极具挑战性，因为行为反应很难预测。但如果这种制度涉及跨境业务活动，治理机构、企业和消费者之间的复杂关系可能会暗中挫败政策制定者的意图……几乎不可能阻止意志坚定的赌客从事互联网赌博。"他指出："据报道，2006 年 7 月，英国互联网博彩公司 Betonsports 的首席执行官在德克萨斯州被逮捕，该事件迫使该公司退出了美国在线市场，并导致其首席执行官被解职。"[14]美国方面表示，对于非美国的行为体，会勒令禁止赌博。[15]在类似在线儿童保护或赌博的复杂而有争议的环境中，现实的解决方案涉及大量的干预以及国家对个人行为的治理控制。毫无疑问，长期以来一直是线下规范的合法性和有效性要求已被抛弃，而取而代之的则是自治的表面性要求。凯（Kay）解释道："最常见的捕获形式是诚实，也可能会被描述为智力捕获……有着美好意愿的治理机构看待问题的方式与其每天处理公司事务的方式并无二致。"[16]然而，这并不是互联网治理所独有的治理

---

[9] BOWMAN AND HODGE（2009），第 145 页。

[10] TAMBINI 等人（2008）。

[11] KINGMA (2008)，第 445–458 页。另见 MIKLER (2008)，第 383–404 页。

[12] SCOTT (2007)。

[13] 请参阅之前提到过的 SCOTT (2005)。

[14] 这次机场中转期间的拘捕行动让研究互联网的学者们想起了 1998 年发生的费利克斯·索姆（FELIX SOMM）慕尼黑机场逮捕事件。请参阅 BENDER（1998）。

[15] 要了解互联网博彩世界贸易法，请参阅 WT/DS285/AB/R [2005] GAMBLING SERVICES – WTO APPELLATE PANEL DECISION AND WU (2006)。

[16] KAY (2010)。

方式，布拉德温（Baldwin）指出，排放交易就是"宽松式"治理的一个示例，它不产生短期亏损，因此，也没有长远的解决方案。[17]

波特金式治理机构对遏制互联网上的过激行为提出了错误的观点，这重要吗？欧盟委员会一直采取比欧洲议会更为宽松的观点，正如人们所料，是一种技术官僚而不是政治舞台，尽管影响评估，但至少在理论上比以前更认真地对待自治和共治。[18]祖克曼（Zuckerman）指出："只要以营利为目的的互联网服务提供商还能随意终止棘手的客户，我们就会看到提供商'优化'其客户群，从而为（低风险）客户提供服务。"[19]他提到了纳斯（Nas）的工作：评估荷兰互联网服务提供商撤下网站的情况。[20]互联网服务提供商通常不想应对"棘手的客户"，因为他们会引起治理责任，或认真对待权利（最公开的案件除外）。高尚的道德标准现在不会，也从来没有成为治理的基础。

自治机构是不符合宪法的组织。事实上，在许多自由言论和交流学者看来，自治机构的存在本身就是违反宪法的行为。作为言论自由和其他基本宪法权利的合法和负责任的守护者，它们经不起审查。对于这一点，我们也许会全盘赞同，但我还是会大声呼吁扩大互联网治理讨论的范围，而且我不厌其烦地多次重申了我的观点。然而，这些治理机构的确存在。我的观点是，它们必须根据自身情况进行审查，公布各自存在的缺陷，并提出有益的改革，以在提高效率的同时完善问责制。波特金治理机构之所以危险，不仅是因为它们履行了政府推卸责任的职责，而且也是因为它们的职责履行得不充分、不彻底，并且使其自身、政府和消费者也付出了一定的代价。尽管如此，我们仍然有理由去要求履行这些职责，我们应深入机构内部（而不是表面）去探究为何这些机构无法履行其声称的职责。

各国政府已经对自治机构寡头进行了卡特尔（cartel）调查，但如果

---

[17] Baldwin（2008），第193–215页。

[18] 请参阅 Cave 等人（2008）。另请参阅 Cecot 等人（2008），第405–424页，他们指出，毫无疑问，欧洲政策倡议的争议性和重要性越高，对影响评估的关注度就会越高，同时还指出"欧盟影响评估的质量会随建议预期成本的增加而提升"。有关更多内容，请参阅 Pelkmans（2009）。

[19] Zuckerman（2010），第81页。

[20] Nas (2004)。

没有政府的强制性会员资格政策，这些市场行为体很可能会成为稳定的自治机构。无论是泛欧游戏信息组织（PEGI）还是各国的内容分级移动网络，这些稳定的寡头垄断结构都可以很好地适用于治理机构和被治理机构。当然，这些自治机构在市场中的竞争地位也是最糟糕的。寡头垄断的背后就是众所周知的政府策略，从亚当·斯密（Adam Smith）到约翰·凯（John Kay），再到文斯·凯布尔（Vince Cable），他们都对这一策略进行了谴责。然而，在动态的市场准入环境中，自治机构的搭便车行为和合规性差距可能是无法避免的。因此，政府陷入了互联网治理的两难困境——互联网的活力越强，治理质量就越差。这种情况和针对商业银行或对冲基金的治理机构所面临的困境相同，前者（商业银行）是吸引纽约和伦敦治理机构的寡头，后者（对冲基金）是百慕大群岛、其他避税地的离岸松散群体，以及"非定居"在英国的离岸松散群体，这些松散群体主要由身家上亿的冒险家构成。同样，互联网企业家就是那些利用优惠税收制度的自由投资者，例如，在卢森堡有亚马逊，而在海峡群岛，乐购运往英国的产品经由这里可以规避销售税。博彩案例表明，民族国家对离岸互联网企业的治理比较宽松。然而，互联网服务提供商和其他中间机构（如谷歌或脸书）越来越趋向于寡头化，而针对这种趋势的治理就要在互联网食物链中增加新的环节。

治理议程日新月异

本书表明需要调查政府以外的治理或治理结构的范围，并评估它们对未来治理战略的影响：[21]

- 作为治理的整个大环境的一部分；
- 作为实现公共利益的更有效手段；
- 作为应对快速变化的积极合作伙伴。

这些需求在应对新的迫切挑战的各种政策举措中得到了具体体现，而这些政策举措也认识到了自治和共治解决方案的重要性。[22]

值得注意的是，尽管本书的重点是对方案的事前评估，但对于自治机构治理绩效的事后监控和评价，以及与此类评价有关的信息源和分析工具的发展来说，也有着明显的影响。许多部门已经形成了很强的自治传统（包括许多专业、金融服务和环境管理），而互联网的自治形式可能是最丰富的，这也同时解决了最大范围的政策问题。

正如在政府治理中所做的那样，在自治方面的制度设计分类计划是必要的，[23]"蒲福风级"（Beaufort scale）是我的贡献，这种分级与政府"吹风"影响自治机构有关，"风级"从完全无风（0 级）到飓风（11 级），但极端情况在实践中却很少见到，纯粹的自治（没有事前或事后的批准）意味着自治机构实际上是近乎无形的。的确，在这一领域，事实上只能看到早期的混合式自治。这些近似的分类与政府的资助情况没有关系——直接或

---

[21] 这部分的分析很大程度上得益于我之前与乔纳森·凯夫（Jonathan Cave）博士的研究成果，特别是 Cave and Marsden (2008) 中的研究成果。

[22] 例如，《保护未成年人和人权尊严建议（2005）》、《欧洲互联网安全行动计划》、《电子通信框架（2009b）》、《电子商务指令评论（2010）》和《视听媒体服务指令（2007）》。

[23] 参见 Hood (1978)，第30—46页；Jordana 和 Levi-Faur (2004)；Priest (1997) 第233页。

间接的政府资助之间的关系与政策的干预并不一致。例如，政府的财政支持或共同出资是 1998 年以来 SIAP 大力推行的一项政策。我通过提出的政策措施对此类方法与政策支持的一致性进行了调查。这些政策措施旨在拓展此类机构的职责（尤其是第五—六章的 PEGI、IMCB 和 INHOPE）。

　　除了要明显加强欧洲的治理，我认为还应在欧盟委员会层面对影响评估的包容性进行分析，从而明确对自治机构应采取何种措施：放任、自治和共治。这些措施与"蒲福风级"密切相关。已经确定有 12 种理想的自治机构，尽管这可能采取了一种微观细粒度方法来对自治机构进行分类，但我认为这与在个体影响评估中进行测试的具体情况密不可分。

表 8.1 自治和共治的"蒲福风级"

治理方案	自治—共治	等级	政府参与
"纯粹"的非强制性自治	"第二人生"	0	仅限于非正式交流——基于企业自有条款，发展部分行业论坛
公认的自治	Bebo Creative Commons	1	讨论但没有获得正式认可 / 批准
事后标准化的自治	W3C#	2	标准事后批准
标准化的自治	IETF	3	标准正式批准
经过讨论的自治	IMCB	4	事前的非正式磋商——但没有批准 / 许可 / 流程审计
认可的自治	ISP Associations	5	机构认可——非正式政策角色
共同成立自治	FOSI#	6	机构的事前协商；没有结果
经批准的自治	PEGI# Euro mobile	7	机构认可——正式政策角色（联络委员会 / 流程）
认可的自治	Hotline#	8	与政府进行事前非正式协商——完成认可 / 批准

认可的强制共治	ICANN	9	与政府进行事前协商——完成批准 / 许可 / 流程审计
经过仔细审查的共治	NICAM# ATVOD	10	正如等级 9，已获得年度预算 / 流程审批
独立机构（设有利益相关者论坛）	ICSTIS#	11	通过税收 / 强制征税，政府实施并参与共治

主题标签是指全部或部分由政府资助。

来源：Cave 等人（2008）第 xii 页。

零选择即没有选择

政府在制定影响评估（IA）选项时通常会提供三张牌：无治理（选项 0）、首选治理（选项 1）以及高度细化的过度治理（选项 2）。尽管最后一个选项因其"二十世纪的思维"或过于死板的管控而很容易被否决，但选项 0(无治理)需要解包，并进行大幅度扩展。[24] 实际上没有"无治理"。社会各界都有最低限度的一般性规章，各行业则有自治，也有一些或多或少强制性的共治形式。在本章节，我将阐述"无治理"的方法，并试图提供选项 0 和选项 1 之间的选项。这将涵盖以前被许多影响评估视为"黑箱"的部分（无法认清在缺乏治理的状态下，将出现市场/社会失灵或形成自治）。这种影响的动态演化是不言而喻的，但影响评估此前一直被描述为静态的零和博弈，反映了许多治理建议的二元性和影响评估所认为的对抗性"守门人"功能。考虑一下，为了促进自治而不是治理，少量的影响评估是如何改变决定的。本节简要介绍了四种可能的情况，并指出前两个在选项 0 的范围内。对此，我们不需要对进展情况进行具体或专门的描述，而是应使用它们来检验假设和详细探讨自治机构对全面治理的贡献。

| 选项 0|

"什么也不做"或"自由放任"选项应始终纳入到治理影响评估中。由于自治机构是动态的，而不是稳定的选项，因此必须进行进一步的探究。

---

[24] 参见 TORRITI（2007），第 239–276 页。

| 自组织 2.0：在增强用户控制的基础上保持现状 |

在自治机构中，共治的"发展方向"可能会受到用户自创的放松管制或自组织的影响。在此过程中，新的技术和应用将提高举报应用和服务（如社交网站、虚拟世界）之间的滥用和切换的能力。各国政府可以在保持现行制度的同时，监控最新的动态。许多新企业依赖于内容版权、用户隐私和儿童安全方面相对宽松的环境。我们可以将脸书和"第二人生"与Bebo 进行对比。使用条款是否充分？用户评价内容是否合法？ YouTube和 Bebo 可以和 PEGI、IMCB、ICRA 等自治机构相提并论。欧盟委员会的一个重要权衡就是，Web2.0 的创新与创作者和用户权利的法律确定性和保护之间的权衡。

| 新型自治 |

更积极的方法是推动建立或进一步发展自治机构。这包括与自治机构各种职能建立联系，包括入会 / 参与、组织与程序、规则制定、监控、执法、批准和评估。支持呈现的形式包括授权、财务资源、政策制定或实施机构对自治机构的认可，或对自治机构决策的认可（如通过支持自治机构对公共采购制定标准、接受标准合规性将其作为相关法规遵循的证据、将不合规的证据用于法庭的诉讼程序上等方式进行认可），以及以非正式方式参与政策论坛。

| 选项 1：治理 2.0|

这代表了面向正式认可的共治的发展趋势，其中相关部门可以对自治机构进行审核，以确保这些机构充分执行规则，对其活动进行改革，并代表所有利益相关者的利益（例如，这一趋势可以被视为社交网络领域的"权利法案"）。治理 2.0 还会涉及对自治机构的授权、金融和行政支持，以及对自治机构入会支持（如强制入会以及支持公共采购标准或接受标准合规性）。另外，治理 2.0 还正式将政府官员纳入到了政策和实施论坛中。

| 选项 2：立法 2.0|

这是一种更趋向于共治（甚至是正式）的治理模式，以管理或预防伤害行为。如果没有欧盟的协调，成员国在互联网视频、自杀网站、社交网络、版权、隐私等领域可能会产生不同的结果。请注意此处电子商务指令的作用，即限制成员国之间内容提供商责任的差异（通过共同的欧共体法律基础）。这可能包括：

- 在某些领域，自治机构与政府之间权力分配明晰；
- 明确的实施支持；
- 支持外源性或自主形成的自治机构提案的肯定性标准（涉及资源、信息、委托或代理执行权）；
- 限制、取代或预先制止自治机构的否定性标准（如在竞争政策、单一市场或其他理由）。

立法 2.0 是否没有被列入到英国的《数字经济法案（2010）》和《视听媒体服务（2007）》中？对于互联网服务提供商、Nominet 和 PEGI 而言，立法 2.0 是以《数字经济法案》的形式出现的。与 PEGI 在线的情况类似，立法 2.0 也涉及到政策或实施论坛领域的官员。新型共治可以按照政策范围对权力进行正式而明确的划分，或对角色进行独立分配。后者角色区分的一个例子就是，公共机构或共治机构应基于主权权力（国家执法）或信息优势（自治机构实施），对执行其他的规则或决定承担明确的责任。一个更加灵活且更具适应性的安排就是，使共治基于支持自治机构在有利条件下提出的建议，或联合自治机构来解决现有或新出现的问题，并利用负面条件来控制其他风险：主动限制和预防性措施。此类条件可源于竞争政策、一般治理或良好的治理原则。如果有利或不利条件都能实现灵活治理，那么效果评估应尝试衡量能否（以及在多大程度上）满足条件。此外，有必要对政府活动的法律、政策范围和影响进行评估，以支持或限制自治机构。

这些选项可以通过多种方式实现。如果自治机构具有较高的代表性、有效性，且消息灵通，新的权力可以添加到其现有的活动组合中，并得到政府实体的支持或鼓励，以使这些实体参与其中（如扩展热线或分类方案的角色）。这通常指的是整个欧盟的情况，而欧盟的自治机构或其核心成员国拥有强大的欧洲基础。同时，从欧洲乃至全球的情况来看，欧盟的自治或共治比较分散。在其他情况下，必要的参与、权力和信息在现有的自治机构之间存在着分歧，而在政策问题上，自治机构之间的合作比竞争政府更能够鼓励或促进他们的合并（如同 NICAM 或 KJM 的情况）。[25] 如果对自治机构或其权力进行全面合并不可取（如竞争原因），适当的政府实体可以为利益相关者建立适合的框架合同，以鼓励最佳实践并将组织和法律的确定性与灵活性结合起来。

　　某些情况下，自治机构选项不应在欧洲层面实施，而是应向下游推至成员国或地区层面，这样可以更加接近市场，就像移动或 ATVOD 内容治理一样。在其他情况下，全球性制度可能会有更大的吸引力，无论是通过政府间谈判还是全球自治机构（如 ICANN）的支持。就互联网安全，而不是涉及内容治理的文化差异问题而言，这可能更有效。偏向当地自治的突出事例包括过滤机构（IMCB，FOSI）、热线（IWF）以及标准（W3C，IETF）。如果我们要求效率、代表性、透明度和协商具有公共的法律标准，那么成本可能会成倍增加。简而言之，构建一个由 1.3 个人组成的委员会和秘书处是不可能的。持久的寡头垄断才是不变的答案，正如 IMCB 移动分类和 PEGI 游戏评级的情况一样。为了排除搭便车者，政府要求实行强制性会员资格制度。这样就会形成准入壁垒，而共治可能会阻止 YouTube 类型的"车库创业"企业。在全球化的环境中，社会关注的代价可能过高（就像 Bebo 已经输给了脸书）。"欧洲信息社会"模式可能缺乏竞争力，其中应包含对自组织模式（如 YouTube、谷歌街景和脸书等组织的模式）的隐私影响评估和审核。

---

[25] 参见 Hans Bredow Institute (2007)。

风险与治理

风险评估的重要性是众所周知的。对于自治和影响评估，了解潜在影响的范围和对潜在影响进行评估同等重要。这可能影响到补偿或对冲策略的设计、其他形式政策活动的协调情况以及责任分配。尽管一般而言，这些因素在影响评估的过程中出现，但与完善治理议程[26]和自治的关系尤其密切。就这方面而言，政府治理力度较弱。在这方面，有必要提一下两大类风险评估。第一类评估涉及自治机构可能以何种方式对风险和不确定性做出反应，也涉及这在多大程度上不同于正式治理应对风险的方式。平衡将随特定的影响评估环境而变化。第二类评估涉及接受、批准、限制或抑制自治机构的政策所带来的风险。这项研究中涉及的领域将复杂的高科技社会问题与公共利益的治理结合起来，这就产生了以下风险：

• 可持续性——治理可能失去作用，或持续发展可能受到自治机构活动的威胁；

• 效率——可能出现市场扭曲，或尽管公共机构的负担减少，但成本从公共部门转移到私营部门也可能会导致总体负担的增加；

• 参与——主要参与者可能会选择退出或被排除在外，或广泛参与将导致失去重点、机构臃肿和僵化。

此外，应当指出，部门之间的差异不仅涉及利益，而且还包括风险。政策制定和事前评估都应考虑到这些差异。

最近金融部门的问责制、透明度和风险管理不断遭遇失败，部分原因是关键假设的失败，例如，风险分散提供了多样化，从而最大程度地减

---

[26] 英国政府用风险与治理咨询委员会替换了完善治理委员会。参见内阁办公厅（2008）。

少了因不确定性而造成的损害。它们还强调了复杂性的问题，即影响产生的机制错综复杂，无法得到有效的治理，同时风险模式也无法得到衡量和了解。关键参与方通过退市（进入私募股权控制）或"进入休眠"（退出上市交易所）的方式绕开自治限制。对于自治机构，关键的发现并不是可以规避治理，而是大量业务都突然这样做，这导致很难回到有效的自治，甚至是有效的正式治理（斯科特的赌博案）。因此，风险既可能会产生长期后果，也可能会产生短期后果。最后，即使对问责失败采取强有力的行动（如 2002 年的《萨班斯—奥克斯利法案》）[27]，也可能会产生不正当的后果，因为有些企业承担着额外的合规性负担，而其他企业却可以逃避司法管辖。

在核能和生物技术等高科技、高风险领域，快速变化和复杂的潜在风险使人们对推动持续进步的创新力，以及将自治机构视为管控技术或实施风险的有效机制产生了怀疑。这里最根本的问题就是一致性问题，即行业、消费者更广泛的公共利益、了解和承受风险能力是否一致。事实上，在某些情况下（如转基因食品），贸易性风险的自治已经被认为是失败的，这不仅是因为商业利益和其他利益的不协调，更是因为各主权国家政府对这些利益和目标有不同的权重。在这种情况下，专家与公民建立直接联系的想法得到了广泛的评价。[28] 在其他情况下（特别是干细胞研究、辅助生殖等），由于涉及宗教和道德问题、经济利益以及与儿童安全相关的热点问题，治理变得非常复杂。有些行业采取了其他方法，包括公民陪审团、话语导向的公民社会参与、慈善基金和创新合作伙伴关系，以消除治理的必要性。此外，还有许多其他"分担责任"的具体机构，如非内阁部门（行政或咨询）、非部门级公共机构、准非政府组织和上市公司（包括特许机构）。虽然这些可能性与互联网以外的一些领域有关，但它们所构成的基本挑战已经出现在本案例研究所涵盖的相关领域中。尽管这些挑战的速

---

[27] 2002 年的《萨班斯—奥克斯利法案》，PUB. L. 107–204, 116 STAT. 745, 于 2002 年 7 月 30 日通过。
[28] 参见英国国家审计局（2002）；英国国家消费者委员会（2003）；英国公平贸易局（2007）；PORTER 和 RONIT（2006），第 41–72 页；SCHULZ 和 HELD（2004）；GRAJZL 和 MURRELL（2007），第 520–545 页；BARTLE 和 VASS（2007），第 885–905 页。

度、历史背景和强度各不相同，但它们仍然是相关的参考点。

这里说的制定框架可能需要扩展到更广泛的风险和风险管理制度安排。风险管理的基本原则如下：

- 是否已确定所有相关的风险？

- 是否妥善评估了管控的可能性、严重性和效果？

- 制度安排是否在承受风险和解决风险（降低风险的可能性或严重程度）之间找到了平衡？

这些原则应为自治相关的风险评估提供指导。在一定程度上，集体管理是最好的风险管理方式，新的治理创新能否阻止"搭便车"的问题与风险评估以及问责与合规分析密切相关。

人权与交流

　　区分消极权利和积极权利很重要。[29] 积极权利要求采取行动（通常来自政府），而消极权利要求不行动。《世界人权宣言》中的权利通常是消极权利——政府不对言论自由或和平集会进行限制。[30] 积极权利给各国政府规定了义务，而《经济、社会、文化权力国际公约》规定各国政府应向公民提供社会保障、就业、食品、水、住房、医疗保健、教育等。[31] 重要的积极权利就是沟通的权利。人们常说，消极权利促进自由，而积极权利促进平等和友爱。在签署《世界人权宣言》之际，富兰克林·罗斯福夫人指出："这不是条约，不是国际协议，也不声称是法律或法律义务声明。这是人权和自由基本原则的宣言……是各国人民共同的成就标准。"[32] 格伦顿（Glendon）指出："尽管此类宣言并没有法律约束力，但到 1948 年，其中的大部分权利已得到了许多国家宪法的认可。自那时起，这些权利被纳入到了大多数国家的国内法律体系中。"[33]

　　维护互联网言论自由说起来容易，而私人和公共行为体所施加的限制才是最重要的。[34] 当对全球治理的解决方案进行展望时，必须有一个警世故事。1998 年，国际电信联盟（ITU）最强大的成员采取单边行动，对该组织构成了威胁。美国首先单方面放弃了国际互联规则，将互联网域名系统私有化为 ICANN，并批准了 IETF 互联网标准的私营部门治理和

---

[29] BERLIN (1969)。

[30] HANNUM (1995)。

[31] 1966 年 12 月 16 日，联合国大会通过了《经济、社会、文化权力国际公约》。该公约于 1976 年 1 月 3 日生效。

[32] ROOSEVELT (1948)。

[33] GLENDON (2004)，第 2 页。

[34] MACKINNON (2010)。

自治，而对于大多数成员国来说，这是个全新的概念。ITU 向联合国秘书长建议召开信息社会全球峰会，以解决美国和互联网的问题。美国首席谈判代表大卫·格罗斯（David Gross）认为，与真正的互联网治理问题相比，这只是一个小问题：

> ……由于关注焦点都放在了互联网治理上，我们美国与亲密盟友将第 4 段纳入到《突尼斯宣言》中，而互联网言论自由权利就是这部分内容所赋予的。2003 年，我们曾打算正面着手，但最终还是重申了《人权宣言》第 19 和 29 段。因此，由于误导，我们实际上得到了某些东西。底线在世界峰会后没有变化，简而言之，很多事情都没有变化……最终，在我看来，结果是非常积极的。[35]

罗尔斯（Rawls）对自然正义[36]的研究是在通信治理领域中援引人权的权威，[37]这加强了对治理机构（使社会弱势群体处于不利地位）的批评趋势。[38]罗尔斯的"公平即正义"理论认为，盲目的正义会让所有人考虑他们的原始立场，因为他们很可能会成为弱势群体。当然，很明显，我们不能完全采取这种原始的立场，因此，就政策而言，我们必须预测这种立场可能会产生什么选择。[39]这一心理过程尤其有助于从政策制定中消除特权，特别是考虑到社会各阶层游说团体越来越积极地参与决策过程。此外，通过越来越多地将不确定性因素考虑在内，我们可以使用技术和市场结构中更灵活的模式来取代以往可靠且固定的模式。正如沃克（Walker）、拉赫曼（Rahman）和凯夫（Cave）所说："对世界本质的假设很容易证明是不真实的，其他行为体可能会对政策采取措施，削弱其效用，或者外

---

[35] Wu 等人（2007），第 3 页。

[36] Rawls（1971）。更多参见 Kukathas 和 Pettit（1990）；Sen（2009）。

[37] 参见 Collins（2007），第 1–23 页；Kariyawasam（2007）；Schejter 和 Yemini（2007）。

[38] Prosser (2010)。

[39] 参见 Jull 和 Schmidt 的论述（2010）。

部突发事件也可能会在很大程度上改变政策运作的环境。"[40] 这有助于我们把不能打字或使用电脑的公司首席执行官放在数字闭塞者的位置上。[41]

在相对富裕的社会中，人们对于自由的关注程度要高于经济或社会地位的小幅改善："随着文明状况的不断改善，相对于对自由的利益，我们的经济和社会优势的重要性逐渐弱化，而随着平等自由的行使条件变得更充分，这一趋势将变得更为明显。"[42] 此外，为确保最弱势群体的利益，司法也将得到管理。从通信治理的角度来看，这些原则显然既支持普遍服务，又支持为弱势用户（特别是老人和残疾人）降低费率。另外，它们还可能会支持向禁止未成年人传播和观看有害图像的机构提供补贴。

这种罗尔斯公正论有多种形式，但本质上，这种理论能够带来比通常的博弈理论更大的公平权。事实上，我们可以将其描述成为"弱帕累托最优"立场的替代品，[43] 不仅所有的社会成员都从经济发展中得到中立或有利的地位，并且所有人必须承认，结果对一部分人有利，对另一部分人不利。罗尔斯式的公平或"弱帕累托最优"立场的结果在何种情况下才会产生？[44] 显然，这既需要非常可观的经济前景，也需要强大的网络或扩散效应（准入壁垒较低）。考虑一下个人计算机和互联网接入价格的大幅下降，如果人人都可以上网，或者不上网的人不被淘汰，以保护非互联网公民这一少数群体，那么这只是"弱帕累托最优"的立场。这是对数字产品和服务快速发展的一种反应（即减缓普及的速度），以维护社会中弱势群体的利益。[45] 在大多数发达国家中，这一结果至少已被部分否决。然而，对于代表着有大量弱势群体选区的人，以及那些对社会正义有更强承诺的社会（如斯堪的纳维亚）来说，这在政治上是令人信服的。

---

[40] WALKER 等人（2001），第 283 页。

[41] 众所周知，英国首相托尼·布莱尔承认自己从未使用过电脑，并上数字素养课：参见 BLAIR（2010）。

[42] RAWLS（1971），第 542 页。

[43] GREENWALD 和 STIGLITZ（1986），第 229–264 页；SEN（1993），第 519–541 页。

[44] PARETO (1935)。

[45] 要了解发展中国家和国际经济法，请参见 KARIYAWASAM（2007）。

鉴于过去十年新自由主义经济治理政策出现了严重失败（如 2007—2009 年的银行业崩溃），这种解读是否比以往任何时候都有必要？诺斯（Nourse）和谢弗（Shaffer）指出，"一些法律学术的强大知识假设最终被证明是愚蠢的。"世界经济的突然崩溃，致使经济学家公开坦言，市场无法进行自我调节，可能会受到系统性非理性行为的影响，同时他们也对新古典主义法律和经济学的经常假设提出了质疑。[46]森（Sen）认为，罗尔斯必须承认，许多非理性行为体反对变革，因此，我们不能完全将自己置于社会各行业之中，如果要让演绎有意义，我们必须选择弱势而理性的行为体。

2006—2010 年，互联网治理论坛分别在里约热内卢、海得拉巴、沙姆沙伊赫和维尔纽斯（立陶宛首都）举办了几届重要年会，并试图明确应得到保护和治理的互联网核心价值和原则。《互联网人权与原则章程》[47]不是为了确立新的权利，而是将现有人权标准和原则应用于互联网。该章程第 2B 条指出："上网权利人人平等。适当情况下，这还包括宽带接入的权利。"根据该章程，各国有义务为其公民提供互联网接入，例如芬兰就决定将宽带互联网接入列为一项合法权利。第六条指出"人人有权在互联网上自由表达意见"，但第 7B 条指出，任何在互联网上鼓吹民族、种族或宗教仇恨的行为都是在煽动歧视、敌意或暴力，这些行为必须依法禁止。"一个人的意见可能会激发另一个人的歧视或敌意。这两种权利即使没有矛盾，也会产生冲突。第 9D 条指出："任何人、任何团体的荣誉和声誉不应在互联网上遭到非法攻击。"然而，对于英国作家及因言论在英国遭到起诉的作家，"旅游式诽谤诉讼"对其言论自由和批评性新闻自由产生了重大负面影响。第 12B 条的固有版权冲突一目了然："对于创作者的作品，应予以报酬和认可，同时不限制其创新或获取公共教育知识和资源。"支付的酬劳表明了限制访问或定向广告，而其中每一个都对开放存取构成了威胁。

---

[46] Nourse 和 Shaffer（2009），第 63 页。

[47] 互联网权利和原则联盟（2010）互联网权利和原则联盟成立于 2005 年召开的信息社会世界峰会，此举旨在共同起草一份能阐明互联网用户权利的文件。

最近，欧盟和成员国的判例法增加了欧洲议会对"软法"措施及民主和人权问责赤字的压力。欧盟委员会的反假冒国际贸易条约不透明、也不太民主，[48] 尽管欧盟委员会解决了这一问题，但欧洲法院 2010 年 11 月裁定新的《基本权利宪章》可以用于取消二次立法，因为这种立法没有尊重个人的隐私权。[49] 新的《基本权利宪章》将《欧洲人权公约》纳入到了欧盟法律中。欧洲法院拒绝考虑关于实施有争议的第 2006/24/EC 号数据保留指令的问题，[50] 这将为各成员国法院根据宪章权利考虑欧洲法律，开创更广泛的先例。瑞典最高法院转交的案件（Perfect Communication AB）可能于 2011—2012 年在欧洲法院进行听证。[51]

《基本权利宪章》赋予公民错综复杂、相互冲突的权利，同时也对政府规定了众多责任，这些条款与互联网的关系尤为密切：[52]

第 8 条：个人资料保护

（1）每个人都有权保护个人资料；

（2）经本人同意或其他法律规定并基于特定目的，必须对此类数据进行保护。每个人都有权查阅涉及自己的资料，并有权进行纠正。

（3）这些规则的合规情况应由独立机构进行监控。

第 11 条：言论与信息自由

（1）每个人都有言论自由的权利。这一权利应包括保留意见的自由，以及接收和传递信息与意见，而不受公共权力干预与地域之限制。

---

[48] 《反假冒贸易协定》（2010）。参见《反假冒贸易协定》（2010）谈判各方签署的联合声明。

[49] 2010 年 11 月 9 日 C-92/09 和 C-93/09 联合案件：VOLKER UND MARKUS SCHECKE GBR（C-92/09）案和 HARTMUTEIFERT（C-93/09）V. LAND HESSEN 案。要了解评论，请参见 CONTENT AND CARRIER (2010)。

[50] （C-92/09）VOLKER UND MARKUS SCHECKE GBR V. LAND HESSEN 案，第 38 段："案件受理法庭要求欧洲法院对第 2006/24 指令的合法性以及第 95/46 号指令之第 7(E) 条的诠释进行裁定，从而使其能够评估欧盟和德国立法机构制定的、与网站用户相关的某些数据保留情况是合法。"

[51] 参见 MCINTYRE (2010D)。注意瑞典案件于 2010 年 8 月进行了转交，因此直至我写作本书时，听证时间尚不清楚。

[52] 《欧洲联盟基本权利宪章》(2010/C 83/02)，请登录 HTTP://EURLEX.EUROPA.EU/LEXURISERV/LEXURISERV.DO?URI=OJ:C:2010:083:0389:0403:EN:PDF。

（2）媒体的自由和多元性应受到尊重。

很显然，第 8 条和第 11 条始终相互矛盾，欧洲人权法院在这些问题上拥有大量的判例法。然而，第 11 条主张言论自由，而这一点得到了第 24 条关于儿童权利内容的强化。欧共体建议的强制性过滤（见第 6 章）不会违反这两个条款吗？

第 24 条：儿童权利

（1）儿童应有权得到对其健康成长至关重要的保护和照顾。儿童可以自由地表达观点。这种与儿童有关的事情的观点应根据其年龄和成熟度予以考虑。

（2）在所有与儿童有关的行动中，不管是公共部门还是私人机构采取的行动，儿童的最佳利益必须成为首要的考虑因素。

一般经济利益服务的权利还包括通信。欧盟委员会正在就宽带普遍服务义务进行意见征询。信息获取的权利也是指获取在线文件的权利（无论通过何种媒介）。雅克布维茨（Jakubowicz）认为，在网络 2.0 时代，不仅要有公开表达的权利这一难以实现但却伟大的目标，还要有"用户原创"的状态。[53] 宪章明确了获取文档的权利，但机构间协议指出，多利益相关者共治应体现民间社会的代表性。

第 36 条：获取一般经济利益服务

为了促进欧盟社会和领土统一，欧盟根据条约规定承认并尊重获取一般经济利益服务（在成员国法律和实践中进行了规定）。

第 42 条：获取文件的权利

欧盟任何公民、任何自然人或法人只要在成员国内居住或拥有注册办公地，都有权通过任何手段获取欧盟机构和办事处的文件。

---

[53] JAKUBOWICZ（2010），第 37–39 页。有关更多内容，请参见 AKESTER（2010）。

此外，第 7 章中版权法庭所概述的网络连接的威胁可能会违反两项独立权利。

第 47 条：有效补救和公正审判的权利

任何人的权利和自由都受欧盟法律的保护，而如果这些权利和自由受到侵犯，根据本条款之规定，每个人都有权在法庭上享有得到有效补救的权利。每个人有权在合理的时间内，参加的法庭召开的独立、公平、公开的听证会。每个人都可以寻求建议、辩护和代理。就法律援助可以实现正义的必要性来看，缺乏足够资源的人可以获得此类援助。对缺乏足够资源的人，应向其提供法律援助（只要此类援助是必要的），以有效地确保司法公正。

第 48 条：无罪推定和辩护权

（1）凡被控告的人，在被依法证明有罪之前，都被假定为无罪。

（2）应当予以保障被起诉人的辩护权。

在 Schecke 和即将进行转交的 Perfect Communication 案件中，以及《数字经济法案》的司法审查中都使用了《基本权利宪章》，这可能是公民在共治活动中获得更大代表权的最有效法律手段。

共治与治理法规

在某种空间内，如果没有太多的议会或司法干预，欧盟委员会、成员国和各大企业都可以确立互联网治理安排，但这种空间可能已经不复存在。[54] 如果进行更严格的审查，通过真正的问责制和合法性以及不断增加的治理成本和市场准入壁垒，共治可能得到广泛利用。然而，失去了活力不应成为遗憾的原因。吴（Wu）认为[55]，早期互联网市场进入的活跃期已经结束（主导网络运营商、移动网络和内容巨头，如脸书和谷歌），对自治的成功标准进行了创新，也对成功且功能完善的 IETF 和 W3C 进行了创新。通过 PhonepayPlus、ATVOD 和 IWF 等机构不断增加内容共治，而这种治理推迟的时间比许多观察家认为的还长。

基于 2008 年的研究，以及对 2008 年以来欧洲和英国法律发展方向方面的研究，本书认为，共治正成为欧洲互联网治理的主要特征。共治可能是应对全球化治理活动领域（如生物技术、核能和能源治理和环境治理等）的最适合的模型。这些治理活动领域由技术主导且具有动态性。这些领域的学者和政策制定者可能会在行业间的交流中，参与共治模式。而在互联网治理研究的前二十年里，大部分时间都没有这种模式。共治为国家提供了一个回到数字环境中合法性、治理和人权等问题的途径，从而开启了比静态的无治理和国家治理更有趣的对话。我希望能够说服研究监管和治理的学者，忽视治理中控制我们数字命运的这一关键因素，就像未能掌握控制生物命运的双螺旋研究的伦理规范一样。

---

[54] 参见 BLACK（1998）。

[55] WU（2010）讨论了以往通信市场的钙化和僵化，并将其应用于互联网。

专有名词缩略语表

ABA	澳大利亚广播局（ABA），被法定治理机构澳大利亚通信和媒体管理局所取代。
ACCC	澳大利亚竞争和消费者委员会，一般治理机构。
ACMA	澳大利亚通信和媒体管理局，法定治理机构。
ATVOD	英国电视台点播协会，英国联合治理机构。
AVMS	《视听媒体服务指令（2007）》。
BBFC	英国电影分类委员会，法定审查机构。
BIS	商务、创新和技能部，参见贸易与工业部（DTI）。
CAIC	使用ISP级别的过滤器阻止的涉嫌虐待网站的IWF虐童内容列表。
CC	知识共享组织，商业免版税版权许可制度。
CEOP	内政部下属的儿童剥削及在线保护中心。
政策协调机构	
DEAct	《数字经济法案（2010）》，英国法律。
DG INFSO	欧洲委员会信息社会与媒体总司，由DG INFOSOC（信息社会）和DG文化媒体理事会于2004年合并而成。
DNS	域名系统的缩写，是对IP地址进行"电话号码编号"，全球范围内由互联网名称与数字地址分配机构（ICANN）进行治理，而在国家范围内则是由Nominet（英国）等自治公司负责治理。
DRM	数字版权管理（DRM），将内容标准和策略制成计算机可读形式的方法，用于执行版权条件。
DTI	贸易与工业部，是英国政府负责互联网及标准制定的部门，现更名为商务、创新和技能部。

EC	欧盟委员会（EC），欧盟的执行机构，负责制定和实施共同体法律总汇，是欧盟的法务部门。
ECD	电子商务指令（ECD），第 2000/31/EC 号指令。
ECHR	1950 年签署的《欧洲人权公约》。
ECtHR	欧洲人权法庭，《欧洲人权公约》的最高司法法庭。
ECJ	欧洲法院，欧盟最高司法法庭。
ETSI	欧盟电信标准协会，标准机构。
EU	欧盟，根据 1992 年的《马斯特里赫特条约》成立。
European Council	欧盟成员国部长会议，代表各国政府。
FCC	联邦通信委员会（FCC），美国广播与电信。
联邦治理机构	
FOSI	家庭在线安全协会。
GPL	通用公共许可证，OCL 许可证（通常用于软件），2007 年发布第三版。
IA	影响评估（IA），更好治理议程中的技术。
ICANN	互联网名称与数字地址分配机构（ICANN），是一家于 1998 年在加州注册成立的非营利性组织。
ICRA	互联网内容评级协会（ICRA）。作为一家顶级互联网公司，ICRA 也是一家旨在建设更加安全网络环境的国际非营利组织。2007 年更名为 FOSI。
ICSTIS	电话信息业务标准监督独立委员会，英国加费电话（目前主要为移动电话）服务联合治理机构，2007 年更名为 PhonepayPlus。
ICT	信息通信技术。
IETF	互联网工程任务组，技术标准研究机构。
IGF	互联网治理论坛，联合国多方利益相关者的研讨论坛，2006 年首次在雅典举办，此后成为年度论坛。

IIA	2003 年签署的《机构间协议》，欧洲立法机构之间达成的协议。
IMCB	独立移动设备分类协会，移动媒体评估自治机构。
INHOPE	国际互联网热线协会，欧洲抵制儿童色情内容专线组织。
IOC	《初始义务行为规范》，该规范由英国通讯管理局于 2010 年 5 月制定，旨在按政府指令执行《数字经济法案》第 9－18 条款。
IP	互联网协议。
IPR	知识产权。
IPTV	互联网协议电视，不是通过电视（有线、地面、卫星）网络，而是由 IP 网络传输的视频节目。
ISFE	欧洲交互式软件联盟，欧洲视频及电子游戏、参考书与教育著作出版商协会。
ISOC	互联网协会，互联网政策与标准协调机制。
ISP	互联网服务供应商，可让客户和企业获取互联网资源的公司。大多数成员国中，最大的互联网服务供应商就是本国电信市场主导运营商。互联网服务供应商经常推送一些内容，其门户网站提供新闻、天气预报、视频报告、约会、聊天、搜索等内容。移动网络也来自互联网服务供应商。
ITU	国际电信联盟。
IWF	英国互联网监察基金会，英国的非法网络内容举报"热线"。
JANET	联合科研网，英国大学及科研机构网络互联技术发展研究所包括 SuperJANET。
KJM	青少年媒体保护委员会，德国媒体内容联合治理机构。
MP3	活动图像专家组（MPEG）制定的数字音乐文件格式。
MS	欧盟成员国，一共 27 个。
NICAM	荷兰视听媒体分类研究所，共治机构。
NTD	通知与删除（NTD），网络服务供应商与内容主机将涉嫌非法内容删除的系统。

OCL	开放内容许可（OCL），包括 CC 和 GPL 模式。
OECD	经合组织（OECD），发达国家的"智囊"，有 30 个成员国。成员资格受限于对市场经济以及多元化民主所作出的承诺。该组织成立于 1961 年，是从 1947 年成立的欧洲经济合作组织（OEEC）发展而来的。
Ofcom	英国电信、互联网及广播融合通讯治理机构，由英国通信治理办公室成立。
PEGI	泛欧游戏信息组织，年龄评定系统。
PICS	互联网内容选择平台，由 ICRA 采用的 W3C 网站标签标准。
RMIT	墨尔本皇家理工大学。
SIAP	网络安全行动计划，1998 年起，由 EC DG INFSO 出资支持认知计划、热线以及其他行动。
SNS	社交网站，像 Facebook 或 Bebo。
SRO	自治或共治组织，提供指导和 / 或实施行为或内容标准的机构。对于我们而言，这包括从"自组织"到共治等多方面内容。
UGC	网民自主创造内容（UGC），利用数字文件杂糅而成。
VoIP	互联网协议语音技术，技术将声音在数据包中数字化又上传到网上。它的主要优点是：在两个具有 VoIP 功能手机通话时，距离不会影响通话的费用（或 PC 连接到电话或数据系统）。
W3C	万维网联盟，由伯纳斯·李（Tim Berners-Lee）于 1994 年成的标准机构。
Web2.0	简要描述了实现 UGC 的基于 Ajax 的技术。
WGIG	互联网治理工作组，成立于 2005 年的专家组，向联合国秘书处汇报互联网政策。
WSIS	信息社会世界峰议，联合国互联网治理峰会，2003 年和 2005 年分别在日内瓦和突尼斯举行。

法律法规表

|案例表|

Ashcroft v. American Civil Liberties Union 542 U.S. 656 [2004]，8

Bulmer (H.P.) Ltd v. J. Bollinger S.A. [1974]，第 1 部分 401 章，5

C-42/07 Liga Portuguesa de Futebol Profissional v. Departmento de Jogos [2009] ECR I-0000，[2010] 1 CMLR 1, ECJ per Advocate General Bot at [53], 217

C-80/86 Kolpinghuis Nijmegen [1987] ECR 3969, 65

2010 年 11 月 9 日 C-92/09 and C-93/09：Volker und Markus Schecke GbR （C-92/09）和 Hartmut Eifert （C-93/09）v. Land Hessen, 239

C-92/09 Volker und Markus Schecke GbR v . Land Hessen, 39

C-309/99 J.C.J.Wouters et al. v. Algemene Raad van de Nederlandse Orde van Advocaten [2002] ECR I-1577, 0951n_S , 53

C-387/02 Silvio Berlusconi [2005] ECR I-3565, 65

Campbell v. Mirror Group Newspapers plc [2004] UKHL 22 [2004] 2 AC 457 [15], 65

09–1684-A，L'ASBL Festival De Theatre De Spa, Tribunal de Premier Instance de Nivelles, 98

2009 年 6 月 13 日的 J.O.R.F 以及 2009 年 6 月 10 日的 2009—580DC 决议，212

第 276/1999/EC 号决议， 13

2003 年 6 月 16 日第 1151/2003/EC 号决议，13

2008 年 12 月 16 日第 1351/2008/EC 号决议，13

Eldred v. Ashcroft 537 U.S. 186 [2003], 91

加利福尼亚北部地区美国地方法院 San Jose 部门第 5:10-cv-00672-JW 号谷歌
用户隐私诉讼案（2010），100

Income Tax Special Purpose Commissioners v. Pemsel [1891] AC 531, 171

Ligue contre le racisme et l'antisémitisme et Union des étudiants juifs de France v.
Yahoo! Inc. et Société Yahoo! France （LICRA v. Yahoo!） Tribunal de grande instance,
Paris Order of 22 May reaffirmed 20 November 2000 18–19, 51, 191

London and Quadrant Housing Trust v. R. (on the application of Weaver) [2009]
EWCA Civ 587; [2009] All ER (D) 179 (Jun), 65

Marsh v. Alabama 326 U.S. 501, [1946], 81, 98

McKennitt v. Ash [2006] EWCA （Civ） 1714; [2007] 3 WLR 194, 65

城市国际学院诉技术设计公司和英国谷歌分公司案 [2009] EWHC 1765
（QB）; [2009] EMLR 27 per Eady J, 218

Murray 诉快报集团 [2008] EWCA Civ 446 [27];[2008] 3 WLR 1360, 65, 66

美国全国广播业者协会诉联邦通信委员会案 180 U.S.App.D.C. 259, 265, 554
F.2d 1118, 1124 [1976], 68

新泽西中东反战联盟诉 J.M.B. Realty Corp. 650 A.2d 757 （N.J.） [1994], 81

波普勒房屋及再生社区协会有限公司诉 Donoghue [2001] EWCA Civ 595
案，64

R. （国际动物保护者协会）诉文化媒体及体育大臣 [2008] UKHL 15; [2008]

| 法规表 |

参考文献

AAP (Australian Associated Press) (2010) Facebook adviser critical of mandatory ISP filter, 11 June 2010

Abbott, K. and Snidal, D. (2004) Hard and soft law in international governance, International Organization 54, pp. 421–422(2009) The governance triangle: regulatory standards institutions and the shadow of the state, in W. Mattli and N. Woods (eds.) The Politics of Global Regulation, Princeton University Press, Ch. 2, pp. 44–88

ACCC(Australian Competitionand Consumer Commission) (2007) Authorisation no.: A91054 – A91055 Applications for authorisation in respect of a proposed retailer alert scheme, 31 October 2007

Ahlert, C., Marsden, C. and Nash, V. (2005) Implications of the mobile internet for the protection of minors. Report of the OII-led working group on mobile phones and child protection

Akdeniz, Y. (2004) Who watches the watchmen? The role of filtering software in Internet content regulation, in The Media Freedom Internet Cookbook, Vienna,Organization for Security and Co-operation in Europe, at www. osce.org/publications/rfm/2004/12/12239_89_en.pdf

(2008) Internet Child Pornography and the Law: National and International Responses, Aldershot, Ashgate Publishing,

Akester, P. (2010) The new challenges of striking the right balance between copyright protection and access to knowledge, information and culture, IGC(1971)XIV/4, 8 March, Paris, UNESCO.

All Party Parliamentary Communications Group (2009) Can we keep our hands off the net? Final report, October, at www.apcomms.org.uk/uploads/ apComms_Final_Report.pdf

Almunia, J. (2010) SPEECH 10/365 Competition in digital media and the Internet, UCL Jevons Lecture, London, 7 July 2010

American Psychological Association (2005) Resolution on Violence in Video Gamesand Interactive Media, released 17 August 2005

Anonymous (2009) Our thinking about drinking, at www.ourthinkingabout-drinking.com/ marketing-access-issues.aspx?id=258

Anti-Counterfeiting Trade Agreement (2010) Subject to legal review: 15 November 2010, text at www.dfat.gov.au/trade/acta/Finalized-Text-of-the-Agreement-subject-to-Legal-Review.pdf

Archer, P. (2007) CTO, ICRA-FOSI, interviewer: Chris Marsden, 13 September Archon Fung, Graham, M., Weil, D. and Fargatto, E. (2004) The political economy of transparency: what makes disclosure policies effective? Ash Institute for Democratic Governance and Innovation, John F. Kennedy School of Government, Harvard University, OP-03–04, pp. 1–49

Archon Fung, et al. (2004) The Political Economy of Transparency: What Makes Disclosure Policies Effective? Ash Institute for Democratic Governance and Innovation John F. Kennedy School of Government Harvard University OP-03-04, pp. 1–49

Arrington, M. (2007) Second Life goes open source – should it be non-profit too? Tech Crunch, at www.techcrunch.com/2007/01/08/second-life-goes-open-source-should-it-be-non-profit-too

ATVOD (2010a) Announcing the new ATVOD – VoD regulator confirms new chair and CEO, news release, 24 March 2010(2010b) Minutes of a meeting of the board of ATVOD held at the offices of Five, Thursday, 22 July 2010, 14.30pm(2010c) Procedure for complaints about editorial content on VoD services (1st edn.), 15 September 2010

Ayres, I. and Braithwaite, J. (1992) Responsive Regulation: Transcending the Deregulation Debate, Oxford University Press

Baird, Z. (2002) Governing the Internet: engaging government, business, and non-profits, Foreign Affairs 81:6, p. 81

Baldwin, R. (2008) Regulation lite: the rise of emissions trading, Regulation &Governance 2:2, pp. 193–215

Baldwin, R. and Black, J. (2007) Really responsive regulation. LSE Legal Studies Working Paper No. 15/2007(2010) Really responsive risk-based regulation, Law & Policy 32:2, pp. 181–213

Baldwin, R., Hood, C. and Scott, C. (eds.) (1998) Socio-Legal Reader on Regulation, Oxford University Press

Balkin, J. M. (2010) Information power: the information society from an anti-humanist perspective, in J. E. Katz and R. Subramanian (eds.) The Global Flow of Information, NYU Press, at http://papers.ssrn.com/sol3/papers.cfm?abstract_id=1648624

Balkin, J. M. and Noveck, B. S. (eds.) (2006) The State of Play: Law and Virtual Worlds, New York University Press

Banks, K. (2007) Association for Progressive Communications, London, interviewer: Chris Marsden, 28 August 2007

Barendt, E. (2003) Free speech and abortion, Public Law, pp. 580–591 Baron, D. (2006) More W3C controversy, Friday, 18 August 2006, at http://dbaron. org/log/2006–08#e20060818a

Bartle, I. and Vass, P. (2007) Self-regulation within the regulatory state: towards a new regulatory paradigm? Public Administration 85:4, pp. 885–905

Bauer, J. M. and Bohlin, E. (2007) Dynamic regulation: conceptual foundations, implementation, effects. Paper presented at 35th Research Conference on Communication, Information and Internet Policy, 29 September 2007

BBC (2010a) Bebo sold by AOL aft er just two years, 17 June, at www.bbc.co.uk/

news/10341413(2010b) Net providers get Digital Economy Act judicial review: plans to monitor illegal file-sharers will be scrutinised by a judge, at www.bbc.co.uk/news/ technology-11724760(2010c) China Green Dam web filter teams 'face funding crisis', 13 July, at www. bbc.co.uk/2/hi/world/asia_ pacific/10614674.stm

Beaufort International (2003) Premium SMS services research, at www.icstis. org.uk/icstis2002/ pdf/SMS_RESEARCH_REPORT_MAY03.PDF

Beck, U. (1992) Risk Society: Towards a New Modernity, trans. M. Ritter, London, Sage Bekkers, W. (2005) Child Safety and Mobile Phones, at http://ec.europa.eu/information_society/activities/sip/docs/ mobile_2005/wim_bekkers.ppt# (2007) Director of NICAM, interviewer: Stijn Hoorens, 18 July 2007

Bender, G. (1998) Bavaria v. Felix Somm, the pornography conviction of the former CompuServe manager, Int. J. Communications L. Pol.

Bendrath, R. (2009) Global technology trends and national regulation: explaining variation in the governance of deep packet inspection. Paper presented at the International Studies Annual Convention in New York

Bendrath, R. and Mueller, M. (2010) The end of the net as we know it? Deep packet inspection and internet governance, at http://ssrn.com/abstract=1653259

Benhamou, B. (2007) Senior Lecturer, Paris Pantheon Sorbonne University, inter-viewer: Chris Marsden, 31 August 2007

Benkler, Y. (1998a) Communications infrastructure regulation and the distribution of control over content, Telecommunications Policy 22:3, pp. 183–196(1998b) Overcoming agoraphobia: building the commons of the digitally networked environment, Harvard Journal of Law and Technology 11, pp. 287–400 (2002) Coase's penguin: or Linux and the nature of the firm, Yale Law Journal112, p. 369(2006) The Wealth of Networks, Yale University Press

Beresford Ponsonby Peacocke, G. (1989) Discussion paper on industry co-regulation, New South Wales: Business and Consumer Affairs

Berlin, I. (1969) Four Essays on Liberty, Oxford University Press

Berman, J. and Weitzner, D. J. (1995) Abundance and user control: renewing the democratic heart of the First Amendment in the age of interactive media,Yale Law Journal 104, p. 1619

Berners-Lee, T. (with M. Fischetti) (2000) Weaving the Web: The Original Design and Ultimate Destiny of the World Wide Web, New York, Harper Collins

Berry, D. M. and Moss, G. (2006) On the 'Creative Commons': a critique of the commons without commonalty – Is the Creative Commons missing something? at www.freesoftwaremagazine.com/

Best, J. (2006) Vodafone users to chat through Second Life avatars, Silicon.com, at http://networks. silicon.com/mobile/0,39024665,39163702,00.htm?r=1

Better Regulation Executive (2005) Routes to better regulation: a guide to alternatives to classic regulation Annex B: case study 2, non-broadcast advertising, at http://archive.cabinetoffice.gov.uk/brc/upload/assets/www.brc.gov.uk/ routes.pdf

Betzel, M. (2005) Co-operative regulatory systems in the media sector of the Netherlands, for Hans Bredow Institute (2006)

Black, J. (1996) Constitutionalising self-regulation, Modern Law Review 59:1, pp. 24–55(1998) Reviewing regulatory rules: responding to hybridisation, in J. Black, P. Muchlinski and P. Walker (eds.) Commercial Regulation and Judicial Review, Oxford, Hart Publishing(2008) Constructing and contesting legitimacy and accountability in polycentric regulatory regimes, Regulation & Governance 2:2, pp. 137–164(2009) Legitimacy and the competition for regulatory share. LSE Legal Studies Working Paper No. 14/2009, at http://ssrn.com/abstract=1424654(2010) Managing the financial crisis – the constitutional dimension. LSE Legal Studies Working Paper No. 12/2010

Blair, A. (2010) The Journey, New York, Random House

Bledsoe, E., Coates, J. and Fitzgerald, B. (2007) Unlocking the potential through Creative Commons, at http://creativecommons.org.au/learn-more/ publications/unlockingthepotential

Blind, K., Gauch, S. and Hawkins, R. (2010) How stakeholders view the impacts of international ICT standards, Telecommunications Policy 34:3, pp. 162–174

Bonnici, J. P. M. (2008) Self-Regulation in Cyberspace, The Hague, TMC Asser Press, pp. 199–200

Borthwick, R. (2007) Vodafone, UK, telephone interviewer: Chris Marsden, 10 August 2007

Börzel, T. A. (2000) Private Actors on the Rise? The Role of Non-State Actors in Compliance with International Institutions, July, Max-Planck-ProjektgruppeRecht der Gemeinschaftsgüter

Boston Consulting Group/Colin Carter & Associates (2008) Independent reviewer's report on the ICANN Board, 2 November 2008

Bowman, D. and Hodge, G. (2009) Counting on codes: an examination of transnational codes as a regulatory governance mechanism for nanotechnologies, Regulation & Governance 3:2, pp. 145–164

Boyle, K. (2001) Hate speech – The United States versus the rest of the world, Maine Law Review 53:2, pp. 487–521(2008) Twenty-five years of human rights at Essex, Essex Human Rights Review 5:1 (July), pp. 1–15

Boyle, K. and D'Souza, F. (1992) Striking a balance: hate speech, freedom of expression, and non-discrimination, London, Article XIX (Organization)

Boyle, K. and Simonsen, S. (2004) Human security, human rights and disarmament, Disarmament Forum 3, pp. 1–14

Boyle, M. (2007) Department for Business Enterprise Regulatory Reform, interviewer: Chris Marsden, 6 September

Braithwaite, J. (2008) Regulatory Capitalism: How It Works, Ideas for Making It Better, Cheltenham, Edward Elgar

Braithwaite, T. (2006) Old media goes in pursuit of youth, Financial Times, 7 August 2006

Braman, S. (2004) The Emergent Global Information Policy Regime, New York, Palgrave Macmillan

Braman, S. (with S. Lynch) (2003) Advantage ISP: Terms of service as media law, New Media & Society 5:3, pp. 422–448

Brehm, M. (2006) Self-regulation of search engines in Germany, Insafe Newsletter Issue 15, 26 April, at www.saferinternet.org/ww/en/pub/insafe/news/articles/0506/de3

Brown, I. (2008) Internet filtering – be careful what you ask for, in S. Kirca and L. Hanson (eds.) Freedom and Prejudice: Approaches to Media and Culture, Istanbul, Bahcesehir University Press, pp. 74–91

Brown, I. and Marsden, C. (in press) Regulating Code, Cambridge, MA, MIT Press

Burri-Nenova, M. (2007), The new Audiovisual Media Services Directive: television without frontiers, television without cultural diversity, Common Market Law Review 44:6, pp. 1689–1725

Bussani, M. and Mattei, U. (eds.) (2002) The Common Core in European Private Law, Amsterdam, Kluwer

Cabinet Office (2008) Public risk – the next frontier for better regulation, at http:// archive. cabinetoffice.gov.uk/brc/upload/assets/www.brc.gov.uk/public_ risk_report_070108.pdf

Cafaggi, F. (2006) Rethinking private regulation in the European regulatory space. EUI Working Paper LAW No. 2006/13

Callanan, C. (2007) Managing Director, INHOPE, telephone interviewer: Chris Marsden, 10 September 2007

Callanan, C. and Frydas, N. (2007) INHOPE global Internet trend report at www. saferinternet.org/ ww/en/pub/insafe/news/articles/0907/2007_inhope.htm

Callanan, C., Gercke, M., De Marco, E. and Dries-Ziekenheiner, H. (2009) Internet Blocking: Balancing Cybercrime Responses in Democratic Societies, Dublin, A conite Internet Solutions, at www. aconite.com/sites/default/files/Internet_ blocking_and_Democracy.pdf

Calvert, J. (2002) New age rating system for games in Europe, Gamespot, 25 October 2002

Campbell, A. (1999) Self-regulation and the media, Federal Communications L. J. 51, pp. 712–772

Carlberg, K. (2007) Science Applications International Corporation, interviewer: Ian Brown, 21 August 2007

Carr, J. (2007) Coordinator, UK children's charities, London, interviewer: Chris Marsden, 8 August

Castells, M. (1996) The Networked Society, Oxford University Press

Catacchio, C. (2010) Today Finland officially becomes first nation to make broad-band a legal right, The Next Web, 1 July, 2010

Cave, J. and Marsden, C. (2008) Quis custodiet ipsos custodies in the Internet: self-regulation as a threat and a promise. Presented to 36th Telecoms Policy Research Conference, Alexandria, VA

Cave, J., Marsden C. and Simmons, S. (2008) Phase 3 (final) report options for and effectiveness of Internet self- and co-regulation, TR-566, Santa Monica, CA, RAND Corp

CBC (2010) ISPs not broadcasters, court finds, 7 July, at www.cbc.ca/arts/ story/2010/07/07/ isp-broadcasting-court-appeal.html#ixzz0tfyK8BdA

Cecil, A. (2007) Regulatory Aff airs, Yahoo! Europe, telephone interviewer: Chris Marsden, 10 August 2007

Cecot, C., Hahn, R., Renda, A. and Schrefl er, L. (2008) An evaluation of the quality of IA in the European Union with lessons for the US and the EU, Regulation& Governance 2:4, pp. 405–424

CEN, Cenelec and ETSI and the EC and the European Free Trade Association (2003) General Guidelines (2003) General guidelines for the cooperation between CEN, Cenelec and ETSI and the EC and the European Free Trade Association, 28 March 2003 (2003/C 91/04)

CEOP (Child Exploitation and Online Protection Centre) (2006) Understanding online social network services and risks to youth: preliminary report on the findings of CEOP's Social Network Seminar Series(2007a) Annual Review 2007(2007b) Strategic Review 2006–7

CFA Institute (2007) Self-regulation in today's securities markets: outdated system or work in progress? at www.cfapubs.org/doi/pdf/10.2469/ccb.v2007.n7.4819 Chazerand, P. (2007) Chief Executive PEGI Brussels, interviewer: Chris Marsden,26 June 2007

Cheliotis, G., Chik, W., Gugliani, A. and Giri Kumar Tayi (2007) Taking stock of the Creative Commons experiment. 35th Research Conference on Communication, Information and Internet Policy

Cherry, B. (2008) Back to the future: how transportation deregulatory policies foreshadow evolution of communications policies, The Information Society 24:5, pp. 273–291

Children's Charities' Coalition on Internet Safety (2010) Briefing on the Internet, e-commerce, children and young people, 30 October 2010

China People's Daily (2006) Online video boom raises concerns, 13 July (2006) Christiansen, Per (2007) AOL Deutschland, Regulatory Direction, telephone interviewer: Chris Marsden, 26 August 2007

Christou, G. and Simpson, S. (2009) New modes of regulatory governance for the Internet? Country code top-level domains in Europe, at http://regulation. upf.edu/ecpr-07-papers/ssimpson.pdf

CIC Regulator (2008) Guidance – Overview of a community interest company Clark, D. D. (2007) Head, FINE programme, NSF Washington DC, interviewer:

Chris Marsden, 29 September 2007

Clark, D. D. (1985) The design philosophy of the DARPA Internet protocols, Proc SIGCOMM 88, ACM Computer Communications Review 18:4, pp.106–114

Clayton, R. (2005) Failures in a hybrid content blocking system, presented at the Workshop on Privacy Enhancing Technologies, Dubrovnik, at www.cl.cam. ac.uk/~rnc1/cleanfeed.pdf(2007) Research Fellow, Cambridge University Computer Laboratory, telephone interviewer: Chris Marsden,

28 August 2007(2008) Technical aspects of the censoring of Wikipedia, Light Blue Touchpaper, 11 December 2008, at www.lightbluetouchpaper.org/2008/12/11/technical-aspects-of-the-censoring-of-wikipedia/

Clinton, H. R. (2010) Remarks on Internet freedom, The Newseum, Washington, DC, 21 January 2010

Clinton, W. J. and Gore, A. Jr. (1997) A framework for global electronic commerce, at http://itlaw.wikia.com/wiki/A_Framework_for_Global_ Electronic_Commerce

Coates, J. (2007) Creative Commons – the next generation: Creative Commons licence use five years on, 4:1 SCRIPT-ed 72, at www.law.ed.ac.uk/ahrc/ script-ed/vol4–1/coates.asp

Coglianese, C. and Kagan, R. A. (eds.) (2007) Regulation and Regulatory Processes, Aldershot, Ashgate Publishing

College of Europe (2005) Report on ICANN, at www.coleurop.be/content/rd/devof-fice/research/projects/ICANN/ICANN.htm#Participants;

Collins, H. (2004) EC regulation of unfair trading practices, in Bussani and Mattei (eds.), Chapter 1, pp. 1–41

Collins, R. (2007) Rawls, Fraser, redistribution, recognition and The World Summit on the Information Society, International Journal of Communication 1, pp. 1–23, reproduced in R. Collins (2010) Three Myths of Cyberspace: Making Sense of Networks, Governance and Regulation, Bristol, Chapter 8, Intellect pp. 151–172(2009) Misrecognitions: positive and negative freedom in EU media policy and regulation, From Television Without Frontiers to The Audiovisual Media Services Directive, in I. Bondebjerg and P. Madsen (eds.) Media, Democracy and European Culture, Bristol, Intellect, pp. 334–361

Collins, R. and Murroni C. (1995) New Media, New Policies, London, Institute of Public Policy Research COM (2001) 690 Evaluation of SIAP 1999–2000(2002a) 0278 Action plan simplifying and improving the regulatory environment (2002b) 704 Towards a reinforced culture of consultation and dialogue – General principles and minimum standards for consultation of interested parties bythe Commission, 11 December 2002(2002c) 275 European governance: better lawmaking(2003) 653 on the evaluation of the Safer Internet programme 1999–2002 (2004a) 674 on the role of European standardization in the framework of European policies and legislation, of 18 October 2004(2004b) 0341 – C6–0029/2004 – 2004/0117(COD) on the proposal for a recom-mendation of the European Parliament and of the Council on the protection of minors and human dignity and the right of reply in relation to the competitiveness of the European audiovisual and information services industry(2005a) 97 Better regulation for growth and jobs in the EU(2005b) 646 proposing revisions to Directive 89/552/EEC, as amended in Directive 97/36/EC, with proposals for further revisions(2006) 663 on the final evaluation of the Safer Internet programme for the period 2003–4(2009a) 135 Proposal for a Council Framework Decision on combating the sexual abuse, sexual exploitation of children and child pornography, repealing Framework Decision 2004/68/JHA(2009b) 504 Report from The Commission on subsidiarity and proportionality (16th report on Better Lawmaking covering the year 2008)(2009c) 8301 WORK PROGRAMME Safer Internet : a multiannual community programme on protecting children using the Internet and other com-munication technologies, of 29 October 2009(2010) 94 2010/0064 (COD) Brussels, 29.3.2010 Proposal for a Directive on combating the sexual abuse, sexual exploitation of children and child pornography, repealing Framework Decision 2004/68/JHA OJ L 13, 20.1.2004

Commissariaat voor de Media (2007) Commissariaat rapporteert over function-eren NICAM in 2006. Press release, 3 July 2007

Commission on Child Online Protection (2000) Final Report of the COPA Commission, Presented to Congress, 20 October 2000, at www.copacom-mission.org/report/

Constine, J. (2010) Facebook proposes minor changes to its governing documents, 17 September, at www.insidefacebook.com/2010/09/17/facebook-proposes-minor-changes-to-its-governing-documents/

Content and Carrier (2010) 'break no privilege nor charter'*: ECJ invalidates regulations for breaching Charter of Fundamental Rights, at www.contentand-carrier.eu/?p=413

Cornford, T. (2008) Towards a Public Law of Tort, Aldershot, Ashgate Publishing, Cosma, H. and Whish, R. (2003) Soft law in the field of EU Competition Policy,European Business Law Review 141, pp. 25–56

Council of Europe (2007) Convention on the Protection of Children against Sexual Exploitation and Sexual Abuse, CETS No: 201, signed 25 October 2007 and entered into force 1 July 2010(2008) Human Rights Guidelines for Internet Service Providers, developed in cooperation with the European Internet Services Providers Association (EuroISPA)

Council of Europe: European Commission Against Racism and Intolerance CRI (2005) Third report on the United Kingdom, adopted on 17 December 2004 and made public on 14 June 2005

Cowhey, P. and Aronson, J. (2009) Transforming Global Information and Communication Markets: The Political Economy of Innovation, Cambridge,MA, MIT Press

Cowie, C. and Marsden, C. (1999) Convergence: navigating through digital pay-TV bottlenecks, Info 1:1, pp. 53–66

Craig, P. P. (2009) Shared administration and networks: global and EU perspectives, in G. Anthony, J.-B. Auby, J. Morison and T. Zwart (eds.) Values in Global Administrative Law, Oxford Legal Studies Research Paper No. 6/2009,at http://ssrn.com/abstract=1333557

Cranor, L. (2002) The role of privacy advocates and data protection authorities in the design and deployment of the platform for privacy preferences. Remarks for 'The Promise of Privacy Enhancing Technologies' panel at the Twelfth Conference on Computers, Freedom and Privacy conference, San Francisco, 16–19 April 2002, at www.cfp2002.org/proceedings/proceed-ings/cranor.pdf

Crown Prosecution Service and Association of Chief Police Officers (2004) Memorandum of Understanding between Crown Prosecution Service and the Association of Chief Police

Officers concerning section 46 Sexual Off ences Act 2003, 6 October 2004, at www.iwf.org.uk/ documents/20041015_mou_ final_oct_2004.pdf

Croxford, I. and Marsden, C. (2001) WLAN standards and regulation in Europe,Re:Think!, London

Currie, D. (2005) speech 21 September 2005, available at: www.Ofcom.org.uk/ media/ speeches/2005/09/liverpool_conf

Dacko, S. and Hart, M. (2005) Critically examining theory and practice: implica-tions for coregulation and coregulating broadcast advertising in the United Kingdom, Int. J. on Media Management 7:1 & 2, pp. 2–15

Darlin, D. (2010) Google settles suit over Buzz and privacy, New York Times Bits section, 3 November 2010d'Aspremont, J. (2008) Softness in international law: a self-serving quest for new legal materials, European Journal of International Law 19:5, at www.ejil.org/ pdfs/19/5/1700.pdf

Davidson, A., Morris, J. and Courtney, R. (2002) Strangers in a strange land: public interest advocacy and Internet standards, presented on 29 September 2002, at the 30th Telecommunications Policy Research Conference in Alexandria, VA

Davies, H. (2010) Don't bank on global reform, Prospect 174, 25 August 2010 Davies, T. and Noveck, B. (eds.) (2006) Online Deliberation: Design, Research, and Practice, CSLI Publications/University of Chicago Press

DCMS (Department for Culture, Media and Sport) and BIS (Department for Business, Innovation and Skills) (2009) Digital Britain: Final Report (Cm 7650), June 2009

Deibert, R. J., Palfrey, J. G., Rohozinski, R. and Zittrain, J. (eds.) (2010) Access Denied: The Shaping of Power, Rights, and Rule in Cyberspace, Cambridge, MA, MIT Press

Delgado, J. (2007) Yahoo! Europe search engine business unit, telephone interviewer: Chris Marsden, 26 July 2007

DeNardis, L. E. (2009) Protocol Politics: The Globalization of Internet Governance, Cambridge, MA, MIT Press,(2010) The privatization of Internet governance, Yale Information Society Project Working Paper Draft at Fifth Annual GigaNet Symposium, Vilnius, Lithuania, September 2010 Department of Business, Innovation and Skills (2009) Consultation on legislation to address illicit peer-to-peer (p2p) file-sharing, 16 June 2009(2010) Outline initial obligations code

Dicey, A. V. (1959) Introduction to the Study of the Law of the Constitution (10th edn.), London, Macmillan, p. 157

Digital Britain (2009a) Final Report (Cm 7650), 16 June 2009 Digital Britain (2009b) Interim Report (Cm 7548), 29 January 2009

DiPerna, P. (2006) The connector website model: new implications for social change, presented at Annual Meeting of the American Sociological Association, Internet and Society, Montreal, 11 August 2006

Doctorow, C. (2010) Why the Digital Economy Act simply won't work: disconnecting download-ers will alienate the entertainment industry's most loyal customers, 1 June at www.guardian.co.uk/technology/2010/jun/01/digital-economy-act-will-fail

Dommering, E. (2006) Regulating technology: code is not law, in E. Dommering and L. F. Asscher (eds.) Coding Regulation: Essays on the Normative Role of Information Technology, The Hague, TMC Asser Press, pp. 6–17

Dorbeck-Jung, B. R., Vrielink, M. J. O., Gosselt, J. F., van Hoof, J. J. and de Jong, M. D. T. (2010) Contested hybridization of regulation: failure of the Dutch regulatory system to protect minors from harmful media, Regulation &Governance 4:2, pp. 154–174

Drake, W. J. and Wilson III E. J. (eds.) (2008) Governing Global Electronic Networks: International Perspectives On Policy And Power, Cambridge, MA,MIT Press

Duina, F. G. (1999) Harmonizing Europe: Nation States within the Common Market, State University of New York Press

Early Day Motion 17 (2010) Eff ects of Digital Economy Act 2010 on use of the Internet, of 25 May 2010, at http://edmi.parliament.uk/EDMi/EDMDetails. aspx?EDMID=40931 Huppert, Julian

EC (2001) White Paper on European Governance, at http://ec.europa.eu/ governance/white_paper/en.pdf(2002) Better regulation action plan(2006) Defi nitions in the proposal for an Audiovisual Media Services Directive, February, mimeo(2007) Summary of results of the public consultation (to October 2006) 'Child safety and mobile phone services'

Economic and Social Committee (2008) INT/SMO – R/CESE 708/2008 Proceedings of the public hearing on The Current State of European Self-and Co-Regulation held at the European Economic and Social Committee on Monday, 31 March, 2008

Edwards, L. (2008) IWF v Wikipedia and the rest of the world (except OUT-LAW), panGloss, at http://blogscript.blogspot.com/2008/12/iwf-v-wikipedia-and-rest-of-world.html(2009) Pornography, censorship and the Internet, in L. Edwards and C. Waelde (eds.) Law and the Internet (3rd edn.) Oxford, Hart Publishing, pp. 667–696 Ellickson, R. C. (1991) Order Without Law – How Neighbors Settle Disputes,Harvard University Press

Emerson, J. and Twersky, F. (1996) New Social Entrepreneurs: The Success, Challenge and Les-sons of Non-profit Enterprise Creation,California, Roberts Foundation

Espiner,T. (2010) Government proposes ISP mediation for web take-downs, ZDNetUK, 1 November, at www.zdnet.co.uk/news/business-of-it/2010/11/01/governmentproposes-isp-media-tion-for-web-takedowns-40090709/

EU Network of Independent Experts on Fundamental Rights (2005) Combating racism and xenophobia through criminal legislation: the situation in the EU Member States, Opinion No. 5–2005, 28 November, p. 5

Eurobarometer (2007) Safer Internet for children: qualitative study in 29 European countries – summary report

EuroISPA–INHOPE (2004) EuroISPA and INHOPE lay foundations for cooperation, 28 January

European Interactive Advertising Association (2007) survey by Synovate/Aegis of 7,000 users in ten EU Member States, 12 November 2007, reported by R. Wray, Young networkers turn off TV and log onto the web, The Guardian Online, at www.guardian.co.uk/technology/2007/nov/12/internet

European Network Information Security Agency (2007) Security issues and recommendations for online social networks, ENISA Position Paper No.1 European Parliament (2007) Resolution INI/2007/2028 Institutional and legal implications of the use of 'soft law' instruments, of 4 September, adopted as text P6_TA(2007)0366(2008) Resolution INI/2008/2173 on the protection of consumers, in par-ticular minors, in respect of the use of video games PE 416.256v02–00 A6–0051/2009, of 16 February

Facebook (2010) Statement of rights and responsibilities update, requesting comments by 30 September, at www.facebook.com/fbsitegovernance?v=app_49 49752878

Faratin, P., Clark, D. D., Gilmore P. et al. (2007) Complexity of Internet interconnections: technology, incentives and implications for policy. Paper presented at 35th Research Conference on Communication, Information and Internet Policy, 30 September 2007

Federal Trade Commission (2007) Online Behavioral Advertising: Moving the Discussion Forward to Possible Self-Regulatory Principles, Washington, DC,FTC

Feintuck, M. and Varney, C. (2006) Media Regulation, Public Interest and the Law(2nd edn.), Edinburgh University Press

Fenn, J. and Raskino, M. (2008) Mastering The Hype Cycle: How to Choose the Right Innovation at the Right Time, Harvard Business Press

Forrester, I. (2004) Where law meets competition: is Wouters like a Cassis de Dijon or a platypus? in C. D. Ehlermann and I. Atanasiu (eds.) (2006) European Competition Law Annual 2004, Oxford, Hart Publishing, pp. 271–294. et seq.

FOSI (2010) FOSI commemorates tenth anniversary of COPA Commission Report, 20 October, at www.fosi.org/pr2010.html

Frieden, R. (2007) Neither fish nor fowl: new strategies for selective regulation of information services. Paper presented at 35th Research Conference on Communication, Information and Internet Policy, 29 September 2007(2010) Winning the Silicon Sweepstakes: Can the United States Compete in GlobalTelecommunications? Yale University Press

Froomkin, A. M. (2003a) Habermas@discourse.net: toward a critical theory of cyberspace, Harvard Law Review 116:3, p. 749 (2003b) ICANN 2.0: Meet the new boss, Loyola of Los Angeles Law Review 36:3, pp. 1087–1102

Gaines, S. E. and Kimber, C. (2001) Redirecting self-regulation, Env. Law 13, p. 157

Garratt, R. and Garrett, S. (2010) Nominet governance review 2008/9, Oxford, Nominet

Gibson, O. and Wray, R. (2007) ITV faces £70m fine after viewers cheated out of millions on premium phone-ins, The Guardian, 19 October 2007

Giddens, A. (1998) The Third Way: The Renewal of Social Democracy, Cambridge, Polity Press

Gill, R. and James, P. (2009) Crown Copyright User Testing Report, Office of Public Sector Information, UK, at http://perspectives.opsi.gov.uk/crown-copyright-user-testing.pdf

Glendon, M. A. (2004) The rule of law in The Universal Declaration of Human Rights, Nw. U. J. Int'l Hum. Rts. 2:5, pp. 1–18, at www.law.northwestern.edu/ journals/jihr/v2/5

Goldman, E. (2006) Search engine bias and the demise of search engine utopian-ism, Yale Journal of Law and Technology, at http://papers.ssrn.com/sol3/ papers.cfm?abstract_id=893892

Goldsmith, J. (1998) What internet gambling legislation teaches about internet regulation, Int'l Lawy. 32, p. 1115

Goldsmith, J. and Wu, T. (2006) Who Controls the Internet? Illusions of a Borderless World, Oxford University Press

Gould, M. (2000) Locating internet governance: lessons from the standards process, in C. Marsden (ed.) Ch. 10

Graham, A. (2007) Chair, ICSTIS, London, interviewer: Chris Marsden, 25 June 2007

Grajzl, P. and Murrell, M. (2007) Allocating lawmaking powers: self-regulation v. government regulation, Journal of Comparative Economics 35, pp. 520–545

Greenstein, S. (2006) Letters 'Re: open standards, open source and open innovation' by Elliot Maxwell, Innovations 1:4, pp. 3–4

Greenstein, S. and Stango V. (eds.) (2008) Standards and Public Policy, Cambridge University Press

Greenwald, B. and Stiglitz, J. E. (1986) Externalities in economies with imperfect information and incomplete markets, Quarterly Journal of Economics 101:2, pp. 229–264

Grewlich, K. (1999) Governance in 'Cyberspace': Access and Public Interest in Communications, Amsterdam, Kluwer

Grimmelmann, J. (2007) The structure of search engine law, Iowa Law Review 93:1 Grindley, P., Salant, D. J. and Waverman, L. (1999) Standards wars: the use of standard setting as a means of facilitating cartels in third-generation wirelesstelecommunications, International Journal of Communications Law and Policy 3:2, at www.ijclp.org/3_1999/ijclp_webdoc_2_3_19999.html

Gringras, C. (2003) The Laws of the Internet, London, Butterworths

Guadamuz, A. (2007) Edinburgh Law School, Edinburgh, interviewer: Chris Marsden, 26 October 2007(2010) Belgian court recognises CC licences, 2 November, at www.technollama. co.uk/

Gunningham, N. and Grabosky, P. (1998) Smart Regulation: Designing Environmental Policy, Oxford University Press

Gunningham, N. and Rees, J. (1997) Industry self-regulation: an institutional perspective, Law & Policy 19:4

Haddadi, H., Fay, D., Uhlig S. et al. (2009) Analysis of the Internet's Structural Evolution, Technical Report 756, University of Cambridge, UCAM-CL-TR-756, September 2009

Hafner, K. and Lyon, M. (1996) Where Wizards Stay Up Late: The Origins of the Internet,, New York, Simon & Schuster

Hannum, H. (1995) The status of the universal declaration in national law, 25 Ga.J. Int'l & Comp. L. p. 287

Hans Bredow Institute (2006) Final report: study on co-regulation measures in the media sector. Study for the European Commission, Directorate Information Society and Media Unit A1 Audiovisual and Media Policies (Tender DG EAC 03/04; Contract No.: 2004–5091/001–001 DAVBST)(2007) Analyse des Jugendmedienschutzsystems: Jugendschutzgesetz und Jugendmedienschutz-Staatsvertrag, Hans Bredow Institut, Hamburg, at www.hans-bredowinstitut.de/forschung/recht/071030Jugendschutz-Endbericht.pdf and www.hans-bredowinstitut.de/forschung/recht/ jugendmedienschutz-games.htm

Hansard (2006) Written answers for 15 May 2006 (pt 0107) col. 715W, 15 May 2006, at www.publications.parliament.uk/pa/cm200506/cmhansrd/cm060515/ text/60515w0111. htm#06051532000085

Hansard Westminster Hall (2010a) col. 178WH, 28 October 2010(2010b) column 143WH-180WH, The Internet and privacy, 28 October 2010 Hart, H. L. A. (1961) The Concept of Law, Oxford, Clarendon Press

Hartley, A. (2010a) New UK games age-ratings delayed: revamped PEGI system starts next April, Tech Radar, 16 July 2010(2010b) Facebook and Google given BBFC '12' rating: ISP offers web filtering with BBFC age-ratings, Tech Radar, 22 April 2010

Hatziz, N. (2005) Giving privacy its due: private activities of public figures in Von Hannover v Germany, King's College Law Journal 16, p. 143

Helin, S. and Sandström, J. (2007) An inquiry into the study of corporate codes of ethics, Journal of Business Ethics 75, pp. 253–271

Hendon, D. (2010) Letter to Bob Gilbert, Chair, Nominet, 2 February 2010

Heronymi, R. (2006) Working paper on AVMS defi nitions, at www.europarl. europa.eu/ meetdocs/2004_2009/documents/dt/618/618091/618091en.pdf

Higgs-Kleyn, N. and Kapelianis, D. (1999) The role of professional codes in regulating ethical conduct, Journal of Business Ethics 19, pp. 363–374

Hilary, G. and Lenox, C. (2005) The credibility of self-regulation: evidence from the accounting profession's peer review program, Journal of Accounting and Economics 40, pp. 211–229

Hodson, D. and Maher, I. (2004) Soft law and sanctions: economic policy co-ordination and reform of the Stability and Growth Pact, Journal of European Public Policy 11:5, pp. 798–813

Hof, R. (2006) Second Life's first millionaire, Business Week, at www.businessweek. com/the_thread/techbeat/archives/2006/11/second_lifes_fi.html

Hoff, O. K. (2007) Norway-based independent legal advocate, telephone interviewer: Chris Marsden, 14 September 2007

Hoff mann-Riem, W. (2001) Modernisierung in Recht und Kultur, Frankfurt, Suhrkamp

Holoubek, M. and Damjanovic, D. (2006) Part III, in M.Holoubek and D. Damjanovic (eds.) (2006) European Content Regulation: A Survey of the Legal Framework, Institute for Austrian and European Public Law/Vienna University of Economics and Business Administration for Austrian Federal Chancellery

Hood, C. (1978) Keeping the centre small: explanations of agency type, Political Studies 26:1, pp. 30–46

Horlings, Brouwer and Horlings, of Amsterdam (2006) Annual accounts of INHOPE Association, Amsterdam, Horlings, Brouwer and Horlings

Horlings, E., Marsden, C., Van Oranje, C. and Botterman, M. (2006) Contribution to impact assessment of the revision of the Television without Frontiers Directive, TR-334-EC DG, submitted 1 November 2005, published February 2006, at www.europa.eu.int/comm/dgs/information_society/evaluation/studies/

Horten, M. (2010) DE Act unjustifi ed: Internet industry hits out at Ofcom, at www. iptegrity.com, 8 September 2010

Hovey, R. and Bradner, S. (1996) The organizations involved in the IETF standards process, RFC 2028, October 1996, at www.ietf.org/rfc/rfc2028.txt

Howells, G. (2004) Co-regulation's role in the development of European fair trading laws, in Bussani and Mattei (eds.) Ch. 5, pp. 119–130

Huizer, E. and Crocker, D. (1994) RFC 1603 IETF Working Group Guidelines and Procedures

Hulme, K. and Ong, D. (in press) The challenge of global environmental change for international law: an overview, in P. S. Low (ed.), Global Change and Sustainable Development: Asia-Pacific Perspectives, Cambridge University Press

Hunton & Williams, Brussels (2008) Study on online enforcement for EC, at http://ec.europa.eu/internal_market/iprenforcement/docs/study-online-enforcement_en.pdf

Hutty, M. (2004) Cleanfeed: the facts, London Internet Exchange Public Affairs blog, 10 September 2004, at https://publicaffairs.linx.net/news/?p=154(2006) Government sets deadline for universal network-level content blocking, London Internet Exchange Public Affairs blog, 17 May 2006, at https://

publicaffairs.linx.net/news/?p=497(2007a) Italian law mandates content blocking, London Internet Exchange Public Affairs blog, 5 January 2007, at http://publicaffairs.linx.net/ news/?p=622(2007b) Policy Officer, LINX, telephone interviewer: Chris Marsden, 30 August 2007

Huyse, L. and Parmentier, S. (1990) Decoding codes: the dialogue between consumers and suppliers through codes of conduct in the European community, Journal of Consumer Policy 13, pp. 253–272

Ibáñez Colomo, P. (2009) Ofcom's proposal to regulate access to premium television content: some thoughts. Paper presented to TILEC Media Workshop on Competition Policy and Regulation in Media Markets: Bridging Law and Economics, 4–5 June 2009

ICANN (2010) Final report of the board review working group, 26 January 2010 ICSTIS (2003) Annual activity report 2002(2006) ICSTIS 1986–2006, a celebration(2007) Annual report

IDATE–TNO–IViR (2008) User created content: supporting a participative information society, at http://ec.europa.eu/information_society/eeurope/i2010/ docs/studies/ucc-annexes.pdf

IETF (1995) RFC 1792, Not all RFCs are standards

RFC 2028, The organizations involved in the IETF standards process, Hovey, R. and Bradner, S.(1998a) RFC 2396, Uniform resource identifiers (URI): generic syntax, Berners-Lee, T., Fielding, R. and L. Masinter(1998b) RFC 2418, Working group guidelines(2001) RFC 3160, The Tao of the IETF

Imperial Gazetteer of India (1908) The Indian Empire, vol. II, Historical, Oxford, Clarendon Press

Independent Classification Body (2005) IMCB guide and classification framework for UK mobile operator commercial content services

INHOPE (2006) Towards online safety: taking action today, ready for tomorrow, Third Report, January 2006

Inter-Institutional Agreement on Better Law-Making (IIA), OJ EU 2003/C 321/01, at http://eur-lex.europa.eu/LexUriServ/LexUriServ.do?uri=OJ:C:2003:321: 0001:0005:EN:PDF

International Standards Organization (2009) Guidance on social responsibility. Draft International Standard ISO/DIS 26000 (14/09/2009)

International Telecommunication Union (2010) RESOLUTION WGPL/8 Facilitating the transition from IPv4 to IPv6, Final Acts Of The Plenipotentiary Conference, Guadalajara, 2010

Internet Rights and Principles Coalition (2010) Draft 1.0 of the Charter of Human Rights and Principles for the Internet, September, at http://internetright-sandprinciples.org/node/367

Internet Service Providers Association, LINX and Safety-Net Foundation (1996) R3 – Rating, reporting, responsibility for child pornography and illegal material on the Internet, at www.mit.edu/activities/safe/labeling/ r3.htm

Internet Watch Foundation (2002) Memorandum submitted to the Joint Committee on the draft Communications Bill, 06 June 2002(2008) Child sexual abuse content URL list, at www.iwf.org.uk/corporate/ page.49.233.htm

ISFE (2004) PEGI celebrates its first two years of operations, press release, 14 December 2004(2005a) Position paper on the communication from the Commission 'Challenges for the European Information Society beyond 2005'(2005b) Appendix to ISFE's comments on Issue 6: Protection of Minors and Human Dignity, September 2005

Jacobs, C. (2005) Improving the quality of regulatory impact assessments in the UK, Centre on Regulation and Competition Working Paper 102(2006) Current trends in regulatory impact analysis: the challenges of main-streaming RIA into policy-making, Jacobs & Associates, at www.regula-toryre-form.com/pdfs/Current%20Trends%20and%20Processes%20in%20 RIA%20-%20May%202006%20 Jacobs%20and%20Associates.pdf

Jakubowicz, K (2010) The Right to Public Expression: A Modest Proposal for an Important Human Right, Open Society Institute Media program, London,Open Society Institute

JANET (2010) JANET response to Ofcom consultation on copyright infringement and the Digital Economy, July 2010

Joerges, C., Meny, Y. and Weiler, J. H. H. (2001)Responses to the European Commission's White Paper on Governance, Florence, European University Institute

Johnson, D. R. and Post, D. (1996) Law and borders: the rise of law in cyberspace, Stanford Law Review 48:5, pp. 1367–1402

Joint Statement from all the Negotiating Parties to ACTA (2010) press release Tokyo – Japan, 2 October 2010, at http://trade.ec.europa.eu/doclib/press/ index.cfm?id=623, text of Informal Predecisional/Deliberative Draft at http://trade.ec.europa.eu/doclib/docs/2010/october/tradoc_146699.pdf

Jones, C. and Hesterly, W. S. (1993) Network Organization: an Alternative Governance Form or a Glorified Market? Atlanta, Georgia, Academy of Management Meetings

Jordana, J. and Levi-Faur, D (eds.) (2004) The Politics of Regulation: Institutions and Regulatory Reforms for the Age of Governance, Cheltenham, Edward Elgar

Joskow, P. L. and Noll, R. G. (1999) The Bell Doctrine: applications in telecommunications, electricity, and other network industries, Stan. L. Rev. 51, p. 1249

Jull, K. and Schmidt, S. (2010) From behind the veil of the unknown: justice and innovation in telecommunications, at http://ssrn.com/abstract=1648951

Kahan, D. (2002) The logic of reciprocity: trust, collective action, and law. John M. Olin Center for Studies in Law, Economics, and Public Policy Working Papers, p. 281

Kahin, B. and Abbate, J. (eds.) (1995) Standards Policy for Information Infrastructure, Cambridge, MA, MIT Press

Kahin, B. and Nesson C. (eds.) (1997) Borders in Cyberspace: Information Policy and the Global Information Infrastructure, Cambridge, MA, MIT Press

Kariyawasam, R. (2007) International Economic Law and the Digital Divide: A New Silk Road? Cheltenham, Edward Elgar

Kay, J. (2010) Better a distant judge than a pliant regulator, 3 November 2010, Financial Times, at www.johnkay.com/2010/11/03/better-a-distant-judge-than-a-pliant-regulator/

Kelly, G., Mulgan, G. and Muers, S. (2002) Creating Public Value: An Analytical Framework for Public Service, London, Cabinet Office, UK Government

Kelsen, H. (1967) Pure Theory of Law, trans. M. Knight., Berkeley, University of California Press

Kempf, J. and Austein, R. (2004) The rise of the middle and the future of end-to-end: reflections on the future of the internet architecture, IETF (2004) RFC 3724

Kerwer , D. (2005) Rules that many use: standards and global regulation , Governance 18:4 , pp. 611–632

Kiedrowski, T. (2007) Ofcom Strategy Manager, London, interviewer: Chris Marsden, 20 September 2007

Kingdon, J. W. (1984) Agendas, Alternatives, and Public Policies, Boston, Little Brown and Company

Kingma, S. (2008) The liberalization and (re)regulation of Dutch gambling markets: national consequences of the changing European context, Regulation &Governance 2:4, pp. 445–458

Klang, M. and Murray, A. (eds.) (2005) Human Rights in the Digital Age, London, Glasshouse Press

Klein, H. (2001) Global democracy and the ICANN elections, Info 3:4, pp. 255–257

Kleinstuber, W. (2004) The Internet between regulation and governance, in The Media Freedom Internet Cookbook, Vienna, Organization for Security and Co-operation in Europe, pp. 61–100

Kohler-Koch, B. and Eising, R. (eds.) (1999) The Transformation of Governance in the European Union, London, Routledge

Komaitis, K. (2010) The Current State of Domain Name Regulation: Domain Names as Second Class Citizens in a Mark-dominated World, London, Routledge

Koppell, J. G. S. (2005) Pathologies of accountability: ICANN and the challenge of 'multiple accountabilities disorder', Public Administration Review 65:1, pp. 94–108

KPMG Peat Marwick and Denton Hall (1999) Review of the Internet Watch Foundation, London, KPMG

Kreimer, S. (2006) Censorship by proxy: the First Amendment, internet inter-mediaries, and the problem of the weakest link, U. Penn. Law Rev. 155, p. 13, at http://papers.ssrn.com/abstract=948226

Kroes, N. (2010) SPEECH 10/300 Openness at the heart of the EU Digital agenda, Open Forum Europe 2010 Summit, Brussels, 10 June 2010

Kukathas, C. and Pettit, P. (1990) Rawls: A Theory of Justice and its Critics, Stanford University

Press

Kulawiec, R. (2007) Re: The great firewall of Norway? Interesting People discus-sion list, 13 February 2007

Latzer, M. (2007) Regulatory choice in communications governance, European Journal of Commu-nication 22:3, pp. 399–405

Latzer, M. and Saurwein, F. (2007) trust in the industry – trust in the users: self-regulation and self-help in the context of digital media content in the EU. Report for Working Group 3 of the Conference of Experts for European Media Policy, More Trust in Content – The Potential of Co- and Self-Regulation in Digital Media, Leipzig, 9–11 May 2007

Latzer, M., Just, N., Saurwein, F. and Slominski, P. (2003) Regulation remixed: institutional change through self- and co-regulation in the mediamatics sector, Communications and Strategies 50:2, pp. 127–157(2006) Institutional variety in communications regulation. Classification scheme and empirical evidence from Austria, Telecommunications Policy 30:3–4, pp. 152–170

Latzer, M., Price, M. E., Saurwein, F. and Verhulst, S. G. (2007) Comparative analysis of interna-tional co- and self-regulation in communications markets. Research report commissioned by Ofcom, September, Vienna, ITA

Laurie, B. (2000) An expert's apology, at www.apache-ssl.org/apology.html

Le Sueur, A., Sunkin, M. and Murkens, J. (2010) Public Law: Text, Cases, and Materials, Oxford University Press

Leadbeater, C. (1997) The Rise of the Social Entrepreneur, London, Demos Lemley, M. A. (2006) Terms of use, Minnesota Law Review 91, p. 459

Lenox, M. (2006) The role of private decentralized institutions in sustaining industry self-regula-tion, Organization Science 17:6, pp. 677–690

Lessig, L. (1999) Code and Other Laws of Cyberspace, New York, Basic Books (2001) The Future of Ideas: The Fate of the Commons in a Connected World, New York, Random House(2004) Free Cul-ture: The Nature and Future of Creativity, New York, Penguin Press (2006) Code 2.0, New York, Basic Books (2007) Creative Commons @ 5 Years, [cc-lessigletter] at www.creativecommons. org(2008) Remix, New York, Penguin(2010) Guest blog post: Lawrence Lessig, For The Record II, at http://blogs.law. harvard.edu/palfrey/2010/07/11/guest-blog-post-lawrence-lessig/

Levy, D. A. L. (1997) The regulation of digital conditional access systems, a case study in European policy making, Telecommunications Policy 21:7, pp. 662–676

Lewis, J. (2007) The European ceiling on human rights, Public Law, p. 720(2009) In re P and oth-ers: an exception to the 'no more and certainly no less' rule, Public Law, p. 43

Lewis, T. and Cumper, P. (2009) Balancing freedom of political expression against equality of political opportunity: the courts and the UK's broadcasting ban on political advertising, Public Law, pp.

89–111

Linksvayer, M. (2008) Toward useful Creative Commons adoption metrics. Presentation at ACIA, at www.slideshare.net/mlinksva/acia-2008-toward-useful-creative-commons-adoption-metrics

Livingstone, S., Haddon, L., Görzig, A. and Ólafsson, K. (2010) Risks and Safety onthe Internet: The Perspective of European Children, Initial Findings, London School of Economics

LSE Public Policy Group and Enterprise (2006) A review of the generic names supporting organization for the Internet Corporation for Assigned Names and Numbers, September 2006, at http://icann.org/announcements/gnso-review-report-sep06.pdf

Lynn, S. (2002) President's report: ICANN – The case for reform, 24 February 2002, at www.icann.org/general/lynn-reform-proposal-24feb02.htm

McCarthy, K. (2007) Sex.com: One Domain, Two Men, Twelve Years and the Brutal Battle for the Jewel in the Internet's Crown, London, Quercus(2009) Leaving report, 25 November, at www.icann.org/en/participate/gmpp-leaving-report-25nov09-en.pdf(2010a) Response to: questions to the community on accountability and transparency within ICANN, Wednesday, 14 July 2010, at http://forum.icann. org/lists/atrt-questions-2010/msg00012.html(2010b) New Nominet chair: I'll start by listening: Baroness Rennie Fritchie opens up, The Register, 11 June 2010

Machill, M. and Welp, C. (2003) Wegweiser im Netz. Qualität und Nutzung von Suchmaschinen, Gutersloh, Bertelsmann Foundation

McIntyre, T. J. (2010a) Blocking child pornography on the Internet: European Union developments, International Review of Law, Computers and Technology 24:3, pp. 209–221 (2010b) Hotline.ie 2009 Annual Report, at www.tjmcintyre.com/2010/07/hotli-neie-2009-annual-report.html(2010c) Balancing regulatory effectiveness and legitimacy? An examination of internet filtering in the United Kingdom. Paper presented to Third Biennial Conference of the European Consortium on Political Research Standing Group on Regulatory Governance, Dublin, 19 June 2010(2010d) Are Norwich Pharmacal orders compatible with the Data Retention Directive? 9 November 2010, at www.tjmcintyre.com/2010/11/are-norwich-pharmacal-orders-compatible.html

McIntyre, T. J. and Scott, C. (2008) Internet filtering: rhetoric, legitimacy, accountability and responsibility, in R. Brownsword and K. Yeung (eds.) Regulating Technologies, Oxford, Hart Publishing, at: http://ssrn.com/abstract=1103030

MacKinnon, R. (2010) China's Internet White Paper: networked authoritarianism in action, 15 June 2010, at http://rconversation.blogs.com/ rconversation/2010/06/chinas-internet-white-paper-networked-authoritar-ianism.html

MacSíthigh,D.(2008)The mass age of internet law, Information and CommunicationTechnology Law 17:2, pp. 79–94(2009) Datafi n to virgin killer: self-regulation and public law. Norwich Law School Working Paper No. NLSWP 09/02, at p. 3(2010) More than words: the introduction of internationalised domain names and the reform of generic top-level domains at ICANN, Int J. Law Info Tech 18:3, pp. 274–300

Majone, G. (1999) The regulatory state and its legitimacy problems, West European Politics 22:1, pp.1–24

Maldonado, E. A. and Tapia, A. H. (2007) Government-mandated open source development: the case study of Venezuela. Paper presented at 35th Research Conference on Communication, Information and Internet Policy, 30 September 2007

Maney, K. (2007) The king of alter egos is surprisingly humble guy: creator of Second Life's goal? Just to reach people, USA Today.Com, available at: www.usatoday.com/printedition/money/20070205/SecondLife_cover.art.htm

Mark, J. (2010) UK Liberal Democrat MP rallying support to tackle Digital Economy Act, 20 September, ISP Review

Marsden, C. (1996) Structural and behavioral regulation in UK, European and US digital pay-TV, Utilities Law Review 8:4, p. 114 (2000) The pantomime Trojan horse: US–EU state–firm relations in Internet governance. Paper presented at 28th Telecom Policy Research Conference, 24 September 2000, at tprc.si.umich.edu/Agenda00.htm (2001) Cyberlaw and international political economy: towards regulation of the global information society, 2000 L. Rev. M.S.U.-D.C.L. 1, pp. 253–285 (2004a) Co- and self-regulation in European media and Internet sectors, Tolley's Communications Law 9:5, pp. 187–195(2004b) Co- and self-regulation in European media and Internet sectors: the results of Oxford University's study, in The Media Freedom Internet Cookbook, Vienna, Organization for Security and Co-operation in Europe, pp. 76–100 (2008) Beyond Europe: the internet, regulation, and multi-stakeholder governance – representing the consumer interest? Journal of Consumer Policy 31:1, pp. 115–132(2010) Net Neutrality: Towards a Co-Regulatory Solution, London, Bloomsbury Academic

Marsden, C. (ed.) (2000b) Regulating the Global Information Society, London, Routledge

Marsden, C. and Verhulst, S. (eds.) (1999) Convergence in European Digital Television Regulation, London, Blackstone

Marsden, C., Cave, J. and Hoorens S. (2006) Better Re-use of Public Sector Information: Evaluating the Proposal for a Government Data Mashing Lab,Cambridge, RAND Corporation

Marsden, C., Simmons, S., Brown, I., Woods, L., Peake, A., Robinson, N., Hoorens, S. and Klautzer, L. (2008) Options for and Effectiveness of Internet Self- and Co-Regulation: Phase 2 Case Study Report, Cambridge, RAND Europe for ECMayer-Schönberger, V. (2003) Crouching Tiger, Hidden Dragon: Proxy Battles over P2P Movie Sharing, mimeo

Mayer-Schönberger, V. and Crowley, J. (2006) Napster's Second Life? The regulatory challenges of virtual worlds, Northwestern University Law Review, 100:4, at www.vmsweb.net/attachments/pdf/NWLR100n4.pdf

Mayer-Schönberger, V. and Ziewitz, M. (2007) Jefferson rebuffed, Columbia Science and Technology Law Review 8, pp.188–238

Mayo, E. and Steinberg, T. (2007) The Power of information: an independent review, available at www.opsi.gov.uk/advice/poi/power-of-informationreview.pdf

MCM (2009), 021, First Council of Europe Conference of Ministers responsible for Media and New Communication Services, A new notion of media? 21 April 2009

Media Council of Australia (1992) A review by the Media Council of Australia of the co-regulatory system of advertising insofar as it relates to the advertising of alcoholic beverages, Media Council of Australia(1993) Australian advertising co-regulation: procedures, structures and codes: effective 1 October 1993, Media Council of Australia

Michael, D. C. (1995) Federal agency use of audited self-regulation as a regulatory technique, Admin. L. Rev. 47, pp. 171–178

Mikler, J. (2008) Sharing sovereignty for global regulation: the cases of fuel economy and online gambling, Regulation & Governance 2:4, pp. 383–404 Millwood-Hargrave, M. (2007a) Report for Working Group 3 of the Conference of Experts for European Media Policy, More Trust in Content – The Potential of Co- and Self-Regulation in Digital Media, Leipzig 9–11 May, 2007(2007b) Secretary, ATVOD, London, interviewer: Chris Marsden, 26 September2007

Ministry of Justice (2007) Consultation Paper CP 27/07

Mogle n, E. (2000) When Code isn't law, at http://emoglen.law.columbia.edu/ publications/lu-01.pdf

Moreham, N. (2006) Privacy in public places, Cambridge Law Journal 65, p. 606 Mosco, V. (2004) The Digital Sublime: Myth, Power and Cyberspace, Cambridge, MA, MIT Press

Moses, A. (2010) Conroy backs down on net filters, Sydney Morning Herald, 9 July 2010, at www.smh.com.au/technology/technology-news/conroy-backs-down-on-net-filters-20100709–10381.html

Mueller, M. L. (2002) Ruling the Root: Internet Governance and the Taming of Cyberspace, Cambridge, MA, MIT Press(2010a) Networks and States: The Global Politics of Internet Governance, Cambridge, MA, MIT Press(2010b) ICANN, Inc.: accountability and participation in the governance of crit-ical Internet resources, Internet Governance Project

Mueller, M. L., Mathiason, J. and Klein, H. (2007) The internet and global governance: principles and norms for a new regime, Global Governance 13:2

Mulgan, G. and Landry, C. (1995) The Other Invisible Hand: Remaking Charity forthe 21st Century, London, Demos

Murray, A. (2006) Regulatory Webs and Webs of Regulation: Regulating the Digital Environment, London, Glasshouse Press

Nas, S. (2004) The Multatuli Project: ISP Notice and Takedown, 1 October 2004, http://74.125.45.132/search?q=cache:lKhZFWp5TkcJ:www.bof.nl/docs/ researchpaperSANE.pdf

Nash, R. (2007) INSAFE Newsletter, September 2007, www.saferinternet.org/ww/ en/pub/insafe/ news/newsletter/newsltr_archives/2007_september.htm National Audit Office(2002) Alternatives to state-imposed regulation. Report to the Ninth Meeting of INTOSAI Working Group on the Audit of Privatisation, Oslo, June 2002

National Consumer Council (2003) Th ree steps to credible self-regulation, at www. ncc.org

Naudin, F. (2007) French internet service providers (ISP) obliged to offer free parental control software, INSAFE Newsletter, 28 September, at www.safer-internet.org/ww/en/pub/insafe/news/arti-cles/0907/fr.htm

Nelson, M. and Francis, C. (2007) The 3D Internet and its policy implications. 35th Research Conference on Communication, Information and Internet Policy, Alexandria, VA, 30 September 2007

Newman, A. L. and Bach, D. (2004) Self-regulatory trajectories in the shadow of public power: resolving digital dilemmas in Europe and the United States, Governance: An International Journal of Policy, Administration, and Institutions 17:3 (July 2004), pp. 387–413

NGO and Academic ICANN Study (2001) ICANN, legitimacy, and the public voice: making global participation and representation work. Report of the NGO and Academic ICANN Study, August 2001, New York, Markle Foundation

Nicholls, A. (2007) What is the future of social enterprise in ethical markets? London, Office of the Third Sector(2010) What gives fair trade its right to operate? Organisational legitimacy and strategic management, in K. Macdonald and S. Marshall (eds.) Fair Trade, Corporate Accountability and Be-yond: Experiments in Global Justice Governance Mechanisms, Aldershot, Ashgate Publishing

Nicholls, A. and Albert Hyun Bae Cho (2006) Social entrepreneurship: the structuration of a field, in A. Nicholls (ed.) Social Entrepreneurship, Oxford University Press, p. 102

Noll, R. G. and Owen, B. M. (1983) The Political Economy of Deregulation: Interest Groups in the Regulatory Process, Washington, DC, AEI Studies

Nominet (2010) Nominet hosts W3C office for UK and Ireland, 30 September 2010 NOU-2007–2: Norwegian Parliament study group on Internet filtering law proposal, at www.regjeringen.no/nb/dep/ jd/dok/NOUer/2007/NOU-2007–2/6/13.html

Nourse, V. and Shaff er, G. (2009) Varieties of new legal realism: can a new world order prompt a new legal theory? Cornell Law Review 95:61, p. 63

Noveck, B. (2006) Architecture, law and virtual worlds, First Monday 10:11, at www.firstmonday. org/issues/issue10_11/noveck/

O'Connell, R. (2007) Chief Safety Officer, Bebo, London, interviewer: Chris Marsden, 30 August 2007OECD (2005) Digital broadband content: the online computer and video game industry DSTI/ICCP/IE(2004)13/FINAL, 12 May 2005, pp. 53–54(2006a) Interim report on alternatives to traditional regulation: self-regulation and co-regulation. Working party on regulatory management and reform,

Paris, OECD(2006b) Open educational resources at OECD, at http://oer.wsis-edu.org/oec-doer. html(2006c) Next generation networks: evolution and policy considerations, 3 October, Paris, OECD at www.oecd.org/document/12/0,2340,en_2649_34 223_37392780_1_1_1_1,00.html

OECD Centre for Educational Research and Innovation (2007) Giving knowledge for free: the emergence of open educational resources, at http://213.253.134.43/oecd/pdfs/browseit/9607041E.pdf

Ofcom (2004) Criteria for promoting effective co- and self-regulation, at http://stakeholders. Ofcom.org.uk/binaries/consultations/co-reg/statement/co_ self_reg.pdf(2005) Ofcom approves amendment to ICSTIS Code of Practice, 4 August 2005(2006a) Approval of the ICSTIS Code of Practice (11th edn.), a statement and notification on approval of the ICSTIS Code of Practice (11th edn.)(2006b) Online protection: a survey of consumer, industry and regulatory mechanisms and systems, 21 June, at: www.Ofcom.org.uk/research/tele-coms/reports/onlineprotection/report.pdf(2007) Initial Assessments of When to Adopt Self- or Co-Regulation, London, Ofcom(2008) Identifying appropriate regulatory solutions: principles for analysing self- and co-regulation, 10 December 2008, at http://stakeholders. Ofcom. org.uk/consultations/coregulation/(2009a) Proposals for the regulation of video on-demand services, 14 September, at www.Ofcom.org.uk/consult/condocs/vod/vod.pdf(2009b) The regulation of video on-demand services, 18 December, at www. Ofcom.org.uk/consult/condocs/vod/statement/ vodstatement.pdf(2010a) Designation pursuant to section 368B of the Communications Act 2003 of functions to the Association for Television On-Demand in relation to the regulation of on-demand programme services, at http://stakeholders.Ofcom. org.uk/binaries/broadcast/tv-ops/designation180310. pdf(2010b) Proposals for the setting of regulatory fees for video on-demand ser-vices for the period up to 31 March 2011, 26 March, at www.Ofcom.org.uk/ consult/condocs/vod_proposals/vod_proposal.pd-f(2010c) Consultation on 'Online infringement of copyright and the Digital Economy Act 2010: Draft Initial Obligations Code', at http://stakeholders. Ofcom.org.uk/consultations/copyright-infringement/

Ofcom and ICSTIS (2005) Memorandum of Understanding of August 2005 between Ofcom and premium rate co-regulator ICSTIS(2007) Joint Ofcom and ICSTIS response to Culture, Media & Sport Committee report on call TV quiz shows, 23 March 2007

Office of Fair Trading (2007) Review of impact on business of the consumer codes approval scheme, at www.oft.gov.uk

Office of Regulation Review (1998) A Guide to Regulation (2nd edn.), December 1998

Oft el (2001) The benefits of self- and co-regulation to consumers and industry, at www.oftel.gov. uk/publications/about_oftel/2001/self0701.htm

Ogus, A. (1994) Regulation: Legal Form and Economic Theory, Oxford, Clarendon Press(2004) Corruption and regulatory structures, Law & Policy 26:3 & 4, pp. 329–346

Ondrejka, C. (2004) Aviators, Moguls, Fashionistas and Barons: Economics and Ownership in Second Life, at http://ssrn.com/abstract=614663(2007) Chief Technology Officer, Second Life, telephone interviewer: Chris Marsden, 8 August 2007

One World Trust (2007) Independent assessment of standards of accountability and transparency within ICANN, at www.icann.org/transparency/owt-report-final-2007.pdf

Oxford University (2003) Website quality labelling: support for cooperation and coordination projects in Europe, 2 April 2004, at http://pcmlp.socleg.ox.ac. uk/sites/pcmlp.socleg.ox.ac.uk/files/IAPCODEfinal.pdf

Palfrey, J. G. (2004) The end of the experiment: how ICANN'S foray into global Internet democracy failed, Harvard Journal of Law & Technology 17:2, p. 425

Pam, A. (2002) Hyperdistribution, Serious Cybernetics, at www.sericyb.com.au/ hyperdistribution. html

Pareto, V. (1935) The Mind and Society [Trattato Di Sociologia Generale], New York, Harcourt Brace

Pasquale, F. A. (2006) Rankings, reductionism, and responsibility, Seton Hall Public Law Research Paper, at http://ssrn.com/abstract=888327

Pattberg, P. (2005) The institutionalization of private governance: how business and nonprofit organizations agree on transnational rules, Governance:An International Journal of Policy, Administration, and Institutions 18:4,pp. 589–610

Peake, A. (2004) Internet governance and the World Summit on the Information Society (WSIS). Prepared for the Association for Progressive Communications (APC)

Peers, S. and Ward, A. (eds.) (2004) The EU Charter of Fundamental Rights: Politics, Law and Policy, Oxford, Hart Publishing

PEGI (2007) PEGI Online Safety Code ('POSC'): a code of conduct for the European interactive software industry, at www.pegionline.eu/en/index/ id/235/media/pdf/197.pdf

PEGI Info newsletter No.7 (2007), at http://web.archive.org/web/20070301050356/ http://www. pegi.info/pegi/download.do?id=12

Pelkmans, J. (2009) Who draft s better EU regulation? Regulatory Policy CEPS Commentaries, 14 December, at www.ceps.eu/book/who-drafts-better-eu-regulation

People's Republic of China (2010) The Internet in China, Information Office of the State Council of the People's Republic of China, Beijing, 8 June 2010,section III, at http://china.org.cn/government/whitepaper/2010–06/08/ content_20207994.htm

Pessach, G. (2010) International comparative perspective on peer-to-peer file-sharing and third-party liability in copyright law – framing past, present and next-generation's questions, Vanderbilt Journal of Transnational Law, available at http://ssrn.com/abstract=924527

Phillipson, G. (1999) The Human Rights Act, 'Horizontal Effect' and the common law: a bang or a whimper? Modern Law Review 62, p. 824(2007) Clarity postponed: horizontal effect after Campbell, in H. Fenwick, R. Masterman and G. Phillipson (eds.) Judicial Reasoning under the UK Human Rights Act, Cambridge University Press, p. 143

Pierre , J. (2000) Introduction: understanding governance, in J. Pierre (ed.) Debating Governance: Authority, Steering and Democracy, Oxford University Press

Pitofsky, R. (1998) Self-regulation and antitrust. Prepared remarks of Chairman, Federal Trade Commission, D. C. Bar Association Symposium, February 18, Washington, DC, at www.ftc.gov/speeches/pitofsky/self4.shtm

Popularis Ltd (2010) Nominet UK extraordinary general meeting, 24 February 2010, votes cast on resolutions

Porter, M. and Kramer, M. (2006) Strategy and society: the link between competitive advantage and corporate social responsibility, Harvard Business Review, December, pp. 78–93

Porter, T. and Ronit, K. (2006) Self-regulation as policy process: the multiple and criss-crossing stages of private rule-making, Policy Sciences 39, pp. 41–72

Posner, E. A. (2000) Law and social norms: the case of tax compliance, Virginia Law Review 86:8, pp. 1781–1819

Posner, E. A. and Posner, R. A. (1971) Taxation by regulation, Bell J. Econ. 2, p. 22 (2007) Economic Analysis of Law (7th edn.), New York, Wolters Kluwer

Prakash, A. and Gugerty, M. (2010) Trust but verify? Voluntary regulation pro-grams in the nonprofit sector, Regulation & Governance 4:1, pp. 22–47

Price, M. (1995) Television, The Public Sphere and National Identity, Oxford University Press

Price, M. and Verhulst, S. (2000) In search of the self: charting the course of self-regulation on the Internet in a global environment, in Marsden (ed.), Ch. 3(2005) Self-Regulation and the Internet, Amsterdam, Kluwer

Price Waterhouse Coopers (2005) Global entertainment and media outlook 2005–9, at www.pwcglobal.com/extweb/industry.nsf/docid/8CF0A9E0848 94A5A85256CE8006

Priest, M. (1997) The privatisation of regulation: five models of self-regulation, Ottawa Law Review 29, pp. 233–301

Prime Minister's Strategy Unit (2004) Alcohol harm reduction strategy for England, March 2004, cited at www.publications.parliament.uk/pa/cm200910/cmse-lect/cmhealth/151/15108.htm

Prosser, T. (2008) Self-regulation, co-regulation and the Audio-Visual Media Services Directive, Journal of Consumer Policy 31, pp. 99–113(2010) The Regulatory Enterprise: Government, Regulation, and Legitimacy, Oxford University Press

R. v. Secretary Of State For Business, Innovation And Skills Ex parte (1) British Telecommunications Plc (2) TalkTalk Telecom Group Plc Claimants [2010]Statement Of Facts And Grounds

Raphael, T. (2000) The problem of horizontal effect, European Human Rights Law Review, p. 493

Rappeport, A. (2007) When virtual crises turn real, cfo.com at www.cfo.com/art-icle. cfm/9670900/1/c_2984312?f=gm

Rawls, J. (1971) A Theory of Justice, Harvard University Press

Reding, V. (2007) SPEECH 07/429, Self regulation applied to interactive games: success and challenges, ISFE Expert Conference, Brussels, 26 June 2007 Reidenberg, J. (1999) Restoring Americans' privacy in electronic commerce, Berkeley Technology Law Journal 14:2, pp. 771–792(2001) The Yahoo! case and the international democratization of the Internet. Fordham University School of Law Research Paper 11(2004) States and law enforcement, Uni. Ottawa L.& Tech. J. 1, p. 213(2005) Technology and internet jurisdiction, Univ. of Penn. L. Rev., p. 1951, at http://ssrn.com/abstract=691501

Resnick, P. and Miller, J. (1996) PICS: Internet access controls without censorship, Communications of the ACM 39, pp. 87–93, at www.w3.org.PICS.iacwcv2.htm

Rhodes, R. A. W. (2007) Understanding governance: ten years on, Organization Studies 28:8, pp. 1243–1264

Richter, W. (2010) 'Better' regulation through social entrepreneurship? Innovative and market-based approaches to address the digital challenge to copyright regulation. Thesis submitted for the Degree of Doctor of Philosophy, Oxford Internet Institute, Oxford University

Robbins, P. (2007) Chief Executive, Internet Watch Foundation, interviewer: Chris Marsden, 17 August

Robinson, J. (2006) Navigating social and institutional barriers to markets: how social entrepreneurs identify and evaluate opportunities, in J. Mair, J. Robinson and K. Hockerts (eds.) Social Entrepreneurship, New York, Hampshire, p. 95

Roosevelt, E. (1948) statement by Mrs. Franklin D. Roosevelt, Department Of State Bulletin 751, 19 December 1948

Rosedale, P. (2007) interview available at http://SecondLife.reuters.com/ stories/2007/08/25/exclusive-philip-rosedale-interview-from-slcc

Ross, A. (2009) Innovation in the Office of Secretary of State, Hillary Clinton, senior adviser, date of appointment, 6 April 2009

Rudolf, B. (2006) Case comment: Von Hannover v. Germany, International Journal of Constitutional Law 4, p. 533

Sahel, J.-J. (2007) Department for Business Enterprise Regulatory Reform, London, interviewer: Chris Marsden, 24 August 2007

Saltzer, J., Reed, D. and Clark, D. (1984) End-to-end arguments in system design, ACM Transactions in Computer Systems 2:4, pp. 277–288

Samuelson, P. (1999) A new kind of privacy? Regulating uses of personal data in the global information economy, Calif. L. Rev., 87 p. 751

Sandberg, S. E. (2007) Re: [IP] The great firewall of Norway, Interesting People discussion list, 13 February 2007

Sarkozy, N. (2010) Speech to the Embassy of France to the Holy See, reported in J. Moya (2010) French Pres: Increased Net Regulation is 'Moral Imperative', Zeropaid, 11 October, at www.zeropaid. com/news/90997/french-pres-increased-inet-regulation-is-moral-imperative/?utm_ source=twitterfeed&utm_medium=twitter

Saurwein, F. and Latzer, M. (2010) Regulatory choice in communications: the case of content-rating schemes in the audiovisual industry, Journal ofBroadcasting & Electronic Media 54:3, pp. 463–484

Schejter, A. M. and Yemini, M. (2007) Justice, and only justice, you shall pursue: network neutrality, the First Amendment and John Rawls' Theory of Justice, Mich. Telecomm. & Tech. L. Rev. 14

Schneider, M. and Teske, P. (1992) Toward a theory of the political entrepreneur: evidence from local government, American Political Science Review 86:3, pp. 737–747

Schulz, W. and Held, T. (2001) Regulated Self-Regulation as a Form of Modern Government, Hamburg, Hans Bredow Institute(2004) Regulated Self-Regulation as a Form of Modern Government: A Comparative Analysis with Case Studies from Media and Telecommunications Law, University of Luton Press

Science Daily (2009) Australian Alcohol Advertising Self-regulation Not Working, As Ads Target Younger Drinkers, According To Experts, 9 June, Wiley-Blackwell

Scott, C. (2004) Regulation in the age of governance: the rise of the post-regulatory state, in Jordana and Levi-Faur (eds.)(2005) Between the old and the new: innovation in the regulation of internet gaming, in J. Black, M. Lodge and M. Thatcher, Regulatory Innovation: A Comparative Analysis, Cheltenham, Edward Elgar(2007) Innovative regulatory responses, Risk And Regulation Magazine, (summer), at www.lse.ac.uk/resources/riskAndRegulationMagazine/magazine/ summer2007/innovati-veRegulatoryResponses.htm

Scott, J. and Trubek, D. M. (2002) Mind the gap: law and new approaches to governance in the European Union, European Law Journal 8:1

Screen Digest Ltd, CMS Hasche Sigle, Goldmedia GmbH, Rightscom Ltd (2006) Interactive content and convergence: implications for the information society. A study for the European Commission

SEC (2005) 791 IA Guidelines(2009a) 355 Impact assessment for COM (2010) 94 2010/0064 (COD) Brussels (2009b) 356 Impact Assessment summary for COM (2010) 94 2010/0064 (COD) Brussels

Sen, A. (1993) Markets and freedom: achievements and limitations of the market mechanism in promoting individual freedoms, Oxford Economic Papers 45:4, pp. 519–541(2009) The Idea of Justice,

The Belknap Press of Harvard University Press Senden, L. (2005) Soft law, self-regulation and co-regulation in European law:where do they meet? Electronic Journal of Comparative Law 9:1

Shah, R. C. and Kesan, J. P. (2003) Manipulating the governance characteristics of code, Info 5:4, pp. 3–9, and also Illinois Public Law and Legal Theory Research Papers Series, Research Paper No. 03–18 of 18 December 2003, at p. 5

Short, J. and Toff el, M. W. (2007) The causes and consequences of industry self-policing. HBS Technology & Operations Mgt. Unit Research Paper No. 08–021, pp. 1–16

Sinclair, D. (1997) Self-regulation versus command and control? Beyond false dichotomies. Law & Policy 19:4, pp. 529–559

Spar, D. (2001a) Pirates, Prophets and Pioneers: Business and Politics Along The Technological Frontier, London, Random House (2001b) When the anarchy has to stop, 15 October, The New Statesman

Spear, R. and Bidet, E. (2003) The role of social enterprise in European labour markets, EMES working paper series 3/10, p. 8

Spinello, R. A. (2002) Regulating Cyberspace: The Policies and Technologies of Control, Westport, London, Greenwood Publishing

Stalla-Bourdillon, S. (2010) The flip side of ISP's liability regimes: the ambiguous protection of fundamental rights and liberties in private digital spaces,Computer Law & Security Rev. 26, pp. 492–501

Stigler, G. J. (1971) The theory of economic regulation, RAND J. Economics 2:1, pp. 3–21

Stol, W. et al. (2009) Governmental filtering of websites: the Dutch case, Computer Law & Security Review 25, pp. 251–254

Stol, W.Ph., H.W.K. Kaspersen, J. Kerstens, E.R. Leukfeldt and A.R. Lodder (2009) 'Governmental filtering of websites: the Dutch case'. Computer Law & Security Review 25 (3): pp.251–262

Sunstein, C. R. (2002a) The Cost-Benefit State: The Future Of Regulatory Protection, Section of Administrative Law and Regulatory Practice, American Bar Association (2002b) Switching the default rule, New York University Law Review 77, pp. 106–134

Sutter, G. (2000) 'Nothing new under the Sun': old fears and new media, International Journal of Law and Information Technology 8:3, pp. 338–378Suzor, N. (in press) The role of the rule of law in virtual communities, Berkley

Tech. L.J.Swetenham, R. (2007) DG INFSO, telephone interviewer: Chris Marsden, 4 July 2007

Tambini, D., Leonardi, D. and Marsden, C. (2008) Codifying Cyberspace Self Regulation of Converging Media, London, Cavendish Books, Routledge

Taylor, E. (2007) Legal and Public Policy Director, NOMINET, London: interviewer, Chris Marsden, 30 June

Teubner, G. (1986) The transformation of law in the welfare state, in G. Teubner (ed.) Dilemmas of Law in the Welfare State, Berlin, W. de Gruyter

Th ierer, A. (2007) Social Networking and Age Verification: Many Hard Questions; No Easy Solutions, Progress on Point 14.5, The Progress and Freedom Foundation

Th ierer, A. (ed.) (2004) Who Rules the Net? Washington, DC, Cato Institute

Thompson, J. (2002) The world of the social entrepreneur, International Journal of Public Sector Management 15:5, pp. 412–431

Th ornburgh, R. and Lin, H. S. (2004) Youth, Pornography and the Internet, available at http://books.nap.edu/html/youth_internet/

Torriti, J. (2007) Impact assessment in the EU – a tool for better regulation, less regulation or less bad regulation, Journal of Risk Research 10:2, pp. 239–276

Truman, N. (2009) The experience of BT in online child protection. Presented at the Effective Strategies for the Prevention of Child Online Trafficking Pornography and Abuse, Bahrain, at www.befreecenter.org/Upload/ Conference/papers/BT.ppt

Tryhorn, C. (2007) Purnell: TV may face tougher regime, Guardian Unlimited, 25 October 2007

Unnamed (2010) If you are a Gmail user who was presented with the opportunity to use Google Buzz, you could be part of a class action settlement, at www. buzzclassaction.com/docs/notice.pdf p. 3

US Government (1998) White Paper, Federal Register, 20 February 1998 Vaizey, E. (2010)The Open Internet, Speech to FT World Telecoms 2010 Conference, 18 November 2010

Valcke, P. and Stevens, D. (2007) Graduated regulation of 'regulatable' content and the European Audiovisual Media Services Directive, Telematics & Informatics 24, pp. 285–302

Valkenburg, P. M., Beentjes, H., Nikken, P. and Tan, E. (2001) De Kijkwijzer alsclassificatiesysteem voor audiovisuele producties: een verantwoording, inTijdschrift voor communicatiewetenschap, Jaargang 29, n° 4, pp. 329–354 van der Stoel, A.L., van Eijk, N., Hoogland, D., van Noorduyn, E. and Wermuth, M., (2005) Self-regulation in audiovisual products. Final Report commissioned by the Youth Policy Directorate of the Ministry of Health, Welfare & Sport

van Eijk, N. A. N. M., van Engers, T. M., Wiersma, C., Jasserand, C. A. and Abel, W. (2010) Moving towards balance: a study into duties of care on the Internet, University of Amsterdam/ WODC (Research and Documentation Centre of the Ministry of Security and Justice), at www.ivir.nl/ publications/vaneijk/ Moving_Towards_Balance.pdf

Van Schewick, B. (2010) Internet Architecture and Innovation, Cambridge, MA, MIT Press

Van Scooten, H. and Verschuuren, J. (2008) International Governance and Law:State regulation and Non-state Law, Cheltenham, Edward Elgar

Vance, A. (2007) Meet Mark Radcliffe: the man who rules open source law – 'The most inefficient conspirator in the world', The Register, 30 August 2007

Verhulst, S. (2007) Head of Research, Markle Foundation, New York, interviewer: Chris Marsden, 26 July 2007

Vrielink, M. O., van Montfort, C. and Bokhorst, M. (2010) Codes as hybrid regulation. ECPR Standing Group on Regulatory Governance, 17–19 June 2010, Dublin

Walker, W. E., Rahman, S. A. and Cave, J. (2001) Adaptive policies, policy analysis, and policy-making, European Journal of Operational Research 128, pp. 282–289

Weber, R. H. (2009) Shaping Internet Governance: Regulatory Challenges, Zürich, Schultess Juristische Medien

Weinberg, J. (1997) Rating the net, Hastings Comms & Ent. L. J. 19, pp. 453–482 Weiser, P. (2001) Internet governance, standard setting, and self-regulation, Northern Kentucky Law Review 28, pp. 822–846(2009) The future of internet regulation, U.C. Davis L. Rev. 43, pp. 529–590 Weiss, P. N. (2002) Borders in cyberspace: conflicting public sector information policies and their economic impacts, US Department of Commerce, National Oceanic and Atmospheric Administration, National Weather Service, www.weather.gov/sp/Borders_report.pdf

Weitzner, D. J. (2007a) Free speech and child protection on the Web, IEEE Internet Computing 11:3, pp. 86–89(2007b) General Counsel, World Wide Web Consortium, London, interviewer: Chris Marsden, 17 September 2007

Werbach, K. (2005) Federal computer commission, North Carolina Law Review 85, p. 1

WGIG (2005) Report of the Working Group on Internet Governance 05.41622, Chateau de Bossey, June 2005

Whiteing, P. (2007) Director, IMCB, London, interviewer: Chris Marsden, 31 August 2007

Wiley, D. (2005) Understanding the CC license selection behavior of Flickr users, available at http://web.archive.org/web/20051109024105/http://wiley. ed.usu.edu/docs/flickr_and_cc.html

Williams, C. (2008) UK.gov tells domain industry to get its house in order: Oh no! Here comes the government…, The Register, 20 November 2008(2009a) Mandelson to get Nominet reform powers: just in case, The Register, 20 November 2008(2009b) Nominet legal boss quits, The Register, 24 December, at www.theregis-ter.co.uk/2010/03/30/nominet_gilbert/(2010) Nominet chair quits, The Register, 30 March 2010

Williams, K. S. (2003) Child pornography and regulation on the Internet in the United Kingdom: the impact on fundamental rights and international relations, Brandeis Law Journal 41, pp. 463–469

Williamson, O. E. (1975) Markets and Hierarchies: Analysis and Antitrust Implications, New York, Free Press(1985) The Economic Institutions Of Capitalism: Firms, Markets And Relational Contracting, New York, Free Press(1994) Transaction cost economics and organization theory, in N. J. Smelser and R. Swedberg (eds.) The Handbook of Economic Sociology, Princeton University Press, pp. 77–107

Woods, L. (2006) Chapter 25: United Kingdom, in Hans Bredow Institute, June 2006(2008)

Internet protocol TV: ATVOD, in C. Marsden et al.

Wright, A. (2005) Coregulation of fixed and mobile internet content. Paper at Safety and Security in a Networked World: Balancing Cyber-Rights and Responsibilities conference, Oxford, September, at www.oii.ox.ac.uk/ research/cybersafety/?view=papers;

WSIS Declaration of Principles (2005) (WSIS-03/GENEVA/DOC/0004) Wu, T. (2003) When code isn't law, Virginia Law Review 89:4, pp. 679–751 (2006) The world trade law of internet filtering, Chi. J. Intl. L. 7, p. 263(2010) The Master Switch: The Rise and Fall of Digital Empires, New York, Knopf

Wu, T., Dyson, E., Froomkin, A. M. and Gross, D. A. (2007) On the future of internet governance. American Society of International Law, Proceedings of the Annual Meeting 101:3

York, J. C. (2010) Policing content in the quasi-public sphere, Open Net Initiative Bulletin, at http://opennet.net/sites/opennet.net/files/PolicingContent.pdf

Young, A L. (2009) Human rights, horizontality and the public/private divide: towards a holistic approach, University College London Human Rights Law Review 1, pp. 159–187

Zittrain, J. (1999) ICANN: between the public and the private – comments before Congress, Berkeley Law Technology Journal 14, pp. 1070–1094 (2006a) The generative Internet, Harvard Law Review 119, p. 1174(2006b) A history of online gatekeeping, Harv. J. L. & Tech. 19:2, pp. 254–298 (2008) The Future of the Internet, and How to Stop It, London, Penguin

Žižek, S. (2008) Enjoy Your Symptom! Jacques Lacan in Hollywood and Out, New York, Routledge Classics

Zuckerman, E. (2010) Intermediary censorship, in Deibert et al., Ch. 5, pp. 72–85 Zysman, J. and Weber, S. (2000) Governance and politics of the internet economy – historical transformation or ordinary politics with a new vocabulary? BRIE Working Paper 141, Economy Project Working Paper 16 also in N. J. Smelser and P. B. Baltes (eds.) International Encyclopedia of the Social & Behavioral Sciences, Oxford, Elsevier Science Limited